畜禽类症鉴别与快速防治丛书

YANGLEIZHENG
JIANBIE ZHENDUAN
HE FANGZHI

羊类症

鉴别诊断和防治

姜金庆 马相柱 魏刚才 主编

U0387688

化学工业出版社

·北京·

图书在版编目（CIP）数据

羊类症鉴别诊断和防治/姜金庆，马相柱，魏刚才
主编. —北京：化学工业出版社，2017.11
（畜禽类症鉴别诊断及防治丛书）
ISBN 978-7-122-30633-3

Ⅰ.①羊… Ⅱ.①姜…②马…③魏… Ⅲ.①羊病-
诊断②羊病-防治 Ⅳ.①S858.26

中国版本图书馆 CIP 数据核字（2017）第 227968 号

责任编辑：邵桂林　　　　　　　　　文字编辑：陈　雨
责任校对：边　涛　　　　　　　　　装帧设计：张　辉

出版发行：化学工业出版社（北京市东城区青年湖南街 13 号　邮政编码 100011）
印　　刷：北京云浩印刷有限责任公司
装　　订：三河市瞰发装订厂
850mm×1168mm　1/32　印张 9¾　字数 263 千字
2018 年 1 月北京第 1 版第 1 次印刷

购书咨询：010-64518888(传真：010-64519686)　　售后服务：010-64518899
网　　址：http://www.cip.com.cn
凡购买本书，如有缺损质量问题，本社销售中心负责调换。

定　　价：39.00 元　　　　　　　　　　　　版权所有　违者必究

编写人员名单

主　　编　姜金庆　马相柱　魏刚才

副 主 编　王方明　李建卫　徐凤忠　赵帅兵

编写人员（按姓氏笔画排序）

马相柱（濮阳市畜牧良种繁育中心）

王方明（新乡市动物卫生监督所）

牛巧平（长垣县畜牧局）

仝玉慧（濮阳市华龙区农业畜牧局）

邢艳艳（汤阴县畜牧兽医总站）

李建卫（南乐县农业畜牧局）

张　侠（濮阳市饲草饲料站）

赵帅兵（汤阴县畜牧兽医总站）

姜金庆（河南科技学院）

徐凤忠（卫辉市畜牧局）

魏刚才（河南科技学院）

前言 FOREWORD

　　随着畜牧业的规模化、集约化发展，畜禽的生产性能越来越高、饲养密度越来越大、环境应激因素越来越多，导致疾病的种类增加、发生频率提高、发病数量增加、危害更加严重，直接制约养羊业稳定发展和养殖效益提高。

　　羊的疾病根据其发病原因可以分为传染病、寄生虫病、营养代谢病、中毒病和普通病。其中有些疾病具有明显的特有症状，但有些病也具有某些和其他疾病类似的症状，这些类似症状常给临床诊断带来困难，直接影响羊场疾病的控制效果。所以，规模化羊场对饲养管理人员和兽医工作人员的观念、知识结构、能力结构和技术水平提出了更高的要求，不仅要求能够有效地防控疾病，真正落实"防重于治""养防并重"的疾病控制原则，减少群体疾病的发生，而且要求能够细心观察，透过类似的症状找出各种疾病的不同特点，及时确诊和治疗疾病，将疾病发生的危害降低到最小。为此，我们组织了长期从事羊生产、科研和疾病防治的有关专家编写了《羊类症鉴别诊断和防治》一书。

　　全书介绍了120多种疾病的病原、临床症状、病理变化，并特别在每种疾病中将有类似症状的疾病进行了类症鉴别，列出其相似点和区别点，这就使兽医工作人员比较容易做出正确的诊断并可有效地采取防制措施。

　　本书密切结合我国规模化养羊业实际，既注意疾病的综合防制，减少疾病发生，又突出疾病的类症鉴别，让人们及时正确诊断疾病，减少疾病的误诊误治。全书注重系统性、科学性、实用性和先进性，内容重点突出，通俗易懂。不仅适合羊场兽医工作者阅读，也适合饲养管理人员阅读，还可作为大专院校、农村函授及培训班的辅助教材和参考书。

　　由于水平有限，加之时间仓促，书中定有疏漏和不当之处，敬请广大读者批评指正。

编者

目录 CONTENTS

第一章　羊传染病的类症鉴别诊断与防治

一、羊痘

羊痘是由羊痘病毒引起的一种羊的急性、热性、接触性传染病。其临床特征为发热，在皮肤及黏膜发生丘疹和疱疹，被世界动物卫生组织（OIE）列为A类重大传染病，我国将其列为一类动物疫病，其中绵羊痘是动物痘病中病情最为严重的一种。

【病原】绵羊痘病毒和山羊痘病毒属于痘病毒科羊痘病毒属。病毒颗粒呈砖形，是动物病毒中最大的病毒，是唯一在细胞浆内复制的有囊膜双股DNA病毒，可在易感细胞的细胞浆内形成包涵体。羊痘病毒和传染性脓疱病毒有共同抗原性。该病毒耐干燥，在干燥的痂皮内能成活数月至数年，在干燥羊舍内可存活6～8个月。不同毒株对热敏感程度不一，一般55℃持续30分钟即可灭活。病毒对寒冷的抵抗力强，冻干可保存3个月以上。对直射阳光、酸、碱和大多数常用消毒药如酒精、碘酒、红汞、福尔马林、来苏水、石炭酸等均较敏感，对醚和氯仿也较为敏感。

【流行病学】病羊是主要传染源。本病多由含有羊痘病毒的皮屑随风和灰尘吸入呼吸道而感染，也可通过损伤的皮肤及消化道传染。被病羊污染的用具、饲料、垫草，病羊的粪便、分泌物、皮毛和体外寄生虫（如羊虱）等都可成为传播媒介。该病春秋两季多发（主要在冬末春初流行），常呈地方性流行或广泛流行，饲草缺乏和饲养管理不良等因素都可促使发病和加重病情。绵羊痘危害较重，不同品种、性别、年龄的绵羊都易感染，以细毛羊最为易感，羔羊比成年羊易感，羔羊致死率高达100%，妊娠母羊极易流产。

【临床症状】

1. 绵羊痘

自然感染潜伏期一般为6～8天，长的达16天。病羊以体温升高为特征，可达41～42℃，精神沉郁，食欲废绝，鼻黏膜和眼结膜潮红，先后出现浆液性、黏液脓性鼻液，呼吸、脉搏加快，很快消瘦，全身症状严重。典型的1～4天后开始发生痘疹，起初为红斑，1～2天后形成丘疹，突出于皮肤表面，坚实而苍白，随后丘疹逐渐扩大，变成灰白色或淡红色半球状隆起的结节。结节在2～3天内变成水疱，水疱内容物逐渐增多，中央凹陷，呈脐状，在此期间，病羊体温稍下降。不久水疱变为脓性，不透明，形成脓疱、化脓。如无继续感染，几日内脓疱干瘪为褐色痂块，脱落后遗留下灰褐色瘢痕而痊愈，整个病程14～21天；非典型主要见于体质强壮的成年羊，如种公羊，仅出现体温升高，呼吸道和眼结膜的卡他性炎症，不出现或仅出现少量痘疹，或痘疹呈硬结状，在几天内经干燥后脱落，不形成水疱和脓疱，此为良性经过，称为顿挫型。有的病例可见痘疱内出血，呈出血痘或黑痘，还有的病例痘疱发生化脓和坏疽，形成相当深的溃疡，具有恶臭味，形成所谓的臭痘和坏疽痘。

2. 山羊痘

潜伏期为6～7天，病初发热，体温40～42℃，精神不振，食欲减退。痘疹不仅发生于皮肤无毛部位，如乳房、尾内面、阴唇、会阴、肛门周围、阴囊和四肢内侧，也可发生于头部、背部、腹部有毛丛的皮肤。痘疹大小不一，圆形。初为红斑，随之转为丘疹，以后丘疹发生坏死、结痂，经3～4周痂皮脱落。眼的痘疹见于瞬膜、结膜和巩膜。此外，痘疹偶见于口腔与上呼吸道黏膜、骨骼肌、子宫黏膜和乳腺。

【病理变化】在前胃或皱胃的黏膜上有大小不等的白色圆形或半圆形坚实的结节，严重的引起前胃黏膜糜烂或溃疡，肠道黏膜少有痘疹变化。咽和支气管黏膜也常有痘疹，呼吸道黏膜有出血性炎症，气管及支气管内充满混有血液的浓稠黏液。肺脏有出血性肺炎变化，发生瘀血、水肿，表面有大小不等的灰白色或暗红色球形痘疹，切开可见不透明的白色胶冻样物，有继发病症时，肺有肝变区。

【实验室检查】可利用血清学试验确诊。

【类症鉴别】

1. 羊痘与羊口疮（羊传染性脓疱）的鉴别

［相似点］羊痘与羊口疮（羊传染性脓疱）均具有传染性，可以传染绵羊和山羊，患羊精神沉郁、食欲减退以及体表出现丘疹等病灶。

［不同点］羊口疮的病原是羊口疮病毒，以口、舌、鼻、乳房等部位形成丘疹、水疱、脓疱和结成疣状结痂为特征。多于春秋两季群发于3～6月龄羊，成年羊也可感染，但发病较少，呈散发性流行。口唇周围先出现丘疹，后上唇或鼻镜上发生散在的小红斑点，以后逐渐变为丘疹、结节，继而形成小疮或脓疱，破溃后结成黄色或棕色疣状硬痂，其他部位较为少见。一般没有明显的体温变化和病理变化。羊痘一般在冬末春初加速传播。羊初期体温升高 41～42℃，全身反应严重，痘疹为全身性，可见口唇、眼睑、鼻孔、唇部、鼻梁两侧、前后腿内侧、会阴部、乳房、腋下、无毛或少毛处有不同程度大小不等的圆形红斑，无毛部位可见隆起皮肤表面的圆形扁平小丘疹，变软，形成水疱，几天后发黄变为脓疱，最后呈棕色结痂。羊痘的面部病灶多见于皮肤，很少见于口腔黏膜。

2. 羊痘与口蹄疫的鉴别

［相似点］羊痘与口蹄疫均有传染性，患羊体温升高、精神沉郁、食欲减退、呼吸急促，乳房、蹄部、口、舌等部位有水疱。剖检可见气管、支气管和前胃黏膜有溃疡。

［不同点］口蹄疫的病原是口蹄疫病毒。该病秋冬季节容易暴发，一般秋末开始，冬季加剧，春季减缓，夏季平息。口腔黏膜、蹄部、乳房等部位出现水疱、溃疡和糜烂。口腔损害常在唇内面，齿龈、舌面积颊部黏膜发生水疱和糜烂，疼痛、流涎。绵羊蹄部症状明显，可见跛行，口黏膜变化较轻。山羊症状多见于口腔，呈弥漫性口黏膜炎，水疱见于硬腭和舌面，蹄部病变较轻。病羊消化道黏膜有出血性炎症，心肌色泽较淡，质地松软，心外膜与心内膜有弥散性及斑点状出血，心肌切面有灰白色或淡黄色、针头大小的斑点或条纹，如虎

斑，称为"虎斑心"，以心内膜的病变最为显著。特征是出现泡沫样流涎、口腔黏膜病变以及"虎斑心"。羊痘一般在冬末春初传播快速。可见口唇、眼睑、鼻孔、唇部、鼻梁两侧、前后腿内侧、会阴部、乳房、腋下、无毛或少毛处有不同程度大小不等的圆形红斑，无毛部位可见隆起皮肤表面的圆形扁平小丘疹，变软，形成水疱。羊痘的面部病灶多见于皮肤，很少见于口腔黏膜，无泡沫样流涎。病变主要是前胃和四胃有圆形或半球形坚实结节，严重者糜烂，形成溃疡。咽喉、支气管有痘疹，肺部有干酪样结节。

【防制】

1. 预防措施

（1）加强饲养管理　圈舍要经常打扫，保持清洁，抓好秋膘，冬春季节要适当补饲，提高机体抵抗力。

（2）严格隔离卫生和消毒　病、死羊严格消毒并深埋，如需剥皮利用，注意消毒防疫措施，防止病毒扩散；定期对环境和用具进行清洁和消毒，消毒剂可采用 2％氢氧化钠液、2％福尔马林、30％草木灰水、10％～20％石灰乳剂或含 2％有效氯的漂白粉液等。

（3）免疫接种　羊痘常发地区，每年应定期进行预防接种。如羊痘鸡胚化弱毒羊体反应冻干疫苗，绵羊不论大小一律在尾内侧或股内侧皮内注射 0.5 毫升，3 月龄的哺乳羔羊，断奶后应加强免疫 1 次。山羊无论大小，均皮下注射 5 毫升。4～6 天产生可靠免疫力，免疫期绵羊为 1 年，山羊暂定为 6 个月。

2. 发病后措施

发生羊痘时，病羊立即隔离，环境、用具应消毒，同群的假定健康羊应圈养或在特定范围内放牧，密切观察，并做好隔离和消毒工作。必要时进行封锁，封锁期为两个月。

处方 1：

① 紧急接种同群的健康羊和受威胁羊，羊痘鸡胚化弱毒羊体反应冻干疫苗，绵羊 0.5 毫升，皮内注射，山羊 5 毫升，皮下注射。

② 山羊痘细胞化弱毒冻干疫苗 0.5 毫升，皮内注射。

处方 2：

① 羊痘康复血清或高免血清，小羊 5～10 毫升，成年羊 10～20 毫升；皮下注射预防量，小羊 2.5～5 毫升，成年羊 5～10 毫升。

② 10%病毒唑注射液（食品动物禁用）1～2.5 毫升，肌内注射，每日 1 次，连用 3 日。

③ 30%安乃近注射液 3～10 毫升，肌内注射；或复方氨基比林注射液 5～10 毫升，皮下或肌内注射。

④ 0.1%高锰酸钾溶液 500 毫升，患部清洗；或碘甘油 100 毫升，患部涂抹。

⑤ 2.5%恩诺沙星注射液 5 毫升，或 5%氟苯尼考注射液 5～20 毫克/千克体重，或 20%长效土霉素注射液 0.05～0.1 毫升/千克体重，肌内注射，每日 1 次，连用 3 日。

⑥ 10%葡萄糖注射液 100～500 毫升，静脉注射，每日一次，连用 3 天。

处方 3：葛根、紫草、苍术各 15 克，黄连 10 克（或黄柏 15 克），白糖、绿豆各 30 克（葛根汤），水煎灌服，每日 1 剂，连服 3 剂。

二、传染性脓疱

传染性脓疱（传染性脓疱性皮炎、羊口疮、传染性唇皮炎等）是由传染性脓疱病毒引起的以羊为主的一种急性、高度接触性、嗜上皮性的人兽共患传染病。其临床特征是在口、唇、舌、鼻、乳房等部位的皮肤和黏膜形成红斑、丘疹、水疱、脓疱、溃疡和菜花状厚痂。该病传染性强，发病率高，常呈群发性流行。

【病原】传染性脓疱病毒（羊口疮病毒）属于痘病毒科副痘病毒属，病毒粒子呈砖形或椭圆形的毛线团样，有囊膜，大小为（220～300）纳米×（140～200）纳米，基因组为线性双股 DNA。该病毒对外界环境抵抗力强，干燥痂皮内的病毒于夏季日光下经 30～60 天开始丧失传染性；散落于地面的病毒可以越冬。病料在低温冷冻条件，可保持毒力数年。该病毒对脂溶剂如乙醚、氯仿、苯酚敏感，对热敏感（60℃ 30 分钟和煮沸 3 分钟均可灭活），不耐酸、碱，可被 2%福尔马林浸泡 20 分钟和紫外线照射 10 分钟灭活。常用的消毒药为 2%氢氧化钠溶液、10%石灰乳剂、20%热草木灰水等。

【流行病学】病羊和带毒动物是本病的主要传染源，病毒经脓疱和水疱的内容物，以及干燥的痂块排出，污染饲料、厩草、栅栏、产房、车辆等，播散本病。患病母羊及其吮乳羔羊能相互传染。主要通过皮肤和黏膜擦伤感染，饲草粗硬或有芒刺能促使发病。本病发生于各种品种和年龄的绵羊，3～4月龄的绵羊羔发病率可达90%，纯种羊也易感，成年绵羊的发病率较低。本病常呈群发性流行，无季节性，以春夏发病为多。

【临床症状】该病的潜伏期为4～8天，长的达16天。全身症状较轻，一般无发热，体躯皮肤无病变。

1. 唇型

唇型最为常见，病初患羊精神不振，食欲减退，口腔发热，齿龈红肿。而后开始在口角、上唇或鼻镜出现散在的小红斑，逐渐变为丘疹、小结节、水疱和脓疱，之后结成黄色或棕色的疣状硬痂。若为良性，1～2周后痂皮干燥、脱落，羊逐渐康复。病情严重的羊，在齿龈、舌、颊、软腭及硬腭上出现被红晕包围的水疱，水疱迅速变成脓疱，脓疱破裂形成烂斑，口中流出发臭、混浊的唾液。结痂后痂垢不断增厚，痂垢下伴有肉芽组织增生，整个嘴唇肿大外翻呈桑葚状隆起，严重影响采食。病羊日趋消瘦，最后衰竭而死，病程一般为2～3周。

2. 蹄型

蹄型几乎仅侵害绵羊，多单独发生，偶有混合型，病羊多见一肢患病。通常于蹄叉、蹄冠或系部皮肤上形成水疱、脓疱、溃疡。如继发感染则发生化脓、坏死。病羊跛行，长期卧地，病期缠绵。严重者因极度衰竭或败血症死亡。

3. 生殖器型

生殖器型少数病羊还在乳房、阴唇、包皮、阴囊及四肢内侧发生同样的病理变化，阴唇肿胀，阴道内流出黏性或脓性分泌物。哺乳病羔的母羊常发生红斑、水疱、脓疱、结痂，痂多为淡黄色，较薄，易剥脱，病程长者可发生溃疡。公羊还表现为阴囊肿胀。单纯的生殖器型很少死亡。

【病理变化】上述病变只在唇周、蹄、乳房、阴唇、包皮等处发生，但绝不波及体躯部皮肤，各内脏器官也无明显病变。组织病理学变化有皮肤表皮棘细胞层增厚，毛细血管扩张、充血；棘细胞发生严重的水疱变性、网状变性，甚至发生气球样变；一些棘细胞发生坏死，胞核浓缩、崩解；此外，一些变性、坏死的棘细胞胞浆内可见粉红色、大小不一、圆形或椭圆形的嗜酸性包涵体。

【实验室检查】可分离培养病毒或对病料进行负染色直接进行电镜观察。此外，还可用血清学方法诊断，如补体结合试验、琼脂扩散试验、反向间接血凝试验、酶联免疫吸附试验、免疫荧光技术等方法。

【类症鉴别】

1. 羊口疮（羊传染性脓疱）与羊痘的鉴别

[相似点] 羊口疮与羊痘均具有传染性，可以传染绵羊和山羊，患羊精神沉郁、食欲减退以及体表出现丘疹等病灶。

[不同点] 羊痘的病原是羊痘病毒，一般在冬末春初加速传播。羊初期体温升高 41～42℃，全身反应严重，痘疹为全身性；痘疹结节呈圆形突出于皮肤表面，界限明显，似脐状。面部病灶多见于皮肤，很少见于口腔黏膜。病变主要是前胃和四胃有圆形或半球形坚实结节，严重者糜烂，形成溃疡。咽喉、支气管有痘疹，肺部有干酪样结节。羊口疮多于春秋两季群发于 3～6 月龄羊，成年羊也可感染，但发病较少，呈散发性流行。一般没有明显的体温变化和病理变化。病灶多见于口腔黏膜。

2. 羊口疮（羊传染性脓疱）与口蹄疫的鉴别

[相似点] 羊口疮（羊传染性脓疱）与口蹄疫均有传染性，患羊精神沉郁、食欲减退，并在口腔黏膜形成病灶等临床表现。

[不同点] 口蹄疫的病原是口蹄疫病毒。秋冬季节容易暴发，一般秋末开始，冬季加剧，春季减缓，夏季平息。口腔黏膜、蹄部、乳房等部位出现水疱、溃疡和糜烂。口腔损害常在唇内面、齿龈、舌面积颊部黏膜发生水疱和糜烂，疼痛、流涎。绵羊蹄部症状明显，可见跛行，口黏膜变化较轻；山羊症状多见于口腔，呈弥漫性口黏膜炎，水疱见于硬腭和舌面，蹄部病变较轻。病羊消化道黏膜有出血性炎症，心肌色泽较淡，质地松软，心外膜与心内膜有弥散性及斑点状出血，心肌切面有灰白色或淡黄色、针头大小的斑点或条纹，如虎斑，称为"虎斑心"，以心内膜的病变最为显著。特征是出现泡沫样流涎、全身性病灶以及"虎斑心"。羊口疮多于春秋两季群发于 3～6 月龄羊，成年羊也可感染，但发病较少，呈散发性流行。病灶多见于口腔黏膜。一般没有明显的体温变化和病理变化。

3. 羊口疮（羊传染性脓疱）与羊坏死杆菌病的鉴别

［相似点］羊口疮（羊传染性脓疱）与羊坏死杆菌病均有传染性，精神萎靡，食欲减退，体温变化不明显，口腔、蹄部发生病变。

［不同点］羊坏死杆菌病的病原是坏死梭杆菌。特征是动物的皮肤、皮下组织和消化道黏膜发生坏死，有时在其他脏器上形成转移性坏死灶病原侵害羊蹄部时，引起腐蹄病。病羊病初多为一肢患病，如前两肢患病，常靠球关节行走或腕关节爬行。后肢患病时常将患肢置于腹下，表现为蹄间隙、蹄踵、蹄冠红肿热痛，而后溃烂，挤压肿烂部有发臭的脓样液体流出。随病情发展可波及腱韧带和关节，有时蹄匣脱落。绵羊羔发生坏死性口炎，齿龈、颊、硬腭、舌及咽喉发生肿胀，上面覆盖的坏死物形成伪膜，伪膜脱落后露出溃烂面。病羊肝脏质地较硬，均匀散布着蚕豆到胡桃大的坏死灶。羊口疮多于春秋两季群发于3～6月龄羊，成年羊也可感染，但发病较少，呈散发性流行。病灶多见于口腔黏膜。一般没有明显的体温变化和病理变化。

4. 羊口疮（羊传染性脓疱）与溃疡性皮炎的鉴别

［相似点］羊口疮（羊传染性脓疱）与溃疡性皮炎均有传染性以及口腔和蹄部病变。

［不同点］溃疡性皮炎多发生于1岁以上成年羊，并且口的损害发生在颌和上唇（在唇边缘的鼻孔之间，不累及唇联合），腿的损害发生在蹄冠和趾间隙，其病变特点是溃疡和组织破坏，痂垢下无桑葚状组织增生；羊口疮（羊传染性脓疱）主要危害羔羊，成年羊很少发生。病灶多见于口腔黏膜。

5. 羊口疮（羊传染性脓疱）与羊蓝舌病的鉴别

［相似点］羊口疮（羊传染性脓疱）与羊蓝舌病均有传染性，精神委顿，食欲减退以及口腔黏膜病变。

［不同点］羊蓝舌病的病原是蓝舌病病毒。病变部位主要在口角部，并可延伸到口腔黏膜，全身反应严重，病死率高。羊口疮（羊传染性脓疱）一般没有明显的体温变化和病理变化。

【防制】

1. 预防措施

（1）严格隔离消毒　不从疫区引进羊或购入饲料、畜产品。引进羊须隔离观察2～3周，严格检疫，证明无病后方可混入大群饲养；

选用3%福尔马林、2%氢氧化钠溶液、10%石灰乳剂、20%热草木灰水等对环境和用具进行消毒。

（2）加强饲养管理　饲喂柔软多汁的草料，补充配合饲料或放置舔砖，减少羊只啃土啃墙，发生损伤。捡出饲料和垫草中的芒刺，保护羊的皮肤、黏膜不受损伤。

（3）免疫接种　本病常发地区每年春季用传染性脓疱皮炎细胞弱毒苗免疫接种。

2. 发病后措施

发生传染性脓疱时，病羊立即隔离饲养，对环境、用具进行消毒，防止病毒扩散；药物综合治疗。

处方1：隔离病羊，同群的健康羊和受威胁羊，用传染性脓疱皮炎细胞弱毒苗0.2毫升，下唇黏膜划痕，紧急接种。

处方2：

① 水杨酸软膏患部涂抹，软化厚痂，0.1%～0.2%高锰酸钾溶液500毫升，冲洗创面，5%碘甘油100毫升，患部涂抹，每日1～2次。

② 5%～10%福尔马林500～1000毫升，浸泡患蹄，每周1分钟，连用3次，或5%硫酸铜溶液500～1000毫升，浸泡蹄部，每日2次，连用1周。

③ 丙二醇或甘油20～30毫升，维生素D_2磷酸氢钙片30～60片，干酵母片30～60克，加水灌服，每日2次，连用3～5日。

④ 10%病毒唑注射液（食品动物禁用）1～2.5毫升，肌内注射。

⑤ 2.5%恩诺沙星注射液5毫升，或5%氟苯尼考注射液5～20毫克/千克体重，20%长效土霉素注射液0.05～0.1毫升/千克体重，肌内注射，每日1次，连用3日。

处方3：冰片50克，朱砂30克，硼砂500克，元明粉500克，共为细末（冰硼散）。去掉结痂后，将冰硼散兑水调成糊状涂抹患部，隔日换药一次，连用2～3次，一般7～10日，患部痂皮或结痂开始脱落而痊愈。

三、口蹄疫

口蹄疫俗称"口疮"，是由口蹄疫病毒引起的主要侵害偶蹄动物的急性、热性、高度接触性人畜共患传染病。其特征是在口腔黏膜、蹄部和乳房等处皮肤出现水疱和烂斑。该病传播快，发病率高，传播途径广，病原复杂多变，被世界动物卫生组织（OIE）列为A类动物传染病之首。

【病原】口蹄疫病毒属微RNA病毒科口蹄疫病毒属，是已知最小的动物RNA病毒，病毒粒子直径20～25纳米，呈圆形，无囊膜，基因组为单股线状正链RNA。具有型多易变的特点，到目前为止，世界上发现有A、O、C和南非1、2、3型（SAT1、2、3型），以及亚洲1型（Asia1型）等7个血清型和80多个亚型。各血清型之间无交叉免疫现象，口蹄疫病毒在流行过程中及经过免疫的动物体均容易发生变异，即抗原漂移。口蹄疫病毒对干燥的抵抗力很强，含病毒组织或被病毒污染的饲料、饲草、皮毛及土壤等可保持传染性数周至数月，病毒在低温下十分稳定，在50%甘油生理盐水中于5℃能存活1年以上。但对直射日光（紫外线）、热、酸、碱均很敏感，在pH3.0和pH9.0以上的缓冲液中，病毒的感染性将在瞬间消失。2%～4%氢氧化钠溶液、3%～5%福尔马林、5%氨水、0.2%～0.5%过氧乙酸、5%次氯酸钠液、（1:150）～（1:300）农福等对本病毒均有较好的杀灭作用。

【流行病学】在牧区本病常从秋末流行，冬季加剧，春季减弱，夏季基本平息。本病多呈良性经过，病程一般为2～3周。成年羊的发病率可达80%或更高，但死亡率低。羔羊的发病率可达90%，死亡率约40%。患病动物及带毒动物是本病最主要的传染源，病初的动物是本病最危险的传染源。病畜的水疱皮、水疱液、唾液、粪、奶和呼出的空气，都含有大量致病力很强的病毒，当食入或吸入这些病毒时，便可引起感染。环境的污染也可造成该病的传播，如污染的水源、棚圈、工具和接触过病畜人员的衣物、鞋帽等。

【临床症状】病羊体温升高，精神不振，食欲减退，反刍减少或停止。水疱破溃后，体温降至常温，全身症状好转。口腔损害常在唇内面、齿龈、舌面及颊部黏膜发生水疱和糜烂，病羊疼痛，流涎，涎水呈泡沫状。蹄部损害常在趾间及蹄冠皮肤，表现红、肿、热、痛，继而发生水疱、烂斑，病羊蹄部疼痛，发生跛行（呈现支跛），常降低重心小步急进，甚至跪地或卧地不起。

如单纯口腔发病，一般1～2周可望痊愈，当累及蹄部或乳房时，则2～3周方能痊愈。一般呈良性经过，死亡率不超过1%～2%。羔羊发病则常表现为恶性口蹄疫，发生心肌炎，有时呈出血性胃肠炎而死亡，死亡率可达20%～50%。孕羊常流产。

　　【病理变化】除口腔、蹄部皮肤等处出现水疱和溃烂外，还可见咽喉、气管、支气管和前胃黏膜有烂斑和溃疡，皱胃和大、小肠黏膜可见有出血性炎症。心包膜有出血斑点，心脏有心肌炎病变，心肌松软，心肌切面有灰白或淡黄色斑点或条纹，称为虎斑心，心脏似煮熟样。

　　【实验室检查】采取病畜水疱皮或水疱液，康复时采取血清，送口蹄疫实验室检查。

　　【类症鉴别】

　　1. 口蹄疫与羊痘的鉴别

　　[相似点]口蹄疫与羊痘均有传染性，患羊体温升高、精神沉郁、食欲减退、呼吸急促，并在体表形成水疱等临床表现。

　　[不同点]羊痘的病原是痘病毒，一般在冬末春初加速传播。可见口唇、眼睑、鼻孔、唇部、鼻梁两侧、前后腿内侧、会阴部、乳房、腋下、无毛或少毛处有不同程度大小不等的圆形红斑，无毛部位可见隆起皮肤表面的圆形扁平小丘疹，变软，形成水疱。羊痘的面部病灶多见于皮肤，很少见于口腔黏膜，无泡沫样流涎。病变主要是前胃和四胃有圆形或半球形坚实结节，严重者糜烂，形成溃疡。咽喉、支气管有痘疹，肺部有干酪样结节。口蹄疫秋冬季节容易暴发，一般秋末开始，冬季加剧，春季减缓，夏季平息。口腔黏膜、蹄部、乳房等部位出现水疱、溃疡和糜烂。口腔损害常在唇内面、齿龈、舌面积颊部黏膜发生水疱和糜烂，疼痛、流涎。特征是出现泡沫样流涎、口腔黏膜病变以及"虎斑心"。

　　2. 口蹄疫与羊口疮（羊传染性脓疱）的鉴别

　　[相似点]口蹄疫与羊口疮均有传染性，患羊精神沉郁、食欲减退，并在口腔黏膜形成病灶等临床表现。

　　[不同点]羊口疮的病原是传染性脓疱病毒，多发于羔羊，成年羊也可感染，但发病较少，呈散发性流行。羊患病后口唇、鼻处会有丘疹和结节出现，继而形成小疱或脓疱、蔓延至整个口腔周围及颜

面、耳廓等部位，形成大面积龟裂、易出血的污浊痂垢，痂垢下肉芽组织增生。一般没有明显的体温变化和病理变化；口蹄疫秋冬季节容易暴发，一般秋末开始，冬季加剧，春季减缓，夏季平息。口腔黏膜、蹄部、乳房等部位出现水疱、溃疡和糜烂，体温升高，口腔有泡沫样流涎，心肌切面有灰白色或淡黄色、针头大小的斑点或条纹，如虎斑，称为"虎斑心"。

3. 口蹄疫与蓝舌病的鉴别

[相似点] 口蹄疫与蓝舌病均有传染性，患羊体温升高、精神沉郁、食欲减退、呼吸急促，并在体表形成病灶等临床表现。

[不同点] 羊蓝舌病的病原是蓝舌病毒。舌充血、发绀，呈蓝紫色。口腔黏膜、蹄部都发生病变，但没有水疱出现；鼻流分泌物。

4. 口蹄疫与羊坏死杆菌病的鉴别

[相似点] 口蹄疫与羊坏死杆菌病均有传染性，精神萎靡，食欲减退以及口腔、蹄部的病变。

[不同点] 羊坏死杆菌病的病原是坏死梭杆菌。特征是动物的皮肤、皮下组织和消化道黏膜发生坏死，有时在其他脏器上形成转移性坏死灶病原侵害羊蹄部时，引起腐蹄病。病羊病初多为一肢患病，如前两肢患病，常靠球关节行走或腕关节爬行。后肢患病时常将患肢置于腹下，表现为蹄间隙、蹄踵、蹄冠红肿热痛，而后溃烂，挤压肿烂部有发臭的脓样液体流出。随病情发展，可波及到腱韧带和关节，有时蹄匣脱落。绵羊羔发生坏死性口炎，齿龈、颊、硬腭、舌及咽喉发生肿胀，上面覆盖的坏死物形成伪膜，伪膜脱落后露出溃烂面。病羊肝脏质地较硬，均匀散布着蚕豆到胡桃大的坏死灶。口蹄疫口腔黏膜、蹄部、乳房等部位出现水疱、溃疡和糜烂，体温升高，口腔有泡沫样流涎，心肌切面有灰白色或淡黄色、针头大小的斑点或条纹，似虎斑，称为"虎斑心"。

5. 口蹄疫与羊水疱性口炎的鉴别

[相似点] 口蹄疫与羊水疱性口炎均会发生口腔病变和体温变化。

[不同点] 羊水疱性口炎的病原是水疱型口炎病毒。口腔黏膜及鼻镜干燥，在舌、唇黏膜上出现米粒大的水疱，常由小水疱融合成大水疱，内含透明黄色液体，经1～2日，水疱破裂，疱皮脱落后，则遗留浅而边缘不齐的鲜红色烂斑。从剖检病理来看，不出现很大的器

脏损伤，多数呈一般丘疹性的口炎疤变。

6. 口蹄疫与腐蹄病的鉴别

[相似点] 口蹄疫与腐蹄病均有传染性，口鼻有水疱，蹄有病变。

[不同点] 腐蹄病的病原是结节梭形杆菌，一肢或数肢发病，蹄冠发红，蹄匣腐烂，有恶臭液。

【防制】

1. 预防措施

（1）无病地区严禁从有病国家和地区引进动物及动物产品、饲料、生物制品等。引进动物及其产品应严格执行检疫、隔离、消毒。发生口蹄疫时应早报告、早诊断，严格采取扑灭措施，对疫区和受威胁区未发病的易感动物进行紧急免疫接种。

（2）口蹄疫流行地区　应坚持免疫接种，应选用与当地流行毒株同型的疫苗进行，目前可用口蹄疫 O 型亚洲 I 型二价灭活疫苗，羊每只 1 毫升，肌内注射，15～21 天后加强 1 次，免疫持续期为 4 个月。

2. 发病后措施

口蹄疫发生后，患病动物及同群动物全部扑杀销毁（全国一盘棋，扑杀越早，损失越少，一处不扑杀，前功尽弃），不允许治疗。如贵重动物，经有关部门批准，可在严格隔离的条件下进行治疗。

处方：哺乳母羊或哺乳羔羊患病时应立即断奶，羔羊人工哺乳或饲喂代乳料。

同型号的口蹄疫高免血清 1 毫升/千克体重，肌内注射，每日 1 次，连用 2 日。

安乃近注射液 3～10 毫升，肌内注射，每日 1 次，连用 3 日。

0.1％高锰酸钾液或食醋、0.2％福尔马林冲洗创面，之后涂碘甘油或 1％～2％明矾液，或撒布冰硼散。

乳房可用肥皂水或 2％～3％硼酸水清洗，然后涂以青霉素软膏或其他刺激性小的防腐软膏。

四、蓝舌病

蓝舌病是由蓝舌病病毒引起的，以库蠓为传播媒介的反刍兽的一种非接触性传染病。主要发生于绵羊，其临床特征为发热、消瘦、白细胞减少，口、鼻和胃黏膜有溃疡性炎症变化，并可发生肌炎和蹄冠炎，且口腔黏膜及舌发绀。我国农业部已将该病定为一类动物疫病。

【病原】蓝舌病病毒属呼肠孤病毒科环状病毒属，病毒颗粒呈圆形，病毒基因组为双链 RNA，20 面体对称，病毒直径为 50～60 纳米，无囊膜。蓝舌病病毒对外界抵抗力较强，可耐干燥和腐败。在50％甘油内于室温下可以保存数年。60℃ 30 分钟不能完全灭活。对乙醚、氯仿有抵抗力。对胰蛋白酶、3％氢氧化钠溶液和 2％过氧乙酸溶液敏感。

【流行病学】本病呈地方性流行。本病一般发生于 5～10 月份，多发生于湿热的夏季和秋季，特别是池塘、河流较多的低洼地区。其发生和分布与库蠓的分布、习性和生活史密切相关。病羊和带毒的动物是本病主要的传染源，在疫区临床健康的羊只也可能携带病毒成为传染源；本病主要通过库蠓传递，当库蠓吸吮带毒动物的血液后，病毒就在虫体内繁殖，当再次叮咬绵羊和牛时，即可发生传染。

【临床症状】潜伏期为 3～8 天。病畜体温升高达 40～42℃，稽留 2～6 天，同时白细胞也明显降低。高温稽留后体温降至正常，白细胞也逐渐回升至正常生理范围。病羊精神委顿、厌食、流涎、嘴唇水肿，并蔓延至面部、眼睑、耳、颈部和腋下。口腔黏膜和舌头充血、糜烂，严重病例舌头发绀，呈现出蓝舌病特征症状。有的蹄冠和蹄叶发炎，呈现跛行，在蹄、腕、跗趾间的皮肤上有发红区，靠近蹄部较严重。病羊消瘦，衰弱，有的发生便秘或腹泻，甚至便中带血，孕羊可发生流产、胎儿脑积水或先天畸形。病程为 6～14 天，发病率30％～40％，病死率 2％～30％。多因并发肺炎和胃肠炎引起死亡。

【病理变化】病羊以舌发绀，舌及口腔充血、瘀血，鼻腔、胃肠道黏膜发生水肿及溃疡为特征。可见整个口腔黏膜出现糜烂，皮肤及黏膜有小出血点，尤其在毛囊的周围出血和充血，皮下组织充血及胶样浸润，肌纤维变性，肌间有浆液和胶样浸润。心包积液、心肌、心内膜、呼吸道、泌尿道黏膜都有针尖大小的出血点。

【实验室检查】通过动物试验、病毒分离和血清学试验进行确诊。

【类症鉴别】

1. 蓝舌病与口蹄疫的鉴别

［相似点］蓝舌病与口蹄疫均有传染性，患羊出现体温升高、精

神沉郁、食欲减退、呼吸急促，口腔糜烂，流涎、跛行等临床表现。

[不同点] 口蹄疫的病原是口蹄疫病毒。口腔黏膜、蹄部、乳房等部位出现水疱，疱破裂后体温下降；口腔有泡沫样流涎，心肌切面有灰白色或淡黄色、针头大小的斑点或条纹，如虎斑，称为"虎斑心"。羊蓝舌病口腔黏膜、蹄部都发生病变，但没有水疱出现。

2. 羊蓝舌病与羊口疮（羊传染性脓疱）的鉴别

[相似点] 羊蓝舌病与羊口疮（羊传染性脓疱）均有传染性，精神委顿，食欲减退以及唇鼻肿胀、流涎、跛行等临床表现。

[不同点] 羊口疮（羊传染性脓疱）的病原是传染性脓疱病毒。一般没有明显的体温变化和病理变化。幼羊发病率高，口唇、鼻端出现红斑、水疱、丘疹、脓疱、黄褐硬痂皮等。羊蓝舌病病变部位主要在口角部，并可延伸到口腔黏膜，全身反应严重，病死率高。

【防制】

1. 预防措施

羊群放牧要选择高地，减少感染机会，防止在潮湿地带露宿；定期进行消毒、驱虫（伊维菌素注射液定期皮下注射），消灭库蠓（羊舍装窗纱、灭蚊灯，圈舍墙壁和纱窗喷洒悬浮剂或杀虫剂，也可在蚊虫滋生季节用敌敌畏等农药加入锯末中熏烟杀虫）；做好圈舍和牧地的排水工作；免疫接种。日本采用鸡胚化弱毒冻干疫苗，每年接种一次，可有效预防本病，孕羊禁用。

2. 发病后措施

发现本病及时扑杀，并做好隔离消毒等工作。经有关部门许可，贵重动物可在严格隔离下治疗。本病无特效药物，病羊精心护理，隔离饲养，饲喂柔软易消化的饲草，进行对症治疗。

处方：

① 0.1%高锰酸钾液 500 毫升，冲洗口腔。碘甘油或冰硼散适量，涂抹或撒布溃烂面。

② 3%来苏尔液 500 毫升，蹄部冲洗，碘甘油或土霉素软膏，蹄部涂抹，绷带包扎。

③ 丙二醇或甘油 30 毫升，维生素 D_2 磷酸氢钙片 30～60 片，干酵母片 30～60 克，加水胃管投服或瘤胃注入，每日 1～2 次，连用 3～5 日。

④ 5%葡萄糖氯化钠注射液 500 毫升，氨苄青霉素 50～100 毫克/千

克体重，10%安钠咖注射液5～20毫升，10%葡萄糖注射液500毫升，维生素C注射液0.5～1.5克，静脉注射，每日1次，连用3日。

五、梅迪-维斯纳病

梅迪-维斯纳病是由梅迪-维斯纳病毒引起成年绵羊和山羊的一种不表现发热症状的接触性传染病。其临床特征为经过一个漫长的潜伏期之后，表现间质性肺炎或脑膜炎，病羊衰弱、消瘦，最终死亡。梅迪是以呼吸困难或消瘦等为主要特征的慢性进行性肺炎，维斯纳是以神经症状为主要特征的脑脊髓炎。

【病原】病原为反录病毒科慢病毒属的梅迪-维斯纳病毒，含单股RNA，成熟病毒粒子呈圆形或卵圆形，直径80～120纳米，有囊膜，其表面有纤突，核芯存在反转录酶。本病毒对乙醚、乙醇、氯仿、过碘酸盐和蛋白酶敏感，在pH7.2～9.2最为稳定，50℃只存活15分钟。4%石炭酸溶液、0.1%福尔马林和50%酒精均易使其失去活性。

【流行病学】本病多呈散发，发病率因地区的不同而异，病死率可能高达100%。绵羊最易感，多见于2岁以上的成年绵羊，山羊也可感染。本病的潜伏期为2年或更长。传染源主要为病羊及带毒羊，羊一旦感染即终生带毒。病羊所排出的唾液、鼻汁、粪便等含有病毒，通过消化道、呼吸道和皮肤传播，或经胎盘和乳汁垂直传播，吸血昆虫也可能成为传播者。

【临床症状】

1. 梅迪（呼吸道型）

梅迪（呼吸道型）多见于3～4岁成年羊。病羊发生进行性肺部损害，然后出现逐渐加重的呼吸道临诊症状。但病情发展非常缓慢，常经过数月或数年。早期病羊易落群，病情恶化时呼吸困难，体重不断下降，消瘦和衰弱，病羊常保持站立姿势。听诊肺的背侧有啰音，叩诊肺的腹侧发浊音。体温一般正常。病羊常由于缺氧和并发急性细菌性肺炎而死亡。

2. 维斯纳（神经型）

维斯纳（神经型）多见于2岁以上的绵羊。病羊常落群，后肢易失足、发软。体重减轻，随后跗关节不能伸直，常用跗骨后段着地。四肢逐渐麻痹，行走困难。有时唇和眼睑震颤。头微偏向一侧，然后出现偏瘫或完全麻痹。自然和人工感染病例的病程均很长，通常为数月，有的可达数年。病程有时呈波浪式，中间出现轻度缓解，但终归死亡。

【病理变化】

1. 梅迪

病理变化主要见于肺和肺淋巴结。病肺体积和质量比正常肺大2~4倍，不塌陷，各叶之间以及肺和胸壁粘连，肺组织致密，质地如肌肉，呈淡灰色或暗红色，触摸有橡皮感，以膈叶变化最重。有的肺小叶间隔增宽，呈暗灰细网状花纹，在网眼中显出针尖大小暗灰色小点；肺的切面干燥，支气管淋巴结增大，质量增加，切面均质发白；胸膜下散在许多针尖大小、半透明、暗灰白色的小点，严重时突出于表面。

2. 维斯纳

剖检无特异变化。病期很长的，其后肢肌肉经常萎缩。少数病例脑膜充血，白质切面有灰黄色小斑。中枢神经初期，在脑膜下和脑室膜下出现浸润和网状内皮系统细胞增生。病重羊的脑、脑干、桥脑、延髓及脊髓的白质发生广泛性损害。胶质细胞浸润可融成较大病灶，具有坏死和形成空洞的趋势。

【实验室检查】可结合病毒分离、病毒颗粒的电镜观察，以及中血清学试验确诊。

【类症鉴别】

1. 梅迪-维斯纳病与羊支原体性肺炎的鉴别

[相似点] 梅迪-维斯纳病与羊支原体性肺炎均有传染性，呼吸急促困难，消瘦，衰弱；剖检可见胸膜有粘连。

[不同点] 羊支原体性肺炎的病原为丝状支原体，3岁以下山羊最易感，传播快，体温41~42℃，咳嗽，流鼻液，叩诊肋部疼痛。剖检可见胸腔积液、暴露于空气成纤维素凝块，病料镜检可见丝状支原体。

2. 梅迪-维斯纳病与绵羊肺腺瘤病的鉴别

[相似点] 梅迪-维斯纳病与绵羊肺腺瘤病均有传染性，绵羊易感，消瘦，衰弱，呼吸困难。

[不同点] 绵羊肺腺瘤病的病原为绵羊肺腺瘤病病毒。体温高，

咳嗽，剖检可见肺表面有许多小结节并融成大结节，后期肺切面有水肿液流出。

3. 梅迪-维斯纳病与羊巴氏杆菌病的鉴别

[相似点] 梅迪-维斯纳病与羊巴氏杆菌病均有传染性，绵羊易感，呼吸快速、困难。

[不同点] 羊巴氏杆菌病的病原为巴氏杆菌，体温 41～42℃，咳嗽，鼻流含血黏液，颈胸部水肿，病程短。剖检可见皮下液体浸润和有出血点。胸液镜检可见两极染色的卵圆形杆菌。

4. 梅迪-维斯纳病与羊网尾线虫病的鉴别

[相似点] 梅迪-维斯纳病与羊网尾线虫病均有传染性，呼吸急促，困难，消瘦，体温不高。

[不同点] 羊网尾线虫病的病原为网尾线虫，有阵发性剧烈咳嗽，咳出黏液团有成虫、幼虫和虫卵。

5. 梅迪-维斯纳病与山羊关节炎-脑炎的鉴别

[相似点] 梅迪-维斯纳病与山羊关节炎-脑炎均有神经症状。

[不同点] 山羊关节炎-脑炎的病原是山羊关节炎-脑炎病毒，自然情况下，只感染山羊；梅迪-维斯纳病毒主要感染绵羊，也可感染山羊。通过病毒基因组核酸序列分析，可对两种病毒进行区别。

【防制】本病目前尚无疫苗和有效的治疗方法。防制本病的关键在于防止健康羊接触病羊。加强进口检疫，对病羊施行全部扑杀，严格消毒。定期对羊群进行血清学检测，及时淘汰有临床症状及血清学阳性的羊及其后代，培育健康后备羊群。

六、山羊病毒性关节炎-脑炎

山羊病毒性关节炎-脑炎是由山羊关节炎-脑炎病毒引起山羊的一种进行性、慢性消耗性传染病。其临床特征为羔羊脑炎，成年羊关节炎、间质性肺炎和硬结性乳腺炎。目前许多国家都有本病的报道，1982 年我国从英国进口山羊时，将本病引入。

【病原】病原为反转录病毒科慢病毒属的山羊关节炎-脑炎病毒。病毒的形态结构和生物学特征与梅迪-维斯纳病毒相似，病毒粒子呈球形，直径 80～100 纳米，有囊膜，含单股 RNA。本病毒对外界环境的抵抗力不强，56℃ 10 分钟可被灭活，低于 pH 4.2 可迅速死亡；

常规消毒剂一般浓度均可杀灭。

【流行病学】仅在山羊间相互感染，无年龄、性别、品系间差异。一年四季均可发病，呈地方流行性。病山羊和隐性感染的山羊是主要传染源。本病可由直接接触感染，或经乳、唾液、粪尿及呼吸道分泌物传播。感染途径以消化道为主，也可能通过生殖道和呼吸道感染。

【临床症状】

1. 脑脊髓炎型

主要发生于 2～4 月龄山羊羔，育成羊和成年羊也有发病。有明显的季节性，多发生于 3～8 月间，与晚冬和春季产羔有关。病初病羊精神沉郁、跛行，共济失调，一侧后肢不敢负重，反射亢进；之后，后肢甚至四肢轻瘫，转圈，头部抽搐和震颤，角弓反张，斜颈，有的还出现四肢划动。羔羊一般无体温变化；有时面神经麻痹，吞咽困难或双目失明。病程半月至 1 年，个别耐过病例留有后遗症，少数病例兼有肺炎或关节炎症状。

2. 关节炎型

主要发生于 1 岁以上的成年山羊，病程 1～3 年。典型症状是腕关节肿大和跛行，即所谓的"大膝病"，膝关节和跗关节也可患病，病情逐渐加重或突然发生。病初关节周围软组织水肿、湿热、波动、疼痛，有轻重不一的跛行，进而关节肿大如拳，活动不便，常见前膝跪地爬行。有时病羊肩前淋巴结肿大。穿刺检查关节液呈黄色或粉红色。

3. 间质性肺炎型

较少见。无年龄限制，主要见于成年山羊，病程 3～6 个月。患羊进行性消瘦，咳嗽，呼吸困难，胸部叩诊有浊音，听诊有湿性啰音。如无细菌继发感染，则无体温反应。

硬结性乳房炎型 主要见于哺乳母羊。多发生于分娩后的 1～3 天，乳房坚实或坚硬，肿胀，少乳或无乳，无全身反应。采集乳房炎病例的乳汁经菌检无细菌感染。个别羊的产奶量可恢复到正常。

【病理变化】主要病理变化见于中枢神经系统、四肢关节及肺脏，其次是乳腺。

脑和脊髓。主要发生于小脑和脊髓的白质，在前庭核部位将小脑与延脑横断，可见一侧脑白质中有 5 毫米大小的棕红色病灶。

关节。患病关节周围软组织肿胀，有波动，皮下浆液渗出，关节囊肥厚，滑膜常与关节软骨粘连。关节腔扩张，充满黄色或粉红色液体，其中悬浮纤维蛋白条索或血凝块。滑膜表面光滑，或有结节状增生物。慢性病例，透过滑膜常可见到软组织中有钙化斑。

肺脏。轻度肿大，质地坚实，表面散在灰白色小点，切面有大叶性或斑块状实变区。支气管淋巴结和纵隔淋巴结肿大，支气管空虚或充满浆液及黏液。

乳腺。在感染初期，血管、乳导管周围及腺叶间有大量淋巴细胞、单核细胞和巨噬细胞浸润，随后出现大量浆细胞，间质常发生局灶性坏死。

肾脏。少数病例，肾脏表面有直径 1～2 毫米的灰白色小点，镜检可见广泛性的肾小球性肾炎。

【实验室检查】病原学的诊断可采取病畜发热期或涉死期和新鲜畜尸的肝脏制备乳悬液进行病毒的分别实验，也可选用小鼠或仓鼠进行动物实验。血清学诊断主要运用琼脂扩散实验或酶联免疫吸附实验。

【类症鉴别】

1. 山羊病毒性关节炎-脑炎（脑脊髓炎型）与肉毒梭菌中毒病的鉴别

［相似点］山羊病毒性关节炎-脑炎与肉毒梭菌中毒病均有传染性，共济失调，歪头。

［不同点］肉毒梭菌中毒病的病原为肉毒梭菌，吃腐烂青贮饲料或含肉毒梭菌的饲料而发病。流涎，流鼻液。呼吸困难。用胃内容物制成悬液注射于鸡眼睑皮下，半小时至 1 小时眼睑闭合，10 小时后死亡。

2. 山羊病毒性关节炎-脑炎与羊链球菌病的鉴别

［相似点］山羊病毒性关节炎-脑炎与羊链球菌病均有传染性，精神不振，共济失调，跛行，抽搐，最后卧地不起，孕羊常流产。

［不同点］羊链球菌病的病原为链球菌，多发于绵羊，山羊次之。口流涎有泡沫，眼结膜充血，流脓性眵。触诊全身肌肉疼痛。剖检可见颌下、肺门、肠系膜淋巴结充血、出血、水肿，心包及各器官表面附有丝状纤维素。用胸腹腔液涂片镜检可见链球菌。

3. 山羊病毒性关节炎-脑炎与羊传染性无乳症的鉴别

［相似点］山羊病毒性关节炎-脑炎与羊传染性无乳症均有传染性、腕跗关节肿胀、热痛、跛行、哺乳母羊乳房炎。

［不同点］羊传染性无乳症的病原为无乳支原体。乳房热痛，乳汁有成味，后萎缩无乳。发病2～3周后才发生关节炎和角膜炎。用培养物涂片镜检可见大量小杆状或卵圆形微生物。

4. 山羊病毒性关节炎-脑炎与脑软化的鉴别

［相似点］山羊病毒性关节炎-脑炎与脑软化均有体温正常、运动失调、转圈、失明等临床表现。

［不同点］脑软化无传染性，病程短（2～6天），剖检可见脑有坏死灶软化。

5. 山羊病毒性关节炎-脑炎（脑脊髓炎型）与后躯麻痹的鉴别

［相似点］山羊病毒性关节炎-脑炎与后躯麻痹均有体温正常、后躯麻痹等表现。

［不同点］后躯麻痹无传染性，多因断尾感染，或后躯遭雨淋或卧潮湿处发病，不出现其他神经症状和关节病变。

6. 山羊病毒性关节炎-脑炎与疯草中毒的鉴别

［相似点］山羊病毒性关节炎-脑炎与疯草中毒均有后躯衰弱、共济失调、四肢麻痹、卧地不起等临床表现。

［不同点］疯草中毒是因采食疯草而发病。头水平震颤，颈部僵硬，口吐白沫，主要发生在有棘豆属、黄芪属疯草的牧场。

【防制】本病目前尚无疫苗和有效治疗方法。加强进口检疫，禁止从疫区（疫场）引进种羊，引进种羊前，应先做血清学检查，运回后隔离观察1年，其间再做两次血清学检查（间隔半年），均为阴性才可混群。对感染羊群应采取检疫、扑杀、隔离、消毒和培育健康羔羊群的方法进行净化。

七、绵羊肺腺瘤病

绵羊肺腺瘤病（绵羊肺癌，或驱赶病）是由绵羊肺腺瘤病病毒引起的一种慢性接触性传染性肺癌。其临诊特征为咳嗽、呼吸困难、消瘦、大量浆液性鼻漏、Ⅱ型肺泡上皮细胞和无纤毛细支气管上皮细胞发生肿瘤性增生。

【病原】本病的病原为绵羊肺腺瘤病病毒，属于反转录病毒科乙型反转录病毒属，含线性单股负链 RNA，直径为 74 纳米，具有囊膜。本病毒抵抗力不强，56℃、30 分钟可使其灭活，对氯仿和酸性环境很敏感，普通消毒剂的常规浓度即可将其杀死。病毒在－20℃条件下可在病肺细胞里存活几年。

【流行病学】本病呈散发或呈地方性流行，寒冷季节病情严重，可因放牧中赶路而加重，故称为驱赶病。主要感染成年羊，尤其是 3～5 岁的羊，6 月龄以下的羔羊罕见。感染羊群发病率平均 2%～4%，死亡率为 100%。几乎所有养羊国家和地区（澳大利亚和新西兰除外）都有该病的发生和流行。病羊是本病的主要传染源。病原主要经呼吸道传染给易感羊，尤其在气喘或咳嗽时，病毒随唾液或气流散布在空气和自然界中，临近的羊只吸入这种感染性气胶团造成感染。

【临床症状】潜伏期为 6～9 个月。感染初期，羊只不易发现异常，当剧烈运动或长途驱赶时，呼吸加快。病羊为获得氧气，头伸直，鼻孔扩张。后期经常咳嗽，当患羊低头或将患羊后肢抬高，可见有大量泡沫状、稀薄的黏液样液体从鼻孔流出。听诊肺区有湿性啰音，叩诊肺区有数量不等的浊音区。个别病例机体衰竭、消瘦、贫血，但仍保持站立姿势，躺卧时呼吸更加困难。病羊体温正常。病程长短不一，几月或数年。

【病理变化】特征性病理变化主要在肺脏。肺泡里出现由立方上皮细胞构成的小结节，质地坚实，是上皮细胞性的腺瘤，常见于肺的前部和腹测。密集的结节融合后形成不整形的大结节。其次是细支气管周围淋巴结显著肿大。病的后期，肺的切面有水肿液流出。

【实验室检查】必要时采集血清，进行血清学试验诊断。

【类症鉴别】绵羊肺腺瘤病应与巴氏杆菌病、梅迪-维斯纳病以及蠕虫性肺炎等肺部疾患进行区别诊断。绵羊肺腺瘤病的一个很重要的特点是在疾病症状明显期可从病羊鼻腔采集到大量的水样分泌物。

1. 绵羊肺腺瘤病与羊巴氏杆菌病的鉴别

[相似点] 绵羊肺腺瘤病与羊巴氏杆菌病均有传染性，咳嗽，呼吸困难。

[不同点] 羊巴氏杆菌病的病原为巴氏杆菌，是一种急性、热性

传染病。病羊全身症状严重而明显，体温升高达 41～42℃。有些病羊剧烈腹泻，粪便恶臭；病羊颈部、胸部发生水肿，肺脏瘀血、点状出血或发生实变；肝脏常有坏死性病灶；胃肠道有出血性炎症。采集血液、病变组织，可分离出多杀性巴氏杆菌。肝变，病料涂片镜检可见两极染色的卵圆杆菌。

2. 绵羊肺腺瘤病与羊支原体性肺炎的鉴别

［相似点］绵羊肺腺瘤病与羊支原体性肺炎均有传染性，体温升高，咳嗽，呼吸困难，流鼻液。

［不同点］羊支原体性肺炎的病原为丝状支原体，山羊敏感，体温 41～42℃，叩诊肋部疼痛，听诊有捻发音。剖检可见胸膜粗糙，与肋膜、心包粘连，上附纤维蛋白。病料涂片镜检可见支原体。

3. 绵羊肺腺瘤病与梅迪-维斯纳病的鉴别

［相似点］绵羊肺腺瘤病与梅迪-维斯纳病均有传染性，绵羊易感，消瘦，衰弱，呼吸困难，均引起慢性、进行性的肺炎症状。

［不同点］梅迪-维斯纳病的病原为梅迪-维斯纳病病毒，潜伏期 2 年以上，鼻孔开张，头高仰。剖检可见肺叶与胸膜粘连，胸膜有针尖大小白点，用 50％醋酸涂后 2 分钟即显灰白色小点。以间质性肺炎为特征，间质增厚变宽，平滑肌增生，支气管和血管周围淋巴样细胞浸润。绵羊肺腺瘤病以增生性、肿瘤性肺炎为主要特征，病理切片观察，可发现肺泡上皮细胞和细支气管上皮细胞异型性增生，形成腺样构造。

4. 绵羊肺腺瘤病与绵羊进行性肺炎的鉴别

［相似点］绵羊肺腺瘤病与绵羊进行性肺炎均有呼吸困难，消瘦。

［不同点］绵羊进行性肺炎的病原尚未确定，2 岁以内的绵羊很少发病，最常见的是 4 岁以上的绵羊，不咳嗽，不流鼻液。剖检可见肺膨大 2～4 倍，较坚实。

5. 绵羊肺腺瘤病与羊网尾线虫病的鉴别

［相似点］绵羊肺腺瘤病与羊网尾线虫病均有感染性，体温不高，咳嗽，呼吸困难，虚弱，消瘦，流鼻液。

［不同点］羊网尾线虫病的病原为网尾线虫，有阵发性剧烈咳嗽。在咳出痰团中和剖检支气管时可见有成虫和幼虫、虫卵。

6. 绵羊肺腺瘤病与羊肺线虫病的鉴别

[相似点] 绵羊肺腺瘤病与羊肺线虫病均有咳嗽、呼吸困难、听诊肺区有啰音，患羊低头鼻孔中流出黏液性，机体衰竭、消瘦、贫血等表现。

[不同点] 羊肺线虫病的病原是线虫，在病理剖检或者组织切片中均可发现虫体，易与绵羊肺腺瘤病进行区别。

【防制】本病尚无有效疗法。应严格引种制度，发现本病应立即扑杀病羊、隔离发病羊群、严格消毒等。

八、炭疽

炭疽是由炭疽杆菌引起人兽共患的一种急性、热性、败血性传染病。其临诊特征为突然发病、高热稽留，脾脏显著肿大，皮下及浆膜下结缔组织出血浸润，血液凝固不良，呈煤焦油样。

【病原】病原体为炭疽杆菌，革兰氏染色阳性，菌体两端平直，无鞭毛，大小为（1.0～1.5）微米×（3～5）微米。本菌繁殖体抵抗力不强，60℃ 30～60 分钟即可杀死。一旦繁殖体形成芽孢体，则其抵抗力极强，在干燥的土壤中可存活数十年之久，煮沸 15～25 分钟或高压灭菌 121℃ 5～10 分钟方可杀死本菌。临床上常用 20% 漂白粉、5%～10% 福尔马林、0.5% 过氧乙酸溶液和 10% 氢氧化钠溶液进行消毒，本菌对青霉素、四环素类，以及磺胺类药物敏感。

【流行病学】本病常呈地方性流行；发生有一定的季节性，多发生于 6～8 月份，也可常年发病，特别是在干旱或多雨、洪水泛滥和吸血昆虫滋生等环境下都可促进炭疽暴发。病畜是主要的传染源，主要由消化道、呼吸道及皮肤伤口感染，也可由吸血昆虫的叮咬传染。

【临床症状】本病的潜伏期一般为 3～6 天，有的可达 14 天，绵羊可以短至 12～24 小时。羊多为急性发作，表现为突然倒地，全身痉挛，磨牙，站立时摇摆不稳，体温升高到 42℃，呼吸困难，黏膜发绀，天然孔流出带有气泡的黑红色液体，于几分钟内死亡。病程发展稍慢者，常出现兴奋不安、呼吸急促、黏膜发绀、精神沉郁、卧地不起、天然孔流出血水等症状，在数小时内死亡。有的羊只出现体温升高和腹痛等症状。

【病理变化】患炭疽病的病死羊禁止解剖，只有在具备严格的防护、隔离、消毒条件下，方可剖检。最急性死亡的病例腹部膨胀，尸僵不全，口、鼻、肛门流血样泡沫或不凝固的血液。头、颈、腹下皮肤发生胶样浸润，并可扩散到肌肉深层。血凝不良，暗红色，煤焦油状，脾脏肿大，比正常的肿大 3～5 倍，质地脆，暗红色，切面充满煤焦油样的脾髓和血液。淋巴结肿大，出血，切面为深红至暗红色。肺脏充血，水肿。胃肠道有出血性、坏死性炎症变化，有时可在肠黏膜上出现炭疽痈。心包及心内、外膜出血，气管及支气管充有大量血样泡沫。胸腹腔有血样渗出物。尸体极易腐败。

【实验室检查】

1. 涂片镜检

取末梢血液或其他材料制成涂片后，染色镜检，可发现带有荚膜的革兰式阳性的粗大杆菌，菌体多呈单独、成对或 2～4 个菌体相连的短链排列或呈竹节状。

2. 细菌分离

采取病羊的血液、渗出液或组织进行培养，在低倍镜下观察，炭疽芽孢杆菌的菌落具有边缘呈卷发状的粗糙（R）型菌落的特征，是确诊本病的重要依据之一。

另外可以利用荧光抗体染色技术和炭疽沉淀试验确诊。

【类症鉴别】

1. 羊炭疽与羊链球菌病的鉴别

［相似点］羊炭疽与羊链球菌病均有体温升高，急性死亡，精神沉郁，消瘦，营养不良以及口鼻流液等临床表现。

［不同点］羊链球菌病的病原是链球菌。患羊流鼻液，咳嗽，呼吸困难，胆囊肿大，肺炎。有条件的取料镜检可发现羊链球菌。羊炭疽的病羊天然孔出血，分泌物、排泄物带血，血凝不良，脾肿大，镜检可见典型炭疽杆菌。

2. 羊炭疽与羊肠毒血症的鉴别

［相似点］羊炭疽与羊肠毒血症均有传染性，杆菌粗大、有荚膜、无鞭毛，肌肉颤抖，磨牙，不久死亡，最急性不现症状即突然死亡。

［不同点］羊肠毒血症的病原为 D 型魏氏梭菌，下痢，粪有黏液、血液、有恶臭，卧时四肢划动。剖检可见肾充血、变软，小肠和肾可发现 D 型魏氏梭菌，小肠内可检出口毒素。

3. 羊炭疽与羊猝击的鉴别

[相似点] 羊炭疽与羊猝击有传染性，病原菌较粗大，常不现症状即突然死亡。

[不同点] 羊猝击的病原为 C 型魏氏梭菌，昏迷，痉挛，疝痛。剖检可见十二指肠、空肠黏膜充血、糜烂、脱落，有的区段有溃疡，小肠内充满血液和组织碎片。骨骼肌在初死时正常，经 8 小时肌间积聚血样有气泡液体。腹腔液及脾可分离出 C 型魏氏梭菌。

4. 羊炭疽与羊黑疫的鉴别

[相似点] 羊炭疽与羊黑疫均有传染性，杆菌粗大，多发生于低洼地区，昏睡不久死亡，不显症状即突然死亡。

[不同点] 羊黑疫的病原为诺维氏梭菌，昏睡，俯卧至死。剖检可见皮下静脉瘀血，皮肤呈暗黑色，胸腹腔液与空气接触易于凝固，肝充血、肿胀、有直径 2～3 厘米的凝固性坏死灶，周围有鲜红充血带。肝坏死灶中可分离出诺维氏梭菌。

5. 羊炭疽与羊快疫的鉴别

[相似点] 羊炭疽与羊快疫均有传染性，不显示症状突然死亡。

[不同点] 羊快疫的病原为腐败梭菌，羊死前臌胀，疝痛。解剖检可见真胃幽门有出血斑块和坏死，肝触片镜检可见腐败杆菌。

6. 羊炭疽与羊巴氏杆菌病的鉴别

[相似点] 羊炭疽与羊巴氏杆菌病均有急性死亡，流鼻血、流涕，体温升高等临床表现。

[不同点] 羊巴氏杆菌病的病原是巴氏杆菌。一般发生于绵羊，多发生于幼羔。最急性型的羔羊发病后常呈急性死亡。急性型表现体温升高达 40～42℃，后期体温下降至 38℃；便秘或腹泻粪稀如血水样。慢性型流脓性鼻涕、胸前水肿，剖检除肝有白色坏死灶外，肾水肿，两侧或一侧肾皮质或整个肾严重瘀血，外观黑色。用磺胺嘧啶钠、链霉素和庆大霉素治疗效果明显。典型特征是羊死后剖检肾发黑。血液或肝、脾触片中发现革兰氏阴性，两端浓染着色的两极杆菌，无鞭毛、无运动、无荚膜、无芽孢；羊炭疽多呈败血型，急性死亡，死后迅速膨气，天然孔流血包括鼻孔流血。病羊血液呈暗红色、凝固不良，粪便夹血，皮下有红色胶样浸润，尸僵不全等现象。急性死亡或体温达 42℃ 以上的病羊血中可检出炭疽杆菌，呈竹节样、分

支状。

7. 羊炭疽与羔羊双球菌的鉴别

[相似点] 羊炭疽与羔羊双球菌均有精神沉郁，食欲减退，呼吸困难，流鼻血、流涕、体温升高等临床表现。

[不同点] 羔羊双球菌病的病原为革兰氏阳性双球菌。7～30日龄羔羊易感，冬春季节多发。病羔腹部膨胀，拱背，排蛋清样黏液混有血液的粪便。有的流浆液性渐为黏稠和脓性鼻汁，咳嗽，肺部听诊呈湿啰音，叩诊肺部有浊音，有明显肋间压痛。个别病羔腕关节及跗关节发炎，呈现跛行。肺气肿、内脏出血及灰色肝变是常见的病理变化。患肢关节囊肥厚，关节腔内富集脓汁，关节面溃疡。死羔小肠、淋巴结、肝脏触片，革兰氏染色，镜检发现革兰氏阳性双球菌；羊炭疽的病羊天然孔出血，分泌物、排泄物带血，血凝不良，脾肿大，镜检可见典型炭疽杆菌。

8. 羊炭疽与羊蓝舌病的鉴别诊断

[相似点] 羊炭疽与羊蓝舌病均有可视黏膜发绀，体温升高，呼吸困难，口腔黏膜发绀，便血和鼻流液等临床表现。

[不同点] 羊蓝舌病的病原是蓝舌病病毒，多发生于夏季和早秋季节，发病率较高，但死亡率较低。蓝舌病主要发生于绵羊。病羊典型症状为发热，呼吸困难，口腔黏膜、眼结膜发绀，呈黄紫色。口腔连同唇、齿龈、颊、舌黏膜糜烂，致使吞咽困难。鼻流炎性、黏性分泌物，鼻孔周围结痂，引起呼吸困难和鼾声。有时蹄冠、蹄叶发生炎症，触之敏感，呈不同程度的跛行，甚至膝行或卧地不动。病羊消瘦、衰弱，有的便秘或腹泻，有时下痢带血；羊炭疽呈散在发生，发病迅速，死亡很快，死后迅速膨气、尸僵不全、血液呈酱油色、凝固不良，天然孔流出血水。可取羊心血管的血制成涂片染色检查，有竹节样分枝状杆菌，接种小鼠死亡后，取心血涂片，一般可检查出炭疽杆菌。

9. 羊炭疽与羊气肿疽的鉴别

[相似点] 羊炭疽与羊气肿疽均有可视黏膜发绀，体温升高，急性死亡和局部肿胀等临床表现。

[不同点] 羊气肿疽的病原是气肿疽梭菌，呈散在发生，一般经伤口感染，多发生于四肢、臀部、肩部等肌肉丰满的部位，在羊肢体

最上部有捻发音，局部皮肤血液循环出现障碍，皮肤呈蓝红色或黑色，有时还有淡红色浆液渗出。属气性肿胀、坏疽，触之易烂，呈黑褐色，还流出暗红色或褐色酸臭的液体，并夹有气泡。肌纤维内充满气体，横切肌肉似海绵状结构。羊在体位最高处有气性肿胀。尸体易腐烂。羊炭疽的病羊天然孔出血，分泌物、排泄物带血，血凝不良，脾肿大，镜检可见典型炭疽杆菌。

10. 羊炭疽与羊的恶性水肿的鉴别

[相似点] 羊炭疽与羊的恶性水肿均有体温升高，呼吸困难，体表水肿等临床表现以及胃出血。

[不同点] 羊的恶性水肿病原为腐败梭菌。由于创伤而感染，触摸其肿胀有凉感，以后呈迅速向四周扩散的气性水肿，细菌检查为两端钝圆的大杆菌，新鲜病料中也有芽孢出现。羊炭疽的病羊天然孔出血，分泌物、排泄物带血，血凝不良，脾肿大，镜检可见典型炭疽杆菌。

11. 羊炭疽与腊梅中毒的鉴别

[相似点] 羊炭疽与腊梅中毒均有体温高（41℃），突然昏倒，呼吸困难，全身痉挛。死后腹胀，肛门松弛。

[不同点] 腊梅中毒因吃腊梅叶而发病，无传染性，痉挛，有间歇性，安静时尚能饮食，死后尸体僵硬，口、肛门不流血。

【防制】

1. 预防措施

在疫区或常发地区，每年对易感动物进行预防注射（羊1岁以内不注射），常用的疫苗有无毒炭疽芽孢苗（绵羊0.5毫升，皮下注射）和Ⅱ号炭疽芽孢苗（山羊和绵羊1毫升，皮下注射），接种14天后产生免疫力，免疫期为1年。

2. 发病后措施

发现病羊，立即将病羊和可疑羊进行隔离，迅速上报有关部门，尸体禁止剖检和食用，应就地深埋；病死动物躺过的地面应除去表土15～20厘米，并与20%漂白粉混合深埋，环境严格消毒，污物用火焚烧，相关人员加强个人防护。已确诊的患病动物，一般不予治疗，而应严格销毁。如必须治疗时，应在严格隔离和防护条件下进行。

处方 1：

① 抗炭疽高免血清。50～120 毫升，皮下或静脉注射，每日 1 次，连用 2 日（预防剂量 16～20 毫升）。

② 青霉素 5 万～10 万单位/千克体重，链霉素 10～15 毫克/千克体重，注射用水 10～20 毫升，肌内注射，每日 1～2 次，连用 3～5 日。

处方 2：

① 青霉素 500 万～1000 万单位，生理盐水 500 毫升，静脉注射，每日 2 次，连用 3～5 日。

② 庆大霉素注射液 8 万～12 万单位，肌内注射，每日 2 次，连用 3～5 日。

处方 3：10%葡萄糖注射液 500 毫升，磺胺嘧啶钠注射液 70～100 毫克/千克体重，每日 2 次，连用 3～5 日。

九、布氏杆菌病

布氏杆菌病（布鲁菌病，简称"布病"）是由布鲁菌引起人畜共患的一种慢性传染病。其临床病理特征为生殖器官和胎膜发炎，引起流产、不育和一些器官的局部增生性病变。

【病原】布鲁菌为革兰氏染色阴性小球杆菌，大小为 (0.6～1.5) 微米×(0.5～0.7)微米，无鞭毛，不能产生芽孢。羊布鲁菌病的病原主要有马尔他布鲁菌（又称羊布鲁菌，绵羊和山羊易感），绵羊布鲁菌（绵羊易感）和流产布鲁菌（又称牛布鲁菌，牛易感，羊也有一定易感性）等。本菌的抵抗力较强。在土壤和水中生存 72～114 天，在乳汁内生存 60 天，在粪尿中存活 45 天，在冷暗处的胎儿体内可活 6个月。对适热的抵抗力弱，60℃ 30 分钟、70℃ 5～10 分钟即死亡。在 0.1%新洁尔灭溶液 5 分钟，1%～3%石炭酸溶液、2%～3%来苏儿液、0.1%升汞液、2%氢氧化钠溶液 1 小时，5%新鲜石灰乳 2 小时，2.5%～5%福尔马林 3 小时，即可杀死本菌，本菌对链霉素、卡那霉素、庆大霉素等敏感，但对青霉素不敏感。

【流行病学】山羊最易感，母羊比公羊易感，成年羊比幼龄羊易感。传染源为病羊和带菌羊；尤其是患本病的妊娠母羊，在流产时随胎儿、胎衣、羊水和阴道分泌物等排出大量病原菌。在病羊流产的前后随乳汁排菌。病公羊的精液中也含有大量的病原菌，随配种而传播。布鲁菌可经消化道、破损皮肤和黏膜侵入机体，也可通过交配经生殖道传染。

【临床症状】除流产外，常不表现临床症状。母羊流产多发生在妊娠后第 3 或第 4 个月。流产前，食欲减退，口渴，委顿，阴道流出黄色黏液等，流产胎儿多为弱胎或死胎。流产后阴道持续排出黏液性或脓性分泌物，易发生慢性子宫内膜炎，发情后屡配不孕。有的山羊流产 2～3 次，有的则不发生。其他临诊症状可能还有乳腺炎、支气管炎，以及关节炎、滑液囊炎引起的跛行。公羊睾丸炎（睾丸肿大）、乳山羊乳房炎（乳中有乳凝块、乳量减少、乳腺硬肿）常较早出现。绵羊布鲁菌可引起绵羊附睾炎。有的病例出现体温升高和后肢瘫痪。

【病理变化】尸体剖检可见胎膜呈淡黄色胶冻样浸润，充血或出血，有的发生水肿和糜烂，其上覆盖纤维素性渗出物。胎衣不下者，通常产道流血。流产胎儿呈败血症变化，浆膜和黏膜发生瘀点和瘀斑，皮下组织出血和水肿，也可发生木乃伊化，全身淋巴结发生急性炎症变化，实质器官变性，肝脏有多发性小坏死灶，胎儿的胃特别是皱胃中有淡黄色或灰白色黏性絮状物，胃肠和膀胱的浆膜下可见点状出血或线状出血。发生关节炎时，腕、跗关节肿大，出现滑液囊炎病变。公绵羊发生附睾炎，阴囊皮肤水肿，鞘膜腔积液，使阴囊下垂呈桶状，慢性期附睾尾肿大，表面呈结节状，质地较硬，并与睾丸粘连，切面呈黄白色斑纹状结构，并可见黄白色干酪样物，睾丸缩小，质地较硬。肝、脾、肾出现坏死灶。有时可见到睾丸炎、纤维素性胸膜炎、腹膜炎变化及局部淋巴结肿大。

【实验室检查】采集流产材料进行细菌分离鉴定或进行血清学试验诊断。

【类症鉴别】

1. 布氏杆菌病与边界病的鉴别

[相似点] 布氏杆菌病与边界病均有传染性，流产，有死胎。

[不同点] 边界病的病原为边界病毒。母羊不显症状，妊娠任何时期均能流产，有畸形胎（脑积水、小脑发育不全），存活胎儿体小毛长，摇摆、颤抖，大部分在断乳前死亡。用特异性荧光抗体可在流产胎儿或羔羊的各组织脏器内发现病毒抗原。

2. 布氏杆菌病与衣原体性流产的鉴别

[相似点] 布氏杆菌病与衣原体性流产均有传染性，流产，产死胎。

[不同点] 衣原体性流产的病原为鹦鹉衣原体。预产前 2～3 周流产，流产过的母羊不再流产。流产后一段时间阴户才流红色黏液，子叶呈黑红色或粉红、暗土色，胎衣不附纤维蛋白。胎盘或子宫排出物涂片染色、镜检可见淡红色原生小体和淡蓝色的初级小体。

3. 布氏杆菌病与绵羊弯杆菌性流产的鉴别

[相似点] 布氏杆菌病与绵羊弯杆菌性流产均有传染性，流产。胎儿水肿，体腔有血色液体。

[不同点] 绵羊弯杆菌性流产的病原为弯杆菌。通常预产前 4～6 周流产，首例流产 1 月后迅速增加，阴户显著肿胀，胎儿肝有溃疡，无纤维蛋白附着。真胃内容涂片镜检少见弯杆菌。

4. 布氏杆菌病与羊弓形虫病的鉴别

[相似点] 布氏杆菌病与羊弓形虫病均有传染性。孕羊中后期流产，死胎，胎儿浆膜腔有红色液体。

[不同点] 羊弓形虫病的病原为弓形虫，有转髓等神经症状，肌肉僵硬，行走困难，呼吸困难，卧地不动，最后昏迷。死胎皮下血样水肿，胎盘子叶肿胀，绒毛叶呈暗红色，其中有白斑或坏死灶，将胎盘或胎儿组织接种小白鼠或培养可见弓形虫。

5. 布氏杆菌病与绵羊沙门氏菌性流产的鉴别

[相似点] 布氏杆菌病与绵羊沙门氏菌性流产均有传染性，妊娠后期流产，流产前阴户肿胀、流黏液，有死胎、弱胎。胎儿浆膜腔有液体。

[不同点] 绵羊沙门氏菌性流产的病原为沙门氏菌，体温高（40～41℃），胎盘水肿出血，胎儿肝肿胀、有灰色病灶。用荧光抗体可查出初步结果。

6. 布氏杆菌病与裂谷热（地方流行性肝炎）的鉴别

[相似点] 布氏杆菌病与裂谷热（地方流行性肝炎）均有传染性，体温高（41～42℃），流产。

[不同点] 裂谷热（地方流行性肝炎）的病原为裂谷病毒，症状

呕吐，剖检可见肝肿脆、有灰黄坏死灶，肝细胞有嗜酸性包涵体。补体结合试验可确诊。

【防制】以自繁自养为主，如向外地引进羊只，应检疫无病后方可合群。发现病羊立即隔离，污染场地用10%漂白粉、3%来苏尔、3%石炭酸，20%石灰乳消毒。所产存活羔羊应尽快人工哺乳，经8~9个月进行两次血清学检查为阴性后才入健康群。流产的胎儿、胎衣应销毁。用猪布鲁氏菌2号弱毒菌进行两次免疫。

十、破伤风

破伤风又被称为强直症，俗称锁口风，是由破伤风梭菌经伤口深部感染引起的一种急性中毒性人兽共患病。临诊特征为运动神经中枢兴奋性增高和持续的肌肉痉挛。本病分布广泛，多呈散发。

【病原】病原为破伤风梭菌，是一种大型厌气性革兰氏染色阳性杆菌，大小为（2~5）微米×（0.3~0.8）微米，多单个存在，两端钝圆，菌体正直或稍弯曲，多数菌株有周鞭毛，能运动，不形成荚膜。本菌在动物体内和培养基内均可产生几种破伤风毒素，主要是痉挛毒素（是一种神经毒素，毒性强，对热敏感），其次是溶血毒素和非痉挛毒素。本菌繁殖体抵抗力不强，10%碘酊、10%漂白粉及3%双氧水约10分钟可将其杀死。本菌对青霉素敏感，磺胺药次之，链霉素无效。

【流行病学】本病无季节性，通常为零星散发。多见于羔羊和产后母羊。破伤风梭菌广泛存在于自然界中，人和动物的粪便都可带有，特别是施肥的土壤、腐臭淤泥中。病原必须经伤口传播。羊常因断脐、断尾、断角、去势、手术、产后产道损伤和其他创伤或擦伤感染，特别是狭小而深的创伤（如钉伤、刺伤），伤口内发生坏死，或伤口被泥土、粪、痂皮封盖造成厌氧环境，最适合病原生长繁殖，产生大量毒素，侵害中枢神经系统。在临床上有时常找不到伤口，这可能在潜伏期中创伤表面已愈合或经过损伤的子宫、胃肠黏膜感染。

【临床症状】潜伏期为1~2周。该病症状表现为不能自由卧下或立起，四肢逐渐强直，运步困难，角弓反张，牙关紧闭，不能采食，口流白色泡沫，耳朵直硬，尾直，呈"木马样"。常发生轻度肠臌胀。病羊易惊，突然的声响可使骨骼肌发生痉挛，致使病羊倒地。母羊的强直症多发生于产死胎或胎衣停滞之后，羔羊多因脐带感染，病死率很高。体温一般正常，死前可升高至 42℃。继发症有脱水、心力衰竭、腹泻等。

【病理变化】无特征性病理变化。

【类症鉴别】

1. 破伤风与脑软化的鉴别

[相似点] 破伤风与脑软化均有四肢痉挛性收缩，角弓反张，吞咽困难，流涎。

[不同点] 脑软化无传染性，失明，虚弱无力，不扶不能站立。剖检可见脑有软化坏死灶。

2. 破伤风与山羊腊梅中毒的鉴别

[相似点] 破伤风与山羊腊梅中毒均有两耳直立，惊恐，全身痉挛，角弓反张，音响和触诊可引起痉挛。

[不同点] 山羊腊梅中毒是因吃腊梅叶及种子而病。痉挛有间歇性，轻症安静时尚能饮食。剖检可见瘤胃有腊梅叶，肺表面灰白，边缘水肿，胸腺有出血点。

【防制】

1. 预防措施

（1）严格处理伤口，防止感染　加强饲养管理，防止发生外伤，如发生外伤，尽快用 0.1% 新洁尔灭溶液等清洗，然后涂抹 2%～5% 碘酊，羔羊断脐或进行各种手术时，注意消毒，涂抹 2%～5% 碘酊或撒布青霉素粉。母羊产后可用青霉素、链霉素进行子宫灌注和肌内注射防止产道感染。

（2）免疫预防　本病常发的羊场，可注射破伤风类毒素，山羊、绵羊皮下注射 0.5 毫升，平时注射 1 次即可，受伤时再注射 1 次。

2. 发病后措施

治疗原则为加强护理（提供舒适环境，给予优质饲料和充足饮水），清创，抗菌，解毒，解痉和对症治疗。

处方：

①处理病灶。伤口及时扩创，彻底清除伤口内的坏死组织，用 0.1% 新洁尔灭溶液冲洗干净，注入 3% 双氧水，再用 0.1% 新洁尔灭溶液冲洗，然后灌注 5%～10% 碘酊或 10%～20% 青霉素液。也可用

0.1%高锰酸钾液处理伤口。伤口处理后不包扎。

② 青霉素 5 万～10 万单位/千克体重，注射用水 5～10 毫升，肌内注射，或将青霉素加入 5% 葡萄糖氯化钠注射液 100～500 毫升，静脉注射，每日 1～2 次，连用 3～5 日。

③ 破伤风抗毒素（血清），预防量 1200～3000 单位，治疗量 5000～20000 单位，皮下或肌内注射，也可以配合 5% 葡萄糖氯化钠注射液 100～500 毫升，静脉注射，每日 1 次，连用 2～4 次。

④ 25% 硫酸镁注射液 5～20 毫升，每日 1～2 次，连用 2～4 日（肌肉痉挛时皮下或肌内注射）。

⑤ 丙二醇或甘油 20～30 毫升，维生素 D_2 磷酸氢钙片 30～60 片，干酵母片 30～60 克，成羊加水灌服，每日 2 次，连用 3～5 日。羔羊可饮用口服补液盐水。

十一、沙门氏菌病

羊沙门氏菌病是由羊流产沙门氏菌和都柏林沙门氏菌引起的传染病。其临床特征为妊娠母羊流产（由羊流产沙门氏菌感染），羔羊发生急性败血症和下痢（由都柏林沙门氏菌和鼠伤寒沙门氏菌感染）。主要引发绵羊流产和羔羊副伤寒两种病。有地方流行性。

【病原】沙门氏菌是肠杆菌科中的一个重要成员，是一种革兰氏阴性的小杆菌，两端钝圆，大小为（0.7～1.5）微米×（2.0～5.0）微米。本菌对干燥、腐败、日光等因素具有一定的抵抗力，在水、土壤和粪便中能存活几个月，但不耐热。一般消毒药均能迅速将其杀死。

【流行病学】各季均可发生，但在阴雨潮湿的季节多发。孕羊、初生羔羊多在晚冬、早春发病，育成期羔羊常于夏季和早秋发病，呈地方流行或散发。不同性别、年龄、品种的羊均有易感性，其中羔羊易感性较成年羊高。主要侵害 7～15 日龄的羔羊，也有 2～3 日龄的羔羊发病。孕羊流产主要发生在绵羊，但山羊流产也时有发生。病羔和带菌羊是主要传染源，病愈羊可带菌数月。

病原菌通过粪便、尿、乳汁和流产胎儿、胎衣、羊水排出体外，污染饲料、饮水、工具、垫草等，经消化道而感染。另外，病羊和健羊配种，采用病公羊的精液人工授精也可传染母羊。由于沙门氏菌在健羊体内普遍存在，尤其消化道、淋巴组织和胆囊尤为突出，一旦外界条件发生改变，如气候突变、饲料改变或不足等，使病原菌在体内大肆繁殖，发生内源性感染，并在传播后使其毒力增强而传染蔓延。

本病在饲养管理不善的羊场更易发生。羊舍卫生条件恶劣、潮湿，饲养密度大、拥挤，饲料和饮水缺乏，长途运输，母羊奶水不足等，均可诱发本病。

【临床症状】

1. 下痢型（羔羊副伤寒）

多见于 7～15 日龄的羔羊，也见于 2～3 日龄的羔羊。病羔体温升高达 40～41℃，食欲减退，严重腹泻，排黏性带血稀粪，有恶臭，精神委顿，虚弱，低头，拱背，继而倒地，病羔往往死于败血症或严重脱水。有的出现肺炎和关节炎症状。病羔耐过后，生长发育缓慢，甚至变为侏儒羊。发病率约 30%，死亡率约 25%。

2. 流产型

病羊阴唇肿胀，流产前 1～2 天常流出带血黏液，体温升至 40～41℃，厌食，精神委顿，步态僵硬。母羊多在妊娠最后的 4～6 周发生流产，如果不发生产后感染，母羊不表现明显的症状。部分羊有腹泻症状，羊群流产一般在两周以内结束，流产率达 60% 左右，母羊流产以后身体消瘦，阴道常排出有黏性带有血丝或血块的分泌物。有的病羊可产下活羔，但羔羊多衰弱、委顿、卧地，并可有腹泻，粪便气味恶臭，多数羔羊表现拒食，往往于 1～7 天死亡。病母羊也可在流产后或无流产的情况下死亡。

【病理变化】下痢型病羔，尸体消瘦，皱胃与小肠黏膜充血、出血，肠道内容物稀薄如水，肠系膜淋巴结肿大，脾脏充血，心外膜与肾皮质有小出血点。流产胎儿和胎盘一般比较新鲜，胎儿皮下水肿，肝、脾肿胀，有灰色病灶，胸腔和腹腔积有大量液体，内脏浆膜有纤维素性渗出，心外膜和肺脏出血。母羊发生急性子宫炎，子宫肿胀，常含有坏死组织、浆液渗出物和滞留的胎盘。

【实验室检查】确诊要进行细菌分离鉴定。

【类症鉴别】

1. 沙门氏菌病（羔羊副伤寒）与羔羊大肠杆菌病（肠型）的鉴别

[相似点] 沙门氏菌病（羔羊副伤寒）与羔羊大肠杆菌病均有体温升高、精神委顿、食欲减退、下痢等临床表现，以及皱胃与小肠黏

膜充血、出血，肠系膜淋巴结肿大等病理变化。

[不同点] 羔羊大肠杆菌病的病原是大肠杆菌。羔羊常排出白色稀粪，偶见关节肿胀。肠道内容物呈灰黄色半液状。胸腔、腹腔和心包大量积液，混有纤维素。沙门氏菌病病羔严重腹泻，排黏性带血稀粪，有恶臭，有的出现肺炎和关节炎症状。病羔尸体消瘦，肠道内容物稀薄如水，肠系膜淋巴结肿大，脾脏充血，心外膜与肾皮质有小出血点。

2. 沙门氏菌病（羔羊副伤寒）与羊副结核病的鉴别

[相似点] 沙门氏菌病与羊副结核病均有传染性，腹泻，衰弱卧地。剖检可见肠黏膜增厚（水肿），肠系膜淋巴结肿大。

[不同点] 羊副结核病的病原为副结核分枝杆菌。潜伏期长达数月或数年。保持食欲，消瘦脱毛，剖检可见肠系膜淋巴结肿大、变软，有黄白色病灶。病料涂片抗酸性染色、镜检可见红色细小杆菌。

3. 沙门氏菌病（羔羊副伤寒）与前后盘吸虫病的鉴别

[相似点] 沙门氏菌病与前后盘吸虫病均有传染性，减食，腹泻，委顿，虚弱。

[不同点] 前后盘吸虫病的病原为前后盘吸虫。血检白细胞增多，嗜酸性白细胞占 10%～30%，粪检有虫卵，剖检可见肠有童虫，瘤胃有成虫。

4. 沙门氏菌病（羔羊副伤寒）与羊球虫病的鉴别

[相似点] 沙门氏菌病与羊球虫病均有传染性，体温高（40～41℃），减食，腹泻，粪含血、有恶臭，委顿，卧地不起。

[不同点] 羊球虫病的病原为球虫。粪检有卵囊。剖检可见十二指肠、回肠黏膜有粟粒至豌豆大的结节成簇分布。

5. 沙门氏菌病（流产型）与布鲁氏菌病的鉴别

[相似点] 沙门氏菌病（流产型）与布鲁氏菌病均有传染性，妊娠后期流产，流产前阴户肿胀、流黏液，产死胎和弱仔，胎儿浆膜腔有液体。

[不同点] 布鲁氏菌病的病原为布鲁氏菌。胎衣黄色胶样浸润，覆有纤维蛋白絮片和脓液，绒毛叶有黄绿纤维蛋白絮片或脂肪样浸出物，胎儿皮下胶样浸润。用布鲁氏菌水解素作尾根皮内注入，呈阳性反应。

6. 沙门氏菌病（流产型）与边界病的鉴别

[相似点] 沙门氏菌病（流产型）与边界病均有传染性，流产，产死胎、弱胎。

[不同点] 边界病的病原为边界病毒，妊娠任何时期均流产，胎儿畸形（脑水肿、体小毛长），荧光抗体可检出血清抗体。

7. 沙门氏菌病（流产型）与羊地方流行性流产的鉴别

[相似点] 沙门氏菌病（流产型）与羊地方流行性流产均有传染性，流产，胎儿浆膜腔内有液体。

[不同点] 羊地方流行性流产的病原为鹦鹉支原体，怀孕后感染不流产，有时产一病一健双羔。用子宫排出物涂片镜检，可见红色原生小体、蓝色初级小体。

8. 沙门氏菌病（流产型）与绵单弯杆菌性流产的鉴别

[相似点] 沙门氏菌病（流产型）与绵单弯杆菌性流均有传染性，预产前 6 周流产，流产前 2～3 天阴户肿胀并流带血黏液。流产胎儿水肿，肝有坏死点，浆膜腔内有渗出液。

[不同点] 绵单弯杆菌性流产的病原为弯杆菌，羊群开始流产不多，1 月后迅速增加，流产胎儿肝坏死点直径 1～3 厘米，容易破裂、出血。真胃内容涂片镜检可见弯杆菌。

【防制】

1. 预防措施

定期进行检疫，发现病羊应及时淘汰，注意圈舍、饲料和饮水的卫生消毒工作。羔羊生后及早吃初乳，并注意保暖，发病羊群也可在隔离条件下，全群肌内注射氟苯尼考注射液进行预防。有条件时可注射疫苗。

2. 发病后措施

治疗原则为抗菌及对症治疗，羔羊配合口服补液盐饮水。

处方 1：5%氟苯尼考注射液 5～20 毫克/千克体重，肌内注射，每日或隔日 1 次，连用 3～5 次。

处方 2：20%长效土霉素注射液 0.05～0.1 毫升/千克体重，肌内注射，每日或隔日 1 次，连用 3～5 次。

处方 3：复方新诺明片 20～25 毫克/千克体重，碳酸氢钠片 0.5～2

克，硅炭银片 2～10 片，次硝酸铋片 2～10 片，颠茄片 2～10 毫克，加水内服，每日 2 次，连用 3～5 日。

处方 4：

① 氧氟沙星注射液 2.5～5 毫克/千克体重，5% 葡萄糖氯化钠注射液 100～500 毫升，静脉注射，每日 1～2 次，连用 5 日。

② 甲硝唑注射液 10 毫克/千克体重，母羊产后静脉注射，每日 1 次，连用 3 日。

③ 青霉素 160 万单位，链霉素 100 万单位，蒸馏水 20 毫升，母羊产后子宫灌注，每日 2 次，连用 3 日。

十二、巴氏杆菌病

巴氏杆菌病又称出血性败血症，是一种主要由多杀性巴氏杆菌引起各种畜禽共患的传染病的总称。羊巴氏杆菌病多见于羔羊，绵羊发病较重。其临诊特征为急性病例发热、流鼻液、咳嗽、呼吸困难、败血症、肺炎、炎性出血和皮下水肿。

【病原】病原为多杀性巴氏杆菌或溶血性巴氏杆菌，革兰氏染色阴性，大小为（0.6～2.5）微米×（0.25～0.6）微米。本菌抵抗力不强，在干燥的空气中 2～3 天死亡，在圈舍内可以存活一个月，易被普通的消毒药或紫外线灭活。3% 石炭酸、3% 福尔马林、10% 石灰乳、0.5%～1% 氢氧化钠溶液及 2% 来苏尔经 1～2 分钟可将其灭活。

【流行病学】本病无明显季节性，多散发，也可呈地方流行性。多发生于羔羊和绵羊，各种年龄的绵羊均易感，山羊也易发生，多呈慢性经过。本病主要经消化道、呼吸道传染，也可通过吸血昆虫叮咬或经皮肤、黏膜的创伤感染。羊群过大、大小混养、饲养不良、忍受饥饿、气候剧变、寒冷、闷热、挨淋、潮湿、通风不良、拥挤、运输、寄生虫病侵袭等因素作用时，机体抵抗力降低，诱发本病。

【临床症状】

1. 绵羊

最急性型多见于哺乳羔羊，1 日龄羔羊即可发病，发病突然，表现为寒战、虚弱、呼吸困难，往往呈一过性发作，在数分钟或数小时内死亡；急性型精神极度沉郁，食欲废绝，体温升高至 41～42℃。呼吸短促，咳嗽，鼻孔常有出血，并流出黏性分泌物。眼结膜潮红，有黏性分泌物，有时在颈部、胸下部发生水肿。初期便秘，后期腹泻，有时粪便呈血水样。病羊常在严重腹泻后虚脱而死，病程 2～5天；慢性型病羊食欲减退，消瘦，咳嗽，流出黏脓性鼻液，呼吸困难。伴发角膜炎。有时在颈部、胸下部发生水肿。病羊腹泻，粪便恶臭。临死前极度衰弱，四肢厥冷，体温下降，病程可达 21 天。

2. 山羊

体温轻度升高，食欲不振，流出黏液性鼻液，长期咳嗽，营养不良，如不及时治疗，常发生大叶性肺炎，病程 10 天左右。

【病理变化】最急性型和急性型剖检病羊可见颈部、胸部皮下胶样水肿和出血，全身淋巴结水肿、出血。气管和支气管黏膜充血、出血，含多量粉红色泡沫状液体，肺脏明显瘀血、出血和水肿，有时可见多发性的暗红色坏死灶，病灶中心呈灰白色或黄色，胸腔内有淡黄色渗出物。个别羔羊肾脏严重出血，发黑红色。肝脏也常散在黄色病灶，周围有红晕。皱胃和盲肠黏膜水肿、出血和溃疡；慢性型颈部、胸部皮下胶样水肿，病变主要在胸腔，呈现纤维素性肺炎变化，常有胸膜炎和心包炎，肺炎区主要发生于一侧或两侧尖叶、心叶和膈叶前缘，炎症区域大小不一，呈灰红色或灰白色，其中散布一些边缘不整齐的坏死灶或化脓灶。

【实验室检查】急性病羊可无菌采取血液及黏液，尸体可取心血、肺脏、肝、肾、脾或体腔渗出物等涂片，染色镜检，可见大量的革兰氏阴性两极着色的小杆菌，则可初步判定为巴氏杆菌病。

【类症鉴别】

1. 羊巴氏杆菌病与感冒的鉴别

［相似点］羊巴氏杆菌病与感冒均有体温升高，精神不振，食欲减退，结膜潮红，咳嗽、流鼻涕、呼吸困难等临床表现。

［不同点］感冒的病因是受到风寒。病羊身颤肢冷，皮温不均。初水样鼻液，以后变为黏性、脓性鼻液。早春和晚秋与气候多变季节较为多见。询问畜主有汗后受寒风冷雨的侵袭，或夜间露宿户外，或受贼风或羊的剪毛后受到惊吓。羊巴氏杆菌病多见于幼龄绵羊和羔羊，山羊不易感染。主要表现为败血症和肺炎。鼻孔常有出血，初期便秘，后腹泻。颈、胸下部水肿。多发于地湿地区，常见于春季。在受寒、长途运输、饲养管理不当等条件下，抵抗力降低时，可发生自

体内源性传染。

2. 羊巴氏杆菌病与传染性胸膜肺炎的鉴别

［相似点］羊巴氏杆菌病与传染性胸膜肺炎均有体温升高，精神不振，食欲减退或废绝，咳嗽、流鼻涕、呼吸困难等临床表现。

［不同点］传染性胸膜肺炎的病原是支原体。初期流出浆液性鼻汁，几天后变为黏液浓性或铁锈色，常黏附于鼻孔周围。呼吸浅表急速、困难，触诊和叩诊胸部疼痛、咳嗽，叩诊出现浊音，听诊有湿性啰音和摩擦音。胸腔穿刺液为渗出液。主要见于冬季和早春枯草季节、寒冷潮湿、阴雨连绵、羊群密集、营养不良等因素易诱发该病。

3. 羊巴氏杆菌病与肺线虫病的鉴别

［相似点］羊巴氏杆菌病与肺线虫病均有咳嗽、流鼻涕、呼吸困难等临床表现。

［不同点］肺线虫病的病原是肺线虫。临床症状羔羊症状严重，干咳在驱赶后或夜间休息时最为明显，病羊流鼻涕，干涸后形成鼻痂，从而呼吸更加困难。在频繁而痛苦的咳嗽时，常咳出含有成虫、幼虫及虫卵的黏液团块。逐渐消瘦，贫血，头、胸及四肢水肿，体温一般不升高。采集新鲜粪便，用幼虫分离法检查，查到第一期幼虫。羊巴氏杆菌病多见于幼龄绵羊和羔羊，山羊不易感染。体温升高，全身症状明显。

4. 羊巴氏杆菌病与羊鼻蝇蛆病的鉴别

［相似点］羊巴氏杆菌病与羊鼻蝇蛆病有咳嗽、流鼻涕、呼吸困难等临床表现。

［不同点］羊鼻蝇蛆病的病原是羊鼻蝇幼虫。临床症状病羊流鼻涕，初为浆液性，后为黏液性和脓性，有时混有血液，大量鼻漏干涸在鼻孔周围形成痂时，使羊呼吸困难。病羊不安，打喷嚏，时常摇头，摩鼻，吃草时擦地前进，食欲减退，日渐消瘦。当个别幼虫进入颅腔损伤了脑膜或因鼻窦发炎而波及脑膜时，可引起神经症状，表现运动失调，旋转运动等。呈现慢性鼻炎（鼻窦炎和额窦炎）症状，部分羊有神经症状。羊生前诊断，可在早期用药液喷射鼻腔查找有无死亡的幼虫排出，死后剖检，可在鼻腔、鼻窦或额窦内发现羊鼻蝇幼虫。

5. 羊巴氏杆菌病与羊支原体性肺炎的鉴别

[相似点] 羊巴氏杆菌病与羊支原体性肺炎均有传染性，体温高（41～42℃），咳嗽，呼吸急促困难，流含血鼻液，有脓性眼眵。剖检可见胸腔积液，肺有肝变，胸膜有纤维素性渗出物。

[不同点] 羊支原体性肺炎的病原为丝状支原体，山羊最易感，人工接种绵羊仅有局部反应，听诊有捻发音，叩诊肋部疼痛，病料涂片镜检可见丝状支原体。

6. 羊巴氏杆菌病与梅迪-维斯纳病（呼吸型）的鉴别

[相似点] 羊巴氏杆菌病与梅迪-维斯纳病（呼吸型）均有传染性，绵羊易感，呼吸急促困难。

[不同点] 梅迪-维斯纳病的病原为梅迪-维斯纳病病毒，体温正常，病程数月或数年。剖检可见胸膜有许多针尖大出血点，如看不清楚，用50％～98％醋酸涂擦经2分钟即显现灰小点，肺泡巨细胞里有包涵体。

7. 羊巴氏杆菌病与绵羊肺腺样瘤病的鉴别

[相似点] 羊巴氏杆菌病与绵羊肺腺样瘤病均有传染性，体温升高，咳嗽，呼吸困难，流鼻液。

[不同点] 绵羊肺腺样瘤病的病原为肺腺样瘤病毒。潜伏期6～9个月，低头、鼻流大量液体。剖检可见肺表面有2～4毫米结节，肺切面有水流出，琼脂扩散可检验。

8. 羊巴氏杆菌病与羊网尾线虫病的鉴别

[相似点] 羊巴氏杆菌病与羊网尾线虫病均有咳嗽，流鼻液，呼吸困难，胸下部水肿。

[不同点] 羊网尾线虫病的病原为网尾线虫，体温不高，有阵发性剧烈咳嗽，在鼻液和咳出痰团中可见成虫、幼虫、虫卵。

9. 羊巴氏杆菌病与支气管肺炎的鉴别

[相似点] 羊巴氏杆菌病与支气管肺炎类均有体温升高（40～41℃），咳嗽。

[不同点] 支气管肺炎无传染性，不出现流鼻液、有眼眵、下痢、颈胸水肿。剖检仅见肺叶发红，久变灰黄或灰白。

10. 羊巴氏杆菌病与羊结核病的鉴别

[相似点] 羊巴氏杆菌病与羊结核病均有传染性，消瘦，流黏性

鼻液，咳嗽。

[**不同点**] 羊结核病的病原为结核杆菌。乳上淋巴结肿胀发硬，乳房有结节状溃疡。后期贫血，乳房皮肤发黄。结核菌素试验呈阳性。

【防制】

1. 预防措施

加强饲养管理，给予全价配合饲料和优质草料，合理分群，不过度放牧，避免各种应激因素的作用，保持圈舍卫生，定期严格消毒，发现病羊立即隔离治疗。引种前后各肌内注射氟苯尼考注射液 1～2 次，可预防发病。有条件时可注射疫苗。

2. 发病后措施

治疗原则为加强护理，早期诊断和抗菌消炎。

处方 1、2：同沙门氏菌病。

处方 3：酒石酸泰乐菌素注射液 2～10 毫克/千克体重，皮下或肌内注射，每日 2 次，连用 3 日。

处方 4：青霉素 5 万～10 万单位/千克体重，链霉素 10～15 毫克/千克体重，注射用水 10 毫升，肌内注射，每日 1～2 次，连用 3 日。

处方 5：环丙沙星注射液 2.5～5 毫克/千克体重，肌内注射，每日 1～2 次，连用 3 日。

处方 6：磺胺间甲氧嘧啶注射液 50 毫克/千克体重，肌内注射，每日 2 次，连用 3 日。

十三、链球菌病

羊链球菌病即羊败血性链球菌病，是由 C 群马链球菌兽疫亚种引起的一种急性、热性、败血性传染病。其临诊特征为全身性出血性败血症，浆液性肺炎与纤维素性胸膜肺炎。主要发生于绵羊，其次为山羊。

【病原】 病原为 C 群马链球菌兽疫亚种，呈球形，直径小于 2.0 微米，多排成链状或成双。本菌对外界环境的抵抗力较强，日光直射 2 小时死亡，0～4℃可存活 150 天，冷冻 6 个月其特性不变。但对热和普通消毒剂抵抗力不强，煮沸可很快被杀死，2%石炭酸、2%来苏尔液、0.1%升汞和 0.5%漂白粉液均可在 2 小时内杀死该菌。对青霉素和磺胺类药物敏感。

【流行病学】本病有明显季节性，多在冬、春季节，气候寒冷和营养不良时发生。新发病区常呈地方性流行，老疫区则多为散发。病羊及带菌羊为主要传染源，主要是呼吸道，其次是消化道和损伤的皮肤、黏膜，另外羊虱等吸血昆虫也可传播。

【临床症状】最急性型病羊的初发症状不易被发现，常于 24 小时内死亡。急性型病羊体温升高到 41℃ 以上，精神沉郁，呆立，拱背，不愿走动；食欲减退或废绝，反刍停止；眼结膜充血，流泪，随后有浆液性分泌物，鼻腔流浆液性、脓性鼻液，咽喉肿胀，咽背和下颌淋巴结肿大，呼吸困难，咳嗽，流涎，粪便稀软，常带有黏液或血液，妊娠母羊阴门红肿，多发生流产；病羊最后衰竭倒地，磨牙，呻吟，抽搐，多窒息死亡，病程 2～3 天。亚急性型体温升高、食欲减退，喜卧，不愿走动，步态不稳，咳嗽，鼻流黏性透明鼻液，咳嗽，呼吸困难，粪便稀软，带有黏液或血液，病程 1～2 周。慢性型一般轻微发热，病羊食欲不振，消瘦，腹围缩小，步态僵硬；有的病羊咳嗽，或发生关节炎，病程约 1 个月。

【病理变化】以败血症变化为主，各脏器广泛出血，网膜、系膜、胸腹膜、心冠状沟以及心、内外膜有出血点。淋巴结肿大、出血，甚至坏死。鼻、咽喉、气管黏膜充血、出血。肺水肿或气肿、出血，出现肝变区，呈大叶性肺炎变化，有时肺脏尖叶有坏死灶，肺脏常与胸壁粘连，心包、胸腔和腹腔积液，肝脏肿大，呈泥土色，其浆膜下有出血点，胆囊扩张，胆汁外渗，肾脏肿胀、质脆、变软，出血梗死，被膜不易剥离。各脏器浆膜面常覆有黏稠的纤维素样物质。

【实验室检查】采取心血或肝脏、脾脏等涂片、染色镜检，发现带有荚膜，呈双球状，偶见 3～5 个菌体相连成短链的革兰氏阳性球菌，即可作出诊断。

【类症鉴别】

1. 羊链球菌病与羊快疫的鉴别

[相似点] 羊链球菌病与羊快疫均有急性死亡等临床表现。

[不同点] 羊快疫常发生于肥壮、膘情好的羊只；而链球菌病则经常导致羊只急性败血性消耗而使羊只消瘦、营养不良；羊发生快疫时，病羊一般体温不高；而患羊链球菌病时羊只高热。羊快疫的病程

很短，看不出特征症状，不伴有急性败血症，死后尸体迅速腐败，显著肿胀，使四肢开张，肛门裂开，皮下有出血性胶样浸润，胸腔积有多量淡红色液体，消化道内产生大量气体，四胃和肠黏膜有出血性炎症，肝表面触片镜检有长丝状或长链状的较大杆菌；而发生羊链菌球病时，病羊都伴有急性败血症症状。

2. 羊链球菌病与羔羊痢疾的鉴别

[相似点] 羊链球菌病与羔羊痢疾冬春季多发，均有急性死亡等临床表现。

[不同点] 羔羊痢疾的病原是 B 型魏氏梭菌；1～3 月龄羔羊易感染该病；气候骤变、饲养环境差、羊体质弱等因素会引发该病；病羊体温正常，发生剧烈粥或水样腹泻，粪便呈黄白、黄绿或灰白色，后期带血，卧地，衰竭死亡；剖检消化道卡他性或出血性炎症，回肠黏膜充血发红，有直径 1～2 毫米的溃疡。羊链球菌病各种年龄的羊均易感染该病；气候寒冷、营养差、圈舍潮湿、饲养密度大等因素会引发该病；病羊体温升高，反刍停止，眼结膜充血、流泪，流涎，呼吸困难，粪便有血，孕羊流产，死前磨牙抽搐；剖检病各脏器广泛出血，淋巴结肿大、出血，肝脾肿大、胆囊肿大 2～4 倍，胆汁外渗。

3. 羊链球菌病与羊黑疫的鉴别

[相似点] 羊链球菌病与羊黑疫均有急性死亡，呼吸困难，流涎等临床表现。

[不同点] 羊黑疫病原是 B 型诺维氏梭菌，春夏季多发，2～4 岁成年羊易感染该病；病羊呼吸困难，流涎，昏睡俯卧而死；病程急促，多数病羊未见症状即死亡；剖检肝脏的坏死性变化，坏死灶呈灰黄色，界限清晰；病羊尸体皮肤呈暗黑色。羊链球菌病各种年龄的羊均易感染，体温升高，粪便有血，孕羊流产，死前磨牙抽搐；剖检病各脏器广泛出血，淋巴结肿大、出血，肝脾肿大、胆囊肿大 2～4 倍，胆汁外渗。

4. 羊链球菌病与羊猝狙的鉴别

[相似点] 羊链球菌病与羊猝狙均有急性死亡等临床表现。

[不同点] 羊猝狙的病原是 C 型魏氏梭菌，1～2 岁成年羊易感染该病。病羊体温一般正常，掉队，痉挛，卧地，衰弱死亡。病程急促，多数病羊未见症状即死亡。剖检病变可见十二指肠、空肠黏膜严

重出血、糜烂。

5. 羊链球菌病与羊肠毒血症的鉴别

[**相似点**] 羊链球菌病与羊肠毒血症均有急性死亡等临床表现，以及肠道出血的病理变化。

[**不同点**] 羊肠毒血症的病原是 D 型魏氏梭菌，春季和秋末多发，2～12 月龄绵羊易感染该病；病羊体温正常，病羊搐搦，磨牙，有的腹痛、腹泻，全身颤抖，昏迷，倒地死亡；剖检病变可见小肠肠壁充血、出血，呈黑红色；肾脏表面充血，实质松软如泥，稍压即糜烂。羊链球菌病各种年龄的羊均易感染该病，体温升高，伴有急性败血症症状；剖检病变可见十二指肠、空肠黏膜严重出血、糜烂。

6. 羊链球菌病与羊大肠杆菌病的鉴别

[**相似点**] 羊链球菌病与羊大肠杆菌病均有体温升高，精神委顿，食欲不振以及败血型等临床表现。

[**不同点**] 羊大肠杆菌病的病原是大肠杆菌；冬春季多发，败血型多见于 2～6 周龄羊；肠型见于 1 周龄羔羊；病羊体温升高，败血型出现神经症状，慢性肺炎，持续咳嗽；肠型表现为病羊排水样稀便，呈黄白或灰白色，病羊腹痛，虚弱；剖检病变可见败血型主要是胸膜腔积液和脏器出血；肠型主要是胃肠炎的病变，以排黄色、灰色或混有血液的液状便为特征。羊链球菌病各种年龄的羊均易感染，体温升高，反刍停止，眼结膜充血、流泪，流涎，呼吸困难，粪便有血，孕羊流产，死前磨牙抽搐；剖检病变可见各脏器广泛出血，淋巴结肿大、出血，肝脾肿大、胆囊肿大 2～4 倍，胆汁外渗。

7. 羊链球菌病与羊炭疽的鉴别

[**相似点**] 羊链球菌病与羊炭疽均有体温升高、急性死亡、精神沉郁、消瘦、营养不良以及口鼻流液等临床表现。

[**不同点**] 羊炭疽的病原是炭疽杆菌；炭疽的病程急促，多发于夏季；病羊天然孔出血，分泌物、排泄物带血，血凝不良，脾肿大，镜检可见典型炭疽杆菌。羊链球菌病患羊流鼻液，咳嗽，呼吸困难，胆囊肿大，肺炎；有咽喉炎、肺炎症状，唇、舌、面颊、眼睑及乳房处等部位无肿胀，眼鼻不流浆性、脓性分泌物，各脏器尤其是肺浆膜面无丝状黏稠的纤维素样物质。有条件的取料镜检可发现链球菌；炭疽沉淀实验，炭疽则为阳性，而羊链球菌病应为阴性。

8. 羊链球菌病与羊巴氏杆菌病的鉴别

[相似点] 羊链球菌病与羊巴氏杆菌病均有体温升高、眼流泪、后转脓性分泌物、鼻有浆性黏性或脓性分泌物、呼吸困难、粪便带有血液以及皮下水肿等临床表现。

[不同点] 羊巴氏杆菌病的病原是巴氏杆菌；颌下、胸前、颈下部皮肤水肿，剧烈腹泻，粪便含有黏液、坏死黏膜及血液；肺部听诊有啰音和胸膜摩擦音，羔羊病死率较高，成年羊患病后大多可自然痊愈。羊链球菌病下颌淋巴结、咽喉肿胀，各脏器出血，绵羊最易感；病羊眼睑、唇、颊肿胀，临死前呻吟、抽搐、磨牙；剖检可见各脏器广泛出血，淋巴结出血、肿大肺水肿、出血、气肿、肝变性、坏死，胸腹腔积液，腹腔浆膜面附有纤维素，手拉呈丝状。细菌学检查，巴氏杆菌病为革兰氏阴性、具有两极染色特性的细小杆菌。而兽疫链球菌为革兰氏阳性的球菌。

9. 羊链球菌病与羊李氏杆菌病的鉴别

[相似点] 羊链球菌病与羊李氏杆菌病均有流泪，鼻孔流出脓性分泌物，结膜发炎，流产等临床表现。

[不同点] 羊李氏杆菌病的病原是李斯特杆菌；临床上主要表现为神经症状，如羊头颈歪斜、行走转圈、颈项强硬、头颈呈角弓反张等以及斜视、失明；母羊出现流产，羔羊因患败血症而死亡，年龄越小死亡率越高。羊链球菌病体温升高，咽喉肿胀，咽背和下颌淋巴结肿大，缺乏神经症状。

10. 羊链球菌病与羊结膜炎的鉴别

[相似点] 羊链球菌病与羊结膜炎均有流泪、结膜潮红、泪水中常有浆性分泌物等临床表现。

[不同点] 羊结膜炎的是非传染性的，多因异物机械性损伤引起，通常发生于一只眼，病羊偶有双眼发炎，或双眼先后发炎。眼睑、结膜肿胀，泪水中常有浆性分泌物，以后变黏稠，呈混浊的絮片，积于眼内若结膜炎侵及结膜下时结膜高度肿胀、疼痛。

11. 羊链球菌病与山羊病毒性关节炎-脑炎（脑脊髓炎型）的鉴别

[相似点] 羊链球菌病与山羊病毒性关节炎-脑炎（脑脊髓炎型）均有传染性，精神不振，共济失调，抽搐，最后不起。

[不同点] 山羊病毒性关节炎-脑炎的病原为山羊关节炎-脑炎病

毒，山羊多发，绵羊不感染，后躯弱，一肢或数肢麻痹，卧地四肢划动，歪颈作圆圈运动。如关节炎型则关节肿大。常见腕关节着地膝行，剖检可见一侧脑白质有棕色区。琼脂扩散和酶联免疫吸附试验可确定感染动物。

12. 羊链球菌病与马铃薯中毒（胃肠型）的鉴别

[相似点]　羊链球菌病与马铃薯中毒均有食欲、反刍减少或废绝，口流涎，体温高（40℃以上），公羊包皮炎。

[不同点]　马铃薯中毒是因吃马铃薯芽及茎叶而发病，口有溃疡，呕吐，腹痛、腹泻，结膜苍白。剖检可见瘤胃有马铃薯茎叶残渣，残渣检验呈赤褐色。

13. 羊链球菌病与有机磷农药中毒的鉴别

[相似点]　羊链球菌病与有机磷农药中毒均可表现流泪、流涕，倒地抽搐等。

[不同点]　有机磷农药中毒羊因误食田间喷洒过有机磷农药的杂草而中毒。表现流涎、流泪、流涕，瞳孔缩小，全身出汗肌肉颤抖，腹泻，倒地抽搐并死亡。有摄入有机磷农药史，使用解磷定有治疗效果。

【防制】

1. 预防措施

（1）加强饲养管理，坚持自繁自养，饲喂全价日粮，供给优质干草，保持圈舍卫生，做好防寒保暖工作，定期消毒，不从疫区购进羊及其产品。发现本病立即隔离，在兽医指导下处理病死羊只，环境彻底消毒，同群羊进行紧急免疫接种。

（2）定期免疫。羊链球菌氢氧化铝菌苗，绵羊及山羊不论大小，一律皮下注射5毫升，2～3周后重复接种1次，免疫期可维持半年以上。本病流行严重地区，绵羊可用羊链球菌弱毒菌苗，成年羊用1毫升（含活菌50万～100万个），0.5～2岁羊用0.5毫升，尾根皮下注射，免疫期为1年。

2. 发病后措施

治疗原则为早期诊断和抗菌消炎。

处方1：

① 青霉素5万～10万单位/千克体重（或氧氟沙星注射液2.5～5毫

克/千克体重），5%葡萄糖氯化钠注射液 100～500 毫升，地塞米松注射液 4～12 毫克，静脉注射，每日 1～2 次，连用 3～5 日。也可肌内注射。

② 30%安乃近注射液 3～10 毫升，肌内注射，或复方氨基比林注射液 5～10 毫升，皮下或肌内注射，每日 1 次，连用 3 日。

处方 2：5%氟苯尼考注射液 5～20 毫克/千克体重，肌内注射，每日或隔日 1 次，连用 3 次。发病严重时可全群用药。

处方 3：注射用头孢噻呋钠 2.2 毫克/千克体重，注射用水 5 毫升，肌内注射，每日 1 次，连用 3 日。

处方 4：磺胺间甲氧嘧啶注射液 50 毫克/千克体重，肌内注射，每日 2 次，连用 3 日。

处方 5：10%葡萄糖注射液 500 毫升，10%磺胺嘧啶钠注射液 70～100 毫克/千克体重，40%乌洛托品注射液 2～8 克，静脉注射，每日 1～2 次，连用 3～4 天。

十四、结核病

结核病是由分支杆菌引起人和动物共患的一种慢性传染病。其主要特征是在组织器官中形成结核结节（结核性肉芽肿）。所有家畜均能感染，牛最容易发生，羊、猪和禽类较少。

【病原】病原为分支杆菌属的结核分支杆菌（简称结核杆菌，可引起山羊发病）。是直或弯的细长杆菌，呈单独或平行相聚排列，多为棍棒状，间或有分支状。分支杆菌对干燥、湿冷、腐败作用和一般消毒药物的耐受性都很强，在干燥痰液中可活 10 个月以上，在粪便、土壤中可存活 6～7 个月，在病变组织和尘埃中能生存 2～7 个月或更久。对热的抵抗力差，60℃ 30 分钟即可死亡，煮沸时 5 分钟以内即死亡，日光照射 30 分钟到 2 小时死亡。常用消毒剂经 4 小时可将其杀死，在 70%酒精或 10%漂白粉中很快死亡，5%来苏尔液或石炭酸需要 48 小时才能将它杀死。

【流行病学】呈散发或地方流行，环境卫生差，通风不良，会促进本病的发生和传播。病畜是主要的传染源，常通过呼吸道和消化道感染本病，也可通过生殖道感染。乳腺结核可垂直传染给幼畜。此外，人结核病也可传染给羊。

【临床症状】绵羊及山羊的结核病极为少见。羊结核病一般呈慢性经过，病初无明显症状。后期病羊消瘦，被毛粗乱，呼吸困难，容易疲倦，有时流出鼻液。

【病理变化】羊结核病的病理变化多见于在肺和胸部的淋巴结或其他器官形成增生性、渗出性、变质性结核结节，其中增生性结核结节比较多见。增生性结核结节多大小不等，从粟粒大到榛子大，质地硬实，呈灰白色或灰黄色，切面中心部可见干酪样坏死或钙化。

【实验室检查】筛查患羊可进行结核菌素皮内试验法，即用牛分枝杆菌、禽分枝杆菌提纯菌素或老结核菌素，以 1∶4 稀释后，分别在绵羊的耳根外侧或肩胛部，皮内注射 0.1 毫升，观察反应，测量皮肤肿块的大小和厚度，判断结果。开放性结核时可取患病动物的病灶、痰、尿、粪、乳及其他分泌物，做抹片检查、分离培养和动物接种试验，或采用免疫荧光抗体技术检查病料，如用脓疱中心豆腐渣样物涂片，用抗酸染色，在显微镜下看到成堆的红色分支杆菌。

【类症鉴别】

1. 结核病与羊巴氏杆菌病的鉴别

[相似点] 结核病与羊巴氏杆菌病均有传染性，消瘦，流黏性鼻液，咳嗽。

[不同点] 羊巴氏杆菌病的病原为巴氏杆菌，有时颈、胸下水肿，腹泻，粪恶臭。用渗出液涂片镜检可见两极着色的卵圆杆菌。

2. 结核病与羊鼻疽病的鉴别

[相似点] 结核病与羊鼻疽病均有传染性，消瘦，咳嗽，流黏性鼻液，乳房有结节。剖检可见肝、肺有化脓结节。

[不同点] 羊鼻疽病的病原为类鼻疽杆菌，关节肿胀，跛行。用类鼻疽单克隆抗体做酶联免疫吸附试验可鉴定。

3. 结核病与慢性支气管炎的鉴别

[相似点] 结核病与慢性支气管炎均有逐渐消瘦，咳嗽，听诊肺有啰音，呼吸困难。

[不同点] 慢性支气管炎无传染性，早晚进出羊舍及饮水、吃草和运动时加剧咳嗽。肺气肿时，肺音界后移。剖检可见支气管有充血渗出液，肺泡气肿。

4. 结核病与支气管肺炎的鉴别

[相似点] 结核病与支气管肺炎均有减食，体温升高（40～

42℃），咳嗽，肺有啰音，后期呼吸困难，剖检可见支气管有泡沫。

[不同点] 支气管肺炎无传染性，鼻发红，不流鼻液，肺音粗厉，呼出气无臭味。剖检可见肺有肝变、呈黑红色（无化脓结节）。

5. 结核病与干酪样淋巴结炎（假结核病）的鉴别

[相似点] 结核病与干酪样淋巴结炎（假结核病）均有传染性，咳嗽痛苦，消瘦，贫血。剖检可见肺有脓疱。

[不同点] 干酪样淋巴结炎的病原为假结核棒状杆菌，体表淋巴结常肿大，剖检可见肺部脓肿、内含淡蓝绿色脓液。涂片镜检可见假结核棒状杆菌。

【防制】

1. 预防措施

主要采取综合性防疫措施，防止疾病传入，净化污染群，培育健康群，发病后一般不予治疗，而是采取加强检疫、隔离、淘汰等措施，并对场地、用具进行消毒。贵重动物也可隔离治疗。

2. 发病后措施

处方 1：链霉素 10～15 毫克/千克体重，注射用水 5～10 毫升，肌内注射，每日 2 次，连用数日。

处方 2：注射用异烟肼 5 毫克/千克体重（每日用量），注射用水 5～10 毫升，肌内注射，连用数日。

十五、副结核病

副结核病（副结核性肠炎）是由副结核分支杆菌引起的一种慢性细菌性传染病，常见于牛，也见于羊、骆驼和鹿。其临床特征为慢性卡他性肠炎，顽固性腹泻和逐渐消瘦。剖检可见肠黏膜增厚并形成皱襞。

【病原】病原为副结核分枝杆菌，为革兰氏染色阳性小杆菌，具有抗酸染色的特性，大小为（0.5～1.5）微米×（0.3～0.5）微米。本菌对自然环境的抵抗力较强，但对湿热敏感，60℃ 30 分钟或 80℃ 15 分钟即可将其杀死，3%～5%苯酚溶液、5%来苏尔液、4%福尔马林 10 分钟可将其杀死，10%～20%漂白粉乳剂、5%氢氧化钠液 2 小时也可杀灭该菌。

【流行病学】任何年龄、性别的羊都可感染，幼龄羊易感性大，病羊主要见于成年绵羊，山羊的自然病例较少。该病发展特别缓慢，多为散发，或呈地方流行。病畜和隐性感染家畜是主要传染源，经消化道感染。

【临床症状】感染初期常无临床表现，随着病程的延长逐渐出现精神不振，被毛粗乱，采食减少，逐渐消瘦、衰弱，间歇性或顽固性腹泻，有的呈现轻微的腹泻或粪便变软。随着消瘦而出现贫血和水肿，最后病羊卧地不起，因衰竭或继发其他疾病如肺炎等而死亡。

【病理变化】剖检病变主要在空肠、回肠、盲肠和肠系膜淋巴结，特别是回肠和直肠黏膜显著增厚，并形成脑回样的皱褶，但无结节、坏死和溃疡，肠系膜淋巴结坚硬、苍白、肿大呈索状，有的表现肠系膜淋巴管炎。

【实验室检查】确诊需通过细菌学试验和变态反应检查。用副结核菌素或禽分支杆菌提纯菌素 0.2 毫升，颈侧或尾根皱襞皮内注射，48 小时以后检查结果，凡皮肤局部有弥漫性肿胀，厚度增加 1 倍以上，热而疼痛者，即为阳性。

【类症鉴别】

1. 副结核病与羊沙门氏菌病的鉴别

[相似点] 副结核病与羊沙门氏菌病均有传染性，腹泻，衰弱卧地。剖检可见肠黏膜肥厚（水肿），肠系膜淋巴结肿大。

[不同点] 羊沙门氏菌病的病原为沙门氏菌。断乳或断乳不久羔最易感，体温 40～41℃，病程 1～5 天。剖检可见真胃、肠道空虚，肠、胆囊黏膜水肿。单克隆抗体技术可快速诊断。

2. 副结核病与前后盘吸虫病的鉴别

[相似点] 副结核病与前后盘吸虫病均有传染性，食欲不振，衰弱，腹泻，血红蛋白减少。

[不同点] 前后盘吸虫病的病原为前后盘吸虫。因吃水生植物而感染，粪水样腥臭。粪检有虫卵，剖检可见小肠有童虫，瘤胃有成虫。

3. 副结核病与羊球虫病的鉴别

[相似点] 副结核病与羊球虫病均有传染性，腹泻，消瘦，血红蛋白减少。

[不同点] 羊球虫病的病原为球虫，体温 40～41℃，减食或废

食，饮欲增加，粪检有大量卵囊。剖检可见十二指肠回肠有粟粒至豌豆大结节，有点状或带状出血。

【防制】

1. 预防措施

日常应加强饲养管理，搞好环境卫生，不与牛同群饲养或放牧，防止牛将本病传给羊，定期消毒，定期检疫，淘汰病羊。

2. 发病后措施

处方 1：青霉素 5 万～10 万单位/千克体重，注射用水 10 毫升，肌内注射，每日 2 次，连用 3 日。

处方 2：10%磺胺嘧啶钠注射液 70～100 毫克/千克体重，5%葡萄糖氯化钠注射液 500 毫升，静脉注射，每日 1 次，连用 5 日。

处方 3：复方新诺明片 20～25 毫克/千克体重，碳酸氢钠片 0.5～2克，硅炭银片 2～10 片，次硝酸铋片 2～10 片，颠茄片 2～10 毫克，丙二醇或甘油 20～30 毫升，加水内服，每日 2 次，连用 3～5 日。

十六、羔羊大肠杆菌病

羔羊大肠杆菌病是由致病性大肠杆菌引起的一种羔羊急性传染病，其特征是出现剧烈腹泻或败血症。因病羔羊常排出白色稀粪，又名羔羊白痢。多见于冬、春舍饲季节。

【病原】病原为大肠杆菌，为革兰氏阴性、两端钝圆的中等大小杆菌，不形成芽孢，多数菌株有周身鞭毛，能运动。一般不具可见的荚膜。本菌对外界不利因素的抵抗力不强，常用消毒药可将其杀死。

【流行病学】本病多发于数日龄至 6 周龄内的羔羊，偶有 3～8 月龄的羊发病。本病多发于冬、春舍饲期间，放牧季节很少发生。气候多变、初乳不足、圈舍潮湿等可促进本病发生，本病常呈地方流行性。病羊和带菌羊是本病的传染源，主要通过消化道感染。

【临床症状】

（1）败血型　主要发于 2～6 周龄的羔羊。病初体温升高至41.5～42℃，病羊精神委顿，四肢僵硬，运步失调，头常弯向一侧，视力障碍，之后卧地，磨牙，头向后仰，一肢或数肢做划水动作，口吐泡沫，鼻流黏液，呼吸加快，很少或无腹泻，最后昏迷，多于发病后 4～12 小时死亡。有的病羊关节肿胀、疼痛。

（2）肠型　多见于 7 日龄以内的羔羊，病初表现体温升高，随之出现下痢，体温降至正常，病羔腹痛，拱背，委顿，粪便先呈粥状，黄色，后呈淡灰白色，含有乳凝块，严重时呈水样，含有气泡，有时混有黏液和血液，排粪痛苦，甚至里急后重，病羔衰弱，食欲废绝，卧地不起，脱水死亡，病死率 15%～75%。偶见关节肿胀。

　【病理变化】

　1. 败血型

　胸腔、腹腔和心包大量积液，混有纤维素。肘关节、腕关节等发生肿大，滑液增多而混浊，含有纤维素性脓性渗出物。脑膜充血、小点状出血，大脑沟常有脓性渗出物。

　2. 肠型

　尸体严重脱水，肛门附近及后肢内侧被粪便污染。肠浆膜瘀血，暗红色。胃肠发生卡他性或出血性炎症，皱胃、小肠和大肠黏膜充血、出血、水肿，皱胃、小肠和大肠内容物呈灰黄色半液状。肠系膜淋巴结肿大，发红。有时见纤维素性化脓性关节炎。肺瘀血或有轻度炎症。

　【实验室检查】确诊需采集血液、内脏、肠黏膜等进行细菌学检查。

　【类症鉴别】

　1. 羔羊大肠杆菌病与 B 型魏氏梭菌病（羔羊痢疾）的鉴别

　［相似点］羔羊大肠杆菌病与 B 型魏氏梭菌病均有传染性，多发于 7 日龄以内羔羊，均有腹痛、拱背、精神委顿、下痢等临床表现和肠道黏膜出血、肺瘀血等病理变化。

　［不同点］B 型魏氏梭菌病的病原是 B 型魏氏梭菌；病羊表现粪便恶臭，有的稠如面糊，有的稀薄如水，到了后期，有的还含有血液，直到成为血便；第四胃内往往存在未消化的凝乳块；小肠特别是回肠黏膜充血发红，溃疡周围有一出血带环绕；有的肠内容物呈血色。羔羊大肠杆菌病羔羊常排出白色稀粪，偶见关节肿胀；胸腔、腹腔和心包大量积液，混有纤维素。肠道内容物呈灰黄色半液状。

　2. 羔羊大肠杆菌病与沙门氏菌病（羔羊副伤寒）的鉴别

　［相似点］羔羊大肠杆菌病与沙门氏菌病（羔羊副伤寒）均有体温升高、精神委顿、食欲减退、下痢等临床表现，以及皱胃与小肠黏

膜充血、出血，肠系膜淋巴结肿大等病理变化。

[**不同点**] 沙门氏菌病的病原是沙门氏菌；病羔严重腹泻，排黏性带血稀粪，有恶臭，有的出现肺炎和关节炎症状；病羔尸体消瘦，肠道内容物稀薄如水，肠系膜淋巴结肿大，脾脏充血，心外膜与肾皮质有小出血点。羔羊大肠杆菌病羔羊常排出白色稀粪，偶见关节肿胀。肠道内容物呈灰黄色半液状；胸腔、腹腔和心包大量积液，混有纤维素。

3. 羔羊大肠杆菌病与羊快疫的鉴别

[**相似点**] 羔羊大肠杆菌病与羊快疫均有发病急、死亡快，腹泻、腹痛等临床表现及胸腹腔积液等病理变化。

[**不同点**] 羊快疫的病原是腐败梭菌；病羊体温正常，病程常呈闪电型，病羊出现腹痛、腹泻症状，常排黑色稀便或有血丝，痉挛，运动失调；常发生于肥壮、膘情好的羊只；真胃黏膜有出血斑块和表面坏死；肝表面触片镜检有长丝状或长链状的较大杆菌。羔羊大肠杆菌病败血型多见于2～6周龄羊，肠型见于1周龄羔羊；病羊体温升高，败血型出现神经症状，慢性肺炎，持续咳嗽；肠型表现为病羊排水样稀便，呈黄白或灰白色，病羊腹痛，虚弱；剖检败血型主要是胸膜腔积液和脏器出血，肠型主要是胃肠炎的病变，以排黄色、灰色或混有血液的液状便为特征。

4. 羔羊大肠杆菌病与羊黑疫的鉴别

[**相似点**] 羔羊大肠杆菌病与羊黑疫均有发病急、死亡快等临床表现。

[**不同点**] 羊黑疫的病原是B型诺维氏梭菌；春夏季多发，2～4岁成年羊易感染；病羊体温不高，呼吸困难，流涎，昏睡俯卧而死；病程急促，多数病羊未见症状即死亡。剖检病变可见肝脏的坏死性变化，坏死灶呈灰黄色，界限清晰；病羊尸体皮肤呈暗黑色。羔羊大肠杆菌病主要发生于羔羊，病羊体温升高，出现神经症状，慢性肺炎，持续咳嗽；排水样稀便，呈黄白或灰白色，病羊腹痛，虚弱；剖检败血型主要是胸膜腔积液和脏器出血，肠型主要是胃肠炎的病变，以排黄色、灰色或混有血液的液状便为特征。

5. 羔羊大肠杆菌病与羊猝狙的鉴别

[**相似点**] 羔羊大肠杆菌病与羊猝狙均有发病急、死亡快等临床

表现。

[不同点] 羊猝狙病原是 C 型魏氏梭菌；冬春季多发，1～2 岁成年羊易感染；病羊体温一般正常，掉队，痉挛，卧地，衰弱死亡；病程急促，多数病羊未见症状即死亡；剖检病变可见十二指肠、空肠黏膜严重出血、糜烂。羔羊大肠杆菌病主要发生于羔羊，有神经症状、咳嗽和腹泻，剖检可见败血型，主要是胸膜腔积液和脏器出血，肠型主要是胃肠炎的病变，以排黄色、灰色或混有血液的液状便。

6. 羔羊大肠杆菌病与羊链球菌病的鉴别

[相似点] 羔羊大肠杆菌病与羊链球菌病均是冬春季多发，均有传染性，体温升高、食欲不振、发病急、死亡快以及粪便带血等临床表现。

[不同点] 羊链球菌病的病原是链球菌；各种年龄的羊均易感染，病羊体温升高，反刍停止，眼结膜充血、流泪，流涎，呼吸困难，粪便有血，孕羊流产，死前磨牙抽搐；剖检病变可见各脏器广泛出血、淋巴结肿大、出血，肝脾肿大、胆囊肿大 2～4 倍，胆汁外渗。羔羊大肠杆菌病主要感染羔羊，有神经症状、咳嗽和腹泻，剖检可见败血型，主要是胸膜腔积液和脏器出血，肠型主要是胃肠炎的病变，以排黄色、灰色或混有血液的液状便。

7. 羔羊大肠杆菌病（肠型）与前后盘吸虫病的鉴别

[相似点] 羔羊大肠杆菌病（肠型）与前后盘吸虫病均有传染性、委顿、虚弱、下痢。

[不同点] 前后盘吸虫病的病原为前后盘吸虫。顿渴，粪水样、腥臭，粪检有虫卵，瘤胃有成虫。

8. 羔羊大肠杆菌病（肠型）与羊球虫病的鉴别

[相似点] 羔羊大肠杆菌病（肠型）与羊球虫病均有传染性，羔羊多病，体温高（40～41℃），下痢含血，委顿，卧地。

[不同点] 羊球虫病的病原为球虫，粪检有卵囊，迅速消瘦，贫血。

9. 羔羊大肠杆菌病（肠型）与羔羊消化不良的鉴别

[相似点] 羔羊大肠杆菌病（肠型）与羔羊消化不良均是初生羔羊发病，腹泻，粪有气泡，虚弱，卧地不起。剖检可见肠有卡他性炎。

[**不同点**] 羔羊消化不良无传染性，体温不高，粪中有白色小凝块（无机盐类）、凝乳块，有酸臭。2～3月龄后逐渐减少。

【**防制**】

1. 预防措施

加强饲养管理，改善羊舍环境条件，定期消毒，保持母羊乳头清洁，及时吮吸初乳等。有条件的可对妊娠母羊接种大肠杆菌疫苗，可使羔羊获得被动免疫。

2. 发病后措施

治疗原则为加强护理，抗菌消炎和对症治疗。

处方1、2：同沙门氏菌病。

处方3：

① 磺胺脒片0.1～0.2克/千克体重（有败血症倾向时改为复方新诺明片20～25毫克/千克体重），碳酸氢钠片0.5～1克，硅炭银片2～5片，次硝酸铋片2～5片，颠茄片2～4毫克，加水内服，每日2次，连用3～5日。

② 口服补液盐饮水。

十七、弯曲菌病

羊弯曲菌病（弧菌病）是由胎儿弯曲菌胎儿亚种引起的妊娠母羊流产的一种传染病。其临床特征为暂时性不育，发情期延长，胎儿死亡和早产。

【**病原**】本病病原为胎儿弯曲菌胎儿亚种，为革兰氏染色阴性的细长弯曲杆菌，呈螺旋形、撇形、S形和鸥形等。本菌对干燥、紫外线和一般消毒药均敏感。58℃5分钟即死亡。在干草、厩肥和土壤中，20～27℃可存活10天，6℃可存活20天。

【**流行病学**】本菌对人和动物均有易感性，可引起绵羊地方流行性流产，牛散发性流产和人的发热。成年母绵羊最易感，未成年绵羊稍有抵抗力，公绵羊也可感染，山羊很少发病。该病多呈地方性流行，在传染过程中常具有在一个地区流行1～2年或更长一段时间后暂时停止，1～2年后又重新发病的规律。母羊感染、流产后可迅速康复而不带菌。患病动物和带菌者为主要的传染源，可通过污染的食物、饲料、饮水等经消化道感染，不发生交配传染。

【临床症状】怀孕母羊多于预产期前 4～6 周发生流产，有时流产也可从妊娠早期开始。分娩出死羔或弱羔，胎儿通常都是新鲜而没有变化的，有时候也可能发生分解，流产率在 20%～25%，严重者达 70%。多数母羊流产无先兆性症状，有的羊流产前后精神沉郁，阴户肿胀，并流出带血的分泌物，大多数病羊可迅速恢复，以后继续繁殖时不在发生流产。但有的病羊因死亡的胎儿在子宫内滞留，或继发子宫内膜炎和腹膜炎而死亡，病死率约为 5%。

【病理变化】流产的胎儿皮下水肿，呈败血症变化，胎儿皮肤呈暗红色，浆膜上有小出血点，浆膜腔含有大量血样液体，肝脏有很多灰色坏死灶，此病灶容易破裂，使血液流入腹腔。母羊常可见有子宫炎、腹膜炎和子宫积脓。

【实验室检查】可采集胎膜、胎儿等进行细菌分离鉴定，或采用试管凝集试验和荧光抗体技术进行诊断。

【类症鉴别】

1. 绵羊弯杆菌性流产与边界病的鉴别

[相似点] 绵羊弯杆菌性流产与边界病均有传染性，流产。

[不同点] 边界病的病原为边界病毒。流产可发生于妊娠期的任何时期。胎儿脑水肿、小脑发育不全，羔羊体小、个轻、毛过长，走路摇摆，肌肉震颤。用脾组织乳剂注于孕羊可在 3 周内使胎儿发生特征性病变。

2. 绵羊弯杆菌性流产与羊衣原体性流产的鉴别

[相似点] 绵羊弯杆菌性流产与羊衣原体性流产均有传染性，流产，流产后再孕不再流产，胎儿水肿，体腔有血色液体。

[不同点] 羊衣原体性流产的病原为鹦鹉衣原体。常并发死胎或胎衣滞留，子宫分泌物涂片染色、镜检可见红色原生小体和蓝色初级小体。

3. 绵羊弯杆菌性流产与羊布鲁氏菌病的鉴别

[相似点] 绵羊弯杆菌性流产与羊布鲁氏菌病均有传染性，易在孕后第 3、第 4 个月流产，流产前 2～3 天阴户流带血黏液。

[不同点] 羊布鲁氏菌病的病原为布鲁氏菌，常并发子宫炎、角膜炎。公羊有睾丸炎。胎衣有黄色胶样浸润，并附着纤维素蛋白絮片和脓液。胎儿皮下有出血性胶样浸润，第四胃有淡黄或白色黏液、絮

状物。用布鲁氏菌水解素 0.2 毫升作尾根皮内注射，48 小时表现红肿热痛为阳性。

4. 绵羊弯杆菌性流产与绵羊沙门氏菌性流产的鉴别

[相似点] 绵羊弯杆菌性流产与绵羊沙门氏菌性流产均有传染性，预产期前 6 周流产。流产前 1~2 天阴户流带血黏液，胎儿皮下水肿，浆膜腔内有液体。

[不同点] 绵羊沙门氏菌性流产的病原为沙门氏菌，体温高（40~41℃）；步态僵硬，有些羊腹泻。流产率 60%，病死率 25%~60%。胎儿肝脾肿胀、有灰色病灶，心外膜显著出血。

5. 绵羊弯杆菌性流产与裂谷热（地方流行性肝炎）的鉴别

[相似点] 绵羊弯杆菌性流产与裂谷热均有传染性，流产。

[不同点] 裂谷热的病原为裂谷热病毒。有呕吐，体温高（41~42℃）。羔肝肿大、质脆、色斑驳、有灰黄坏死灶，肝细胞有嗜酸性包涵体。

【防制】

1. 预防措施

加强饲养管理，严防引入病羊，产羔季节提高警惕，严格执行检疫、隔离和消毒制度。发现病羊迅速隔离，对排出的胎儿、胎衣和污物等进行深埋或焚烧，彻底消毒被污染的场所，防止本病扩大传染。病羊进行隔离治疗。受本病传染的羊群不应再作为育种繁殖群。

2. 发病后措施

治疗原则为早期诊断，抗菌消炎和对症治疗。

处方 1：庆大霉素注射液 0.5 万单位/千克体重（或链霉素 10~15 毫克/千克体重），注射用水 5~10 毫升，肌内注射，每日 1 次，连用 5 日。严重时可全群注射。

处方 2：

① 氨苄青霉素 50~100 毫克/千克体重（或氧氟沙星注射液 2.5~5 毫克/千克体重），5% 葡萄糖氯化钠注射液 500 毫升，静脉注射，每日 1~2 次，连用 3~5 日。

② 甲硝唑注射液 10 毫克/千克体重，静脉注射，每日 1 次，连用 3 日。

③ 缩宫素注射液 5~10 单位，发生流产后皮下或肌内注射。

④ 青霉素 160 万单位，链霉素 100 万单位，蒸馏水 20 毫升，发生流产后子宫灌注，每日 1 次，连用 3 日。

处方 3：5%氟苯尼考注射液 5～20 毫克/千克体重，肌内注射，每日或隔日 1 次，连用 3～5 次。

处方 4：20%长效土霉素注射液 0.05～0.1 毫升/千克体重，肌内注射，每日或隔日 1 次，连用 3～5 次。

十八、羊快疫

羊快疫是由腐败梭菌引起的一种急性传染病。其临诊特征为突然发病，病程极短，皱胃黏膜发生出血性炎性。主要见于绵羊。

【病原】病原为腐败梭菌，为革兰氏阳性的厌氧大杆菌，菌体正直，两端钝圆，大小为 (0.6～0.8)微米×(2～4)微米，不形成荚膜，可产生多种毒素。本菌繁殖体常规消毒药均可将其杀死，但芽孢的抵抗力较强，在 95℃下需 2.5 小时才可杀死，可用 0.2%升汞，3%福尔马林或 20%漂白粉乳剂将其杀死。

【流行病学】常发生于秋、冬和早春，当气候急变，阴雨连绵时易发。呈地方性流行，发病率约 10%～20%，病死率为 90%。绵羊最易感，山羊次之，以 6～8 月龄多发，病羊的营养状况多在中等以上。病羊和带菌羊为本病的主要传染源，主要经消化道感染。腐败梭菌通常以芽孢形式散布于自然界，潮湿低注的环境可促使羊发病、寒冷、饥饿和抵抗降低时容易诱发本病。本菌如经伤口感染，则可引起各种家畜的恶性水肿。

【临床症状】羊突然发病，往往未表现症状即倒地死亡。有的病羊离群独居，卧地，不愿走动，强迫行走时则表现虚弱或运动失调。腹部臌胀，有疝痛表现。有的体温升高到 41.5℃，有的则体温正常。病羊最后极度衰竭、昏迷，多在发病后数小时至 1 天内死亡，痊愈者极少。羊尸迅速腐败，天然孔流出血样液体。可视黏膜充血、呈蓝紫色。

【病理变化】皮下呈出血性胶样浸润，心包腔、胸腔、腹腔积有大量液体，心内、外膜有多数出血点。肝脏肿大，呈熟土色，其浆膜下可见到黑红色界限明显的斑点，切面有淡黄色的病灶，胆囊多肿胀。前胃黏膜自行脱落，并附着在胃内容物上，瓣胃内溶物干涸，形如薄石片，挤压不易破碎，皱胃呈出血性炎症变化，黏膜充血、肿胀，黏膜下层水肿，在胃底部及幽门部附近，可见大小不等的出血斑点，有时见溃疡和坏死。肠道充满气体，黏膜充血、出血，严重者出现坏死和溃疡，肾脏软化。

【实验室检查】用病羊血液或死羊肝脏的被膜抹片、染色镜检，可见到无关节的长丝状菌体。

【类症鉴别】

1. 羊快疫与羔羊痢疾的鉴别

[相似点] 羊快疫与羔羊痢疾都是梭菌病，呈地方性流行，应激时易发生。均有体温正常、腹泻、粪便带血、发病急、死亡快等临床表现和胃肠道出血的病理变化。

[不同点] 羔羊痢疾的病原是 B 型魏氏梭菌。呈地方性流行，气候骤变、饲养环境差时易发生。冬春产羔季节多发，1～3 月龄羔羊易感染该病。气候骤变、饲养环境差、羊体质弱等因素会引发该病。病羊发生剧烈粥或水样腹泻，粪便呈黄白、黄绿或灰白色，后期带血，卧地，衰竭死亡。剖检病变可见消化道卡他性或出血性炎症，小肠（主要是回肠）黏膜充血发红，有直径 1～2 毫米的溃疡；羊快疫 6～8 月龄的绵羊易感染该病。养殖环境低洼潮湿，气候骤变，羊只采食冰冻饲料会引起该病的发生。病羊病程常呈闪电型，病羊出现腹痛、腹部膨大和腹泻症状，常排黑色稀便或有血丝，痉挛，运动失调。剖检病变可见真胃黏膜有出血斑块和表面坏死，胸腹腔积液，肝肿大，胆囊肿大。

2. 羊快疫与羊黑疫的鉴别

[相似点] 羊快疫与羊黑疫都是梭菌病，呈地方性流行，应激时易发生，常发生于肥壮、膘情好的羊只。均有体温正常、发病急、死亡快等临床表现。

[不同点] 羊黑疫的病原是 B 型诺维氏梭菌，春夏季多发，2～4 岁成年羊易感染该病；羊生活低洼潮湿环境，或受到肝片吸虫感染后会引发该病。病羊呼吸困难，流涎，昏睡俯卧而死。该病病程急促，多数病羊未见症状即死亡（死前不挣扎）；剖检病变可见肝脏的坏死性变化，坏死灶呈灰黄色，界限清晰；病羊尸体皮肤呈暗黑色。羊快疫 6～8 月龄的绵羊易感染该病；养殖环境低洼潮湿，气候骤变，羊

只采食冰冻饲料会引起该病的发生；病羊病程常呈闪电型，病羊出现腹痛、腹部膨大和腹泻症状，常排黑色稀便或有血丝，痉挛，运动失调；剖检真胃黏膜有出血斑块和表面坏死。

3. 羊快疫与羊猝狙的鉴别

[相似点] 羊快疫与羊猝狙都是梭菌病，呈地方性流行，应激时易发生，常发生于肥壮、膘情好的羊只。均有体温正常，发病急、死亡快等临床表现。

[不同点] 羊猝狙的病原是 C 型魏氏梭菌；冬春季多发，1～2 岁成年羊易感染该病；羊长期生活在低洼潮湿环境会引发该病；病羊体温一般正常，掉队，痉挛，卧地，衰弱死亡；病程急促，多数病羊未见症状即死亡；剖检病变可见十二指肠、空肠黏膜严重出血、糜烂，骨骼肌有病变。羊快疫 6～8 月龄的绵羊易感染该病；病羊出现腹痛、腹部膨大，急性死亡；剖检真胃黏膜有出血斑块和表面坏死。

4. 羊快疫与羊肠毒血症的鉴别

[相似点] 羊快疫与羊肠毒血症均是梭菌病，应激时易发生，常发生于肥壮、膘情好的羊只。均有体温正常，腹痛、腹泻、发病急、死亡快等临床表现和消化道出血等病理变化。

[不同点] 羊肠毒血症病原是 D 型魏氏梭菌，散发，春季和秋末多发，2～12 月龄绵羊易感染该病；饲料中谷类或蛋白质过多时会引发该病；病羊体温正常，肌肉震颤，磨牙，口水过多，少数有腹痛、腹泻，昏迷，倒地死亡；剖检小肠见肠壁充血、出血，呈黑红色；肾脏表面充血，实质松软如泥，稍压即糜烂。羊快疫 6～8 月龄的绵羊易感染；病羊出现腹痛、腹部膨大，急性死亡；剖检真胃黏膜有出血斑块和表面坏死。

5. 羊快疫与羊链球菌病的鉴别

[相似点] 羊快疫与羊链球菌病均有发病急、死亡快、粪便带血、应激时易发生等临床表现。

[不同点] 羊链球菌病的病原是链球菌，冬春季多发，各种年龄的羊均易感染该病；气候寒冷、营养差、圈舍潮湿、饲养密度大等因素会引发该病；病羊体温升高，流鼻液，呼吸困难，急性败血性消耗而使羊只消瘦、营养不良；剖检可见各脏器广泛出血，淋巴结肿大、出血，肝脾肿大、胆囊肿大 2～4 倍，胆汁外渗。羊快疫病程很短，

看不出特征症状，不伴有急性败血症；常发生于肥壮、膘情好的羊只；死后尸体迅速腐败，显著肿胀，使四肢开张，肛门裂开，皮下有出血性胶样浸润；胸腔积有多量淡红色液体，消化道内产生大量气体；真胃黏膜有出血斑块和表面坏死；肝表面触片镜检有长丝状或长链状的较大杆菌。

6. 羊快疫与羊炭疽的鉴别

[相似点] 羊快疫与羊炭疽均有急性死亡的临床表现。

[不同点] 羊炭疽的病原是炭疽杆菌；患羊体温升高，天然孔出血，消瘦、营养不良；剖检血液凝固不良，脾肿大；镜检检查到炭疽杆菌。羊快疫常发生于肥壮、膘情好的羊只；病羊一般体温不高；一般只见死亡不见症状，不伴有急性败血症；真胃黏膜有出血斑块和表面坏死；肝表面触片镜检有长丝状或长链状的较大杆菌。

7. 羊快疫与羊大肠杆菌病的鉴别

[相似点] 羊快疫与羊大肠杆菌病均有发病急、死亡快、腹泻、腹痛等临床表现。

[不同点] 羊大肠杆菌病的病原是大肠杆菌；败血型多见于2～6周龄羊，肠型见于1周龄羔羊；气候不良、营养差、圈舍潮湿、密度大以及饲养方式突变等因素会引发该病；病羊体温升高，败血型出现神经症状，慢性肺炎，持续咳嗽；肠型表现为病羊排水样稀便，呈黄白或灰白色，病羊腹痛，虚弱；剖检败血型主要是胸膜腔积液和脏器出血，肠型主要是胃肠炎的病变，以排黄色、灰色或混有血液的液状便为特征。羊快疫病程很短，看不出特征症状，不伴有急性败血症；常发生于肥壮、膘情好的羊只；真胃黏膜有出血斑块和表面坏死；肝表面触片镜检有长丝状或长链状的较大杆菌。

【防制】

1. 预防措施

（1）加强饲养管理　防止羊受寒冷刺激，严禁吃霜冻草料，避免在清晨、污染地区和沼泽区域放牧，保持羊舍卫生，定期消毒，可用3％氢氧化钠液、20％漂白粉乳剂、1％复合酚液或0.1％二氯异氰尿酸钠液消毒。

（2）免疫接种　每年定期注射1～2次疫苗，如羊快疫、羊猝狙二联苗，羊快疫、羊猝疽、羊肠毒血症三联苗（羊只不论大小，一律皮下或肌内注射 5 毫升，保护期达半年以上），或羊快疫、羊猝狙、羔羊痢疾、羊肠毒血症、羊黑疫、肉毒中毒和破伤风七联苗（即厌氧菌七联干粉苗，稀释后，无论大小羊只，均皮下或肌内注射 1 毫升，保护期半年以上）等，可根据当地情况选用，初次免疫后，应间隔 2～3 周加强 1 次。

2. 发病后措施

对病死羊及时焚烧并深埋，防止病原扩散；隔离病羊，抓紧治疗，环境彻底消毒（20％漂白粉乳剂、3％氢氧化钠液）；羊群紧急接种疫苗，并迅速转移到干燥牧地放牧，减少青饲料，增加粗饲料，注意饮水卫生。治疗原则为早期诊断，早期抗菌治疗。

处方 1：青霉素 5 万～10 万单位/千克体重，注射用水 5～10 毫升，每日 1～2 次，连用 3～5 日。严重时全群注射。

处方 2：20％长效土霉素注射液 0.1 毫升/千克体重，肌内注射，每日或隔日 1 次，连用 3 次。严重时全群注射。

处方 3：

① 青霉素 5 万～10 万单位/千克体重，生理盐水 100～500 毫升，10％安钠咖注射液 5～10 毫升，地塞米松注射液 4～12 毫克；10％葡萄糖注射液 250～500 毫升，维生素 C 注射液 0.5～1.5 克，依次静脉注射，每日 1～2 次，连用 3～5 日。

② 甲硝唑注射液 10 毫克/千克体重，静脉注射，每日 1 次，连用 3 日。

处方 4：10％磺胺嘧啶注射液 70～100 毫克/千克体重，10％葡萄糖注射液 250～500 毫升，静脉注射，每日 2 次，连用 3 日。

十九、羊猝狙

羊猝狙又称 "C 型肠毒血症"，是由 C 型产气荚膜梭菌的毒素引起的一种毒血症。其临诊特征为突然发病，急性死亡，溃疡性肠炎和腹膜炎。主要发生于成年绵羊。

【病原】病原为 C 型产气荚膜梭菌，又称 C 型魏氏梭菌，革兰氏染色阳性，其大小约为（0.6～2.4）微米×（1.3～19.0）微米，菌端钝圆，单个、成双，很少呈短链状，无鞭毛，不能运动，在动物体内能形成卵圆形芽孢，位于菌体中央或一端。本菌在羊体内产生的主要毒

素是 β 毒素，另外还产生 α 毒素，这些毒素均为蛋白质，具有酶的活性，不耐热，有抗原性。本菌的繁殖体常规消毒药均可将其杀死，但芽孢的抵抗力较强，90℃ 30 分钟或 100℃ 5 分钟可杀死。

【流行病学】本病多发于冬、春季节，呈地方流行性。常见于低洼、沼泽地区。食入带雪水的牧草或寄生虫感染等可诱发本病。常与羊快疫合并发生。主要发生于成年绵羊，以 1～2 岁的绵羊最易感。病羊和带菌羊为本病的主要传染源，主要是食入被本菌污染的饲草、饲料及饮水等，经消化道感染。

【临床症状】病程短促，常未见到症状即突然死亡。有时发现病羊掉队、卧地，体温升高，腹痛不安，衰弱，倒地咬牙，眼球突出，剧烈痉挛，在数小时内死亡。

【病理变化】主要病变是出血性肠炎，小肠一段或全部呈出血性肠炎变化，有的病例可见糜烂、溃疡。肠系膜淋巴结有出血性炎症。胸腔、腹腔和心包腔有大量渗出液，浆膜有出血点，肾脏肿大，但不软。死后 8 小时病菌在肌肉或其他器官继续繁殖，并引起气肿疽的病变，骨骼肌间积聚血样液体，肌内出血，有气性裂孔，似海绵状。

【实验室检查】从体腔渗出液、脾脏取材，做 C 型产气荚膜梭菌的分离和鉴定，也可用小肠内容物的离心上清液静脉接种小鼠，检测有无 β 毒素。

【类症鉴别】

1. 羊猝狙与羊快疫的鉴别

［相似点］羊猝狙与羊快疫均有传染性，多发于冬春，发病年龄为 1～2 岁（6～18 月龄），疝痛，发病数小时死亡，有的不显症状即突然死亡。剖检可见心包、胸腹腔有积液。

［不同点］羊快疫的病原为腐败杆菌。体温 41℃，躺卧不愿行走，强迫行走时运动失调。剖检可见真胃有出血性炎，幽门部有出血瘀块，表面坏死。体腔液见空气即凝固，肝触片镜检可见腐败梭菌。

2. 羊猝狙与羊肠毒血症的鉴别

［相似点］羊猝狙与羊肠毒血症均有传染性，病原魏氏梭菌（D型）发病数小时死亡，有时不显症状即突然死亡。剖检可见小肠有炎症（回肠），心包积液。

［不同点］羊肠毒血症的病原为 D 型魏氏梭菌，下痢混有黏液、

血液、有恶臭，磨牙，流涎。剖检可见肾充血，幼羊呈乳糜状，大羊逐渐变软，尤以死后 6 小时更明显。腹腔液中可发现 D 型魏氏梭菌。肠内容有 p 型毒素。

3. 羊猝狙与羊黑疫的鉴别

［相似点］羊猝狙与羊黑疫均有传染性，常不显症状即突然死亡，体温高（41.5℃），昏睡，心包、胸腹腔积液。

［不同点］羊黑疫的病原为诺维氏梭菌，昏睡至死。剖检可见皮肤呈暗黑色（黑疫），心包、胸腔液呈黄色，腹腔色血色，肝表面有坏死灶（2～3 厘米），周围有鲜红充血带（黑疫特征）。肝坏死灶中可分离出诺维氏梭菌。

4. 羊猝狙与羊炭疽的鉴别

［相似点］羊猝狙与羊炭疽均有传染性，病原菌比较粗大，痉挛，病不久即死亡。

［不同点］羊炭疽的病原为炭疽杆菌。多发于洪水泛滥之际，全身痉挛，天然孔流血。死后膨胀，尸僵不全，炭疽沉淀反应阳性。

【防制】
同羊快疫。

二十、羊肠毒血症

羊肠毒血症又称"软肾病"或"类快疫"，是由 D 型产气荚膜梭菌在羊肠道内大量繁殖产生的毒素引起的一种急性毒血症。其临诊特征为急性死亡，肾脏软化，甚至如泥状。

【病原】病原为 D 型产气荚膜梭菌，又称 D 型魏氏梭菌，为厌气性粗大杆菌，革兰氏染色阳性，大小为（2～8）微米×（1.0～1.5）微米，无鞭毛，不运动，在动物体内可形成荚膜，可形成芽孢，芽孢位于菌体中央。本菌在羊体内产生的主要毒素是 ε 原毒素（ε 原毒素经胰蛋白酶致活后变为 ε 毒素），另外还产生 α 毒素。本菌的繁殖体在 60℃ 15 分钟即可被杀死，常规消毒药均可将其杀死。但芽孢的抵抗力较强，95℃ 2.5 小时方可杀死，3％甲醛溶液 30 分钟可杀死芽孢。

【流行病学】本病的发生有明显的季节性和条件性。常在春末夏初或秋末冬初饲料改变时诱发，多呈散发，在发病羊群内可流行 1～2 个月。在雨季、气候骤变、低洼地区放牧或缺乏运动等，均可促使本病发生。本病开始来势凶猛，以后逐渐缓和或平息。绵羊和羔羊发生较多，山羊较少，常以2～12月龄、膘情较好的羊多发。病羊和带菌羊为本病的主要传染源。本菌为土壤常在菌，也存在于污水中，通常羊只采食被芽孢污染的饲草或饮水，经消化道感染。

【临床症状】本病发生突然，很快死亡。病羊死前步态不稳，呼吸急促，心跳加快，全身肌肉震颤，磨牙，甩头，倒地抽搐，头颈后仰，左右翻滚，口鼻出白色泡沫，可视黏膜苍白，四肢和耳尖发凉，哀鸣，昏迷死亡。体温一般不高，但有血糖、尿糖升高现象。

【病理变化】肾脏软化如泥样，一般认为是一种死后的变化。体腔积液，心脏扩张，心内、外膜有出血点。皱胃内有未消化的饲料，肠道特别是小肠充血、出血，严重者整个肠段肠壁呈血红色或有溃疡。肺脏出血、水肿，胸腺出血，脑膜血管怒张。

【实验室检查】确诊的依据有在肾脏和其他实质脏器内发现D型产气荚膜梭菌，在肠道内发现大量本菌，并在小肠内检出ε毒素，尿中发现葡萄糖。

【类症鉴别】

1. 羊肠毒血症与羊快疫的鉴别

［相似点］羊肠毒血症与羊快疫均有传染性，常不显症状即死亡，不愿动，昏迷。剖检可见心包积液。

［不同点］羊快疫的病原为腐败梭菌。吃霜冻饲料为诱因。腹胀，有疝痛，体温高，强迫运动时步态失调。剖检可见真胃有出血性炎，幽门有出血斑块，表面有坏死，胸腹腔有大量积液，接触空气即凝固。肝触片镜检可见腐败杆菌。

2. 羊肠毒血症与羊猝狙的鉴别

［相似点］羊肠毒血症与羊猝狙均有传染性，病原为魏氏梭菌（C型），发病数小时死亡。有的不出现症状即死。衰弱，痉挛。镜检可见心包积液。

［不同点］羊猝狙的病原为C型魏氏梭菌，有疝痛。剖检可见小肠有糜烂、溃疡。骨骼肌刚死无异常，8小时后有血样液和气性裂。体腔液可分离细菌，小肠内容物无β型毒素。

3. 羊肠毒血症与羊黑疫的鉴别

［相似点］羊肠毒血症与羊黑疫均有传染性，常不显症状即突然

死亡，不食，昏迷至死。剖检可见心包有积液，心内膜出血。

［**不同点**］羊黑疫的病原为诺维氏梭菌。多发于 2～3 岁肥绵羊，体温高（41.5℃），俯卧至死。剖检可见皮肤呈暗黑色，皮下静脉显著充血，肝有凝固性坏死灶，四周有鲜红带，肝坏死灶中可分离出诺维氏梭菌。

4. 羊肠毒血症与羊炭疽的鉴别

［**相似点**］羊肠毒血症与羊炭疽均有传染性，粗大杆菌有荚膜、无鞭毛，肌肉搐搦，磨牙，病不久死亡。

［**不同点**］羊炭疽的病原为炭疽杆菌（竹节状），全身痉挛，天然孔流血，死后臌胀，尸僵不全，炭疽沉淀反应呈阳性。

【**防制**】

1. 预防措施

（1）加强饲养管理　夏季避免羊只过食青绿多汁饲料，秋季避免采食过量结籽牧草，注意精、粗、青料的搭配，避免突然更换饲料或饲养方式，搞好圈舍卫生，提供良好环境条件，多运动。

（2）免疫接种　每年定期接种羊快疫、羊肠毒血症、羊猝狙三联苗，羊快疫、羊肠毒血症、羊猝狙、羔羊痢疾、羊黑疫五联苗（羊厌气菌五联菌苗，无论大小羊只均皮下或肌内注射 5 毫升，保护期半年以上，或羊厌氧菌七联干粉苗（稀释后，无论大小羊只均皮下或肌内注射 1 毫升，保护期半年以上）。初次免疫后，需间隔 2～3 周再加强 1 次。

2. 发病后措施

病死羊及时焚烧或深埋，防止病原扩散；隔离病羊，抓紧治疗，环境彻底消毒；羊群紧急接种疫苗，并迅速转移到高燥牧地放牧，减少青饲料，增加粗饲料，注意饮水卫生。治疗原则为早期诊断，早期抗菌治疗。

处方 1～4：参考羊快疫

处方 5：苍术 10 克，大黄 10 克，贯众 5 克，龙胆草 5 克，玉片 3 克，甘草 10 克，雄黄（另包）1.5 克，将前六味水煎取汁，混入雄黄，一次灌服，灌药后再加服一些食用植物油。

二十一、羊黑疫

羊黑疫又称传染性坏死性肝炎，是由 B 型诺维梭菌引起的绵羊和山羊的一种急性高度致死性毒血症。其临诊特征为突然发病，病程短促，皮肤发黑，肝实质发生坏死病灶。

【病原】病原为 B 型诺维梭菌，是革兰氏阳性大杆菌，大小为 (1.2～2.0)微米×(4.0～20.0)微米，严格厌氧，可形成芽孢，不产生荚膜，具周身鞭毛，能运动。本菌能产生 5 种（即 ε、β、η、ξ、θ）外毒素。

【流行病学】本病主要在春、夏发生于肝片吸虫流行的低洼潮湿地区，冬季很少发生。与肝片形吸虫的感染有密切关系。发病羊多为营养良好的羊只。能使 1 岁以上的绵羊感染，其中 2～4 岁的绵羊发生最多。山羊也感染。病羊为主要传染源，多通过食入被本菌芽孢污染的牧草、饲料或饮水等，经消化道感染。

【临床症状】病羊多突然死亡，因此常常只能发现尸体。如果能看到病羊，其表现为精神不振，掉队，喜卧，1 小时内死亡，死前也不挣扎。部分病例可拖延 1～2 天，病羊食欲废绝，精神沉郁，呼吸困难，体温 41.5℃，常昏睡俯卧，并保持这种状态而毫无痛苦的突然死去。患羊一般都是营养良好。

【病理变化】病羊尸体皮下静脉显著瘀血，使羊皮呈暗黑色外观（故称羊黑疫）。胸部皮下常发水肿，浆膜腔积液，左心室心内膜下常出血，皱胃幽门部和小肠黏膜充血、出血。肝脏充血、肿胀，肝的表面或内面有一个或数个略带圆形的坏死区，界限清楚，颜色黄白，直径为 2～3 厘米，周围显著充血。

【实验室检查】可进行细菌分离鉴定，以及卵磷脂酶试验检查毒素，或用荧光抗体技术检查诺维梭菌。

【类症鉴别】

1. 羊黑疫与羊快疫的鉴别

[相似点] 羊黑疫与羊快疫均有传染性，冬春发病。常不显症状即突然死亡。体温高（41.5℃），昏迷至死。剖检可见心包积液。

[不同点] 羊快疫的病原为腐败梭菌，磨牙、喉、舌肿胀，口流血色泡沫，疝痛，结膜充血。剖检可见皮下组织呈胶样浸润，真胃幽

门部有紫红色出血斑块。肝触片镜检可见腐败梭菌。

2. 羊黑疫与羊肠毒血症的鉴别

[相似点] 羊黑疫与羊肠毒血症均有传染性，常不显症状即突然死亡，死前不食、昏迷至死。剖检可见心包积液。

[不同点] 羊肠毒血症病原为 D 型魏氏梭菌，下痢，粪含黏液、血液、有恶臭，四肢划动。剖检可见肾变软，小肠、肾可发现大量 D 型魏氏梭菌，小肠内有 β 毒素。

3. 羊黑疫与羊猝狙的鉴别

[相似点] 羊黑疫与羊猝狙均有传染，常不出现症状即突然死亡，常发生于低洼潮湿地区。剖检可见胸腹腔、心包积液与空气接触凝固。

[不同点] 羊猝狙病原为 C 型魏氏梭菌，有腹痛、痉挛。剖检可见十二指肠、空肠黏膜严重充血、糜烂、脱落，有的区段有溃疡，肠内充满血液和组织碎片。骨骼肌在刚死时表现正常，死后 8 小时肌间积聚血样液体并有气性裂孔（气泡）。腹腔液、脾分离细菌，小肠内容物有 β 毒素。

4. 羊黑疫与羊炭疽的鉴别

[相似点] 羊黑疫与羊炭疽均有传染性，革兰氏阳性大杆菌，多发于低洼处，昏睡不久即死亡。

[不同点] 羊炭疽的病原为炭疽杆菌（竹节状，有荚膜，无鞭毛），磨牙，全身痉挛，天然孔出血，死后膨胀，尸僵不全。炭疽沉淀反应呈阳性。

【防制】

1. 预防措施

流行本病的地区应做好控制肝片吸虫的感染工作（杀虫灭螺）；在发病地区定期接种羊厌气菌五联菌苗或羊厌氧菌七联干粉苗，或用羊黑疫、羊快疫二联苗，初次免疫后，需间隔 2～3 周再加强 1 次。

2. 发病后措施

发现病死羊及时焚烧，并深埋，防止病原扩散；隔离病羊，环境彻底消毒。羊群紧急接种疫苗，并迅速转移到干燥地区放牧，注意饲料和饮水卫生。治疗原则为早期诊断，抗菌消炎。

处方 1～4：参考羊快疫。

处方 5：抗诺维氏梭菌血清 50～80 毫升，发病早期静脉或肌内注射，每日 1 次，连用 2 次。

二十二、羔羊痢疾

羔羊痢疾是由 B 型产气荚膜梭菌所引起的一种初生羔羊急性毒血症。其临诊特征为剧烈腹泻，小肠发生溃疡和羔羊大批死亡。主要危害 7 日龄以内的羔羊，以 2～3 日龄羔羊发病最多。

【病原】通常认为其主要病原为 B 型产气荚膜梭菌，又称 B 型魏氏梭菌，本菌为革兰氏染色阳性厌氧性杆菌，大小为（4～8）微米×（1.0～1.5）微米，不运动，在动物体内可形成荚膜，能产生芽孢。本菌在羊体内产生的主要毒素是 β 毒素，另外还产生 α 和 ε 毒素。本菌的繁殖体在干燥土壤中可存活 10 天，在潮湿土壤可存活 35 天，在干燥粪便中可存活 10 天，在湿粪中可存活 5 天，常规消毒药均可将其杀死。芽孢在土壤中可存活 4 年。

【流行病学】主要为 7 日龄以内的羔羊，以 2～3 日龄的发病最多，7 日龄以上很少发病。纯种细毛羊和改良羊的适应性比本地土种羊差，其羔羊的发病率和死亡率都较高。母羊营养不良，产羔季节过于寒冷或炎热等，均有利于本病的发生。病羊及带菌羊是本病的主要传染源。可通过羔羊吮乳或食入被本菌芽孢污染的牧草、饲料或饮水等，经消化道感染，也可通过脐带或创伤感染。

【临床症状】自然病例潜伏期为 1～2 天，病初羔羊精神沉郁，低头拱背，不想吃奶，随后发生持续性腹泻，粪便呈黄色或带血、恶臭，甚至排粪失禁，变为血便，病羔逐渐脱水、虚弱、卧地不起，若不及时治疗，常在 1～2 天内死亡。有的羔羊腹胀而不腹泻，或只排少量稀粪（也可能带血），四肢瘫软，卧地不起、呼吸急促，口吐白沫，头向后仰，体温降至常温以下，最后昏迷死亡。

【病理变化】患病羔羊脱水严重，皱胃内存在未消化的凝乳块，小肠（特别是回肠）发生出血性肠炎，肠黏膜充血、发红，病程稍长可见小肠或结肠黏膜出现直径在 1～2 毫米的溃疡，溃疡周围有一出血带环绕，有的肠内容物呈血色。肠系膜淋巴结肿胀、充血、出血。心包积液，心内膜有出血点。肺有充血区或瘀血斑。

【实验室检查】可进行细菌分离鉴定和毒素中和试验。

【类症鉴别】

1. 羔羊痢疾与羊大肠杆菌病（肠型）的鉴别

［相似点］羔羊痢疾与羊大肠杆菌病（肠型）均有传染性，多发于 7 日龄以内羔羊，精神委顿，拱背，腹泻，先稠后稀，有时含血，虚弱，卧地不起，1～2 天死亡。剖检可见小肠黏膜充血，肠系膜淋巴结充血、出血。

［不同点］羊大肠杆菌病的病原为大肠杆菌。体温高（40.5～41℃），不久下痢转为正常，稀粪由灰黄色变为灰色，且含有气泡。剖检可见真胃、大小肠黏膜充血，肠内容物呈黄灰半液状。大肠杆菌单克隆诊断制剂可诊断。

2. 羔羊痢疾与羊球虫病的鉴别

［相似点］羔羊痢疾与羊球虫病均有传染性，羔羊多发，腹泻，粪含血、恶臭，精神委顿，不食，呼吸迫促。剖检可见小肠充血。

［不同点］羊球虫病的病原为球虫。急性病程 2～7 天（不是 1～2 天），慢性数周。剖检可见小肠黏膜有淡黄或黄色粟粒至豌豆大的结节成簇分布，粪中含有大量卵囊。

3. 羔羊痢疾与羔羊消化不良的鉴别

［相似点］羔羊痢疾与羔羊消化不良均有初生羔羊发病，腹泻，严重时站立不稳而倒地。

［不同点］羔羊消化不良是因母羊营养不良或环境卫生不好，气候不良而发病，至 2～3 月龄才不发病，粪有气泡和白色凝乳块，白色无机盐类，有酸臭气。剖检可见胃肠仅有卡他性炎，肠内容物镜检无 B 型魏氏梭菌。

【防制】

1. 预防措施

加强母羊饲养管理，供给配合饲料和优质饲草，保证羊舍舒适卫生，冬季保暖，夏季防暑，产羔前对产房进行彻底消毒（可用 1%～2% 的热氢氧化钠液或 20%～30% 石灰水），注意接产卫生，脐带严格消毒，辅助羔羊吃奶；每年秋季对母羊注射羔羊痢疾苗或羊厌氧七联干粉苗，产前 2～3 周再加强 1 次。

2. 发病后措施

治疗原则为早期诊断，抗菌消炎和对症治疗。

处方 1：5%氟苯尼考注射液 20 毫克/千克体重，肌内注射，每日 1 次，连用 3 次。严重时易感羔羊全部注射。

处方 2：20%长效土霉素注射液 0.1 毫升/千克体重，肌内注射，每日 1 次，连用 3 次。严重时易感羔羊全部注射。

处方 3：

① 磺胺脒片 0.1～0.2 克/千克体重（或复方新诺明片 20～25 毫克/千克体重），碳酸氢钠片 0.5～1 克，硅炭银片 2～4 片，次硝酸铋片 2～4 片，颠茄片 2～3 毫克，加水内服，每日 2 次，连用 3～5 日。

② 口服补液盐饮水。

处方 4：

① 氧氟沙星注射液 2.5～5 毫克/千克体重，5%葡萄糖氯化钠注射液 20～40 毫升/千克体重，地塞米松注射液 2～5 毫克，盐酸山莨菪碱注射液（654-2 注射液）3 毫克，静脉注射，每日 1～2 次，连用 3 日。

② 甲硝唑注射液 10～15 毫克/千克体重，静脉注射，每日 1 次，连用 3 日。

二十三、羊支原体性肺炎

羊支原体性肺炎（羊传染性胸膜肺炎）是由许多支原体所引起的一种高度接触性传染病。其临床特征为高热、咳嗽、肺和胸膜发生浆液性或纤维素性炎症，取急性或慢性经过，病死率很高。

【病原】 本病的病原包括丝状支原体山羊亚种、丝状支原体丝状亚种（能自然感染山羊、绵羊）、山羊支原体山羊肺炎亚种（只感染山羊）和绵羊肺炎支原体（可感染绵羊和山羊）。本病病原体对理化作用的抵抗力较弱，50～60℃ 40 分钟可被灭活，1%克辽林溶液可于 5 分钟内将其灭活，对红霉素（绵羊肺炎支原体有抵抗力）和四环素敏感，对青霉素和链霉素不敏感。

【流行病学】 自然条件下，丝状支原体山羊亚种只感染山羊，以 3 岁以下的山羊发病为多；而绵羊肺炎支原体则可感染山羊和绵羊。病羊为主要传染源，病肺组织以及胸腔渗出液中含有大量病原体，主要经呼吸道分泌物排菌。耐过羊在相当长的时期内也可成为传染源。

本病常呈地方性流行，主要通过空气中的飞沫经呼吸道传染，接触传染性强。阴雨连绵、寒冷潮湿，营养缺乏，羊群密集、拥挤等不良因素易诱发本病。

【临床症状】潜伏期平均为18～20天。最急性和急性者体温升高到41℃，精神不振，拒食呆立，发抖、咳嗽、呼吸困难，鼻液为黏液性或脓性，并呈铁锈色，粘于鼻孔及上唇。按压胸部敏感疼痛，听诊有水泡音和摩擦音，叩诊肺部有浊音。最急性者4～5天病情恶化，拱背伸颈，衰弱倒地而亡，死亡前体温降至正常或正常以下。急性者病程多为7～15天，有的转为慢性病例。慢性多见于夏季，病情逐渐好转，全身症状轻微，食欲和精神恢复正常，间有咳嗽、流涕、腹泻、消瘦等症状，如遇饲养管理不善或天气突变，病情可能急剧恶化导致死亡，病程长达数月。

【病理变化】病变多局限于胸部，胸腔常有淡黄色积液，暴露于空气后其中的纤维蛋白易于凝固。病理损害多发生于一侧，常呈纤维蛋白性肺炎，间或为两侧性肺炎；肺实质肝变，切面呈大理石样变化；肺小叶间质变宽，界限明显；血管内常有血栓形成。胸膜增厚而粗糙，常与肋膜、心包膜发生粘连。支气管淋巴结、纵隔淋巴结肿大，切面多汁并有出血点。心包积液，心肌松弛、变软；肝脏、脾脏肿大，胆囊肿胀；肾脏肿大，被膜下可见有小点出血。病程久者，肺肝变区肌化，结缔组织增生，甚至有包囊化的坏死灶。

【实验室检查】采集肺组织或胸水涂片，进行染色镜检，革兰氏染色呈阴性，瑞氏染色可见球状、短杆状、丝状等极细小紫色点。在含10%血清琼脂培养基上37℃培养5～6天，出现细小草帽状湿润透明菌落。取菌溶涂片检查，见有革兰氏染色呈阴性，瑞氏染色呈紫色的丝状、球状支原体。

【类症鉴别】

1. 羊支原体性肺炎与梅迪-维斯纳病（呼吸型）的鉴别

[相似点] 羊支原体性肺炎与梅迪-维斯纳病均有传染性，呼吸迫促，困难。消瘦，衰弱，剖检可见胸壁粘连。

[不同点] 梅迪-维斯纳病的病原为梅迪-维斯纳病毒。体温正常，无咳嗽、潜伏期和病程很长。剖检可见肺膨大2～4倍，与胸膜粘连而不与肋膜粘连，切面发白。琼脂扩散和荧光法可确诊。

2. 羊支原体性肺炎与绵羊肺腺瘤病的鉴别

[相似点] 羊支原体性肺炎与绵羊肺腺瘤病均有传染性，体温升高，咳嗽，呼吸困难，流鼻液。

[不同点] 绵羊肺腺瘤病的病原为绵羊肺腺瘤病病毒，绵羊敏感。放牧、走路病状加重，低头，流大量鼻液。剖检可见肺表面有灰白色小结节并融合为大结节，切面流水肿液。

3. 羊支原体性肺炎与羊巴氏杆菌病的鉴别

[相似点] 羊支原体性肺炎与羊巴氏杆菌病均有传染性，体温高（41～42℃），咳嗽，呼吸迫促，困难，流鼻液，流脓性眼眵。慢性咳嗽，腹泻。剖检可见胸腔积液，肺有肝变，有纤维性胸膜炎。

[不同点] 羊巴氏杆菌病的病原为巴氏杆菌。绵羊易感（山羊不易感）。急性先便秘后下痢，颈胸皮下水肿。剖检可见皮下液体浸润和有小出血点。病变渗出液涂片染色、镜检可见两极染色卵圆形杆菌。

4. 羊支原体性肺炎与羊网尾线虫病的鉴别

[相似点] 羊支原体性肺炎与羊网尾线虫病均有咳嗽，呼吸迫促，流鼻液。

[不同点] 羊网尾线虫病的病原为网尾线虫，咳嗽，剧烈、有阵发性，常打喷嚏。胸部、四肢水肿，痰中有成虫、幼虫、虫卵。切开肺部结节可见虫体。

5. 羊支原体性肺炎与支气管炎的鉴别

[相似点] 羊支原体性肺炎与支气管炎均有急性体温升高，咳嗽，流鼻液，减食。慢牲咳嗽可延长数月。

[不同点] 支气管炎无传染性，听诊有干性、湿性啰音和水泡音（无摩擦音），早上出羊舍时咳嗽剧烈。肺有气肿时肺音界后移，剖检可见支气管黏膜充血、肿胀。

6. 羊支原体性肺炎（急性）与支气管肺炎的鉴别

[相似点] 羊支原体性肺炎与支气管肺炎均有体温高（40～41℃），咳嗽，流鼻液，肋部听诊有浊音。

[不同点] 支气管肺炎无传染性，病初干短咳，后湿长咳（胸无压痛，眼无眵），剖检可见几个肺小叶发红，周围气肿。

7. 羊支原体性肺炎（急性）与羔羊肺炎的鉴别

［相似点］羊支原体性肺炎（急性）与羔羊肺炎均有体温高（40～41℃），咳嗽，流鼻液，呼吸困难，头颈伸直，沉郁，绝食。

［不同点］羔羊肺炎无传染性，无锈色鼻液，肋部叩诊无反应。剖检可见肺肝变区切开排泡沫，胸膜无变化。

8. 羊支原体性肺炎与草酸盐中毒的鉴别

［相似点］羊支原体性肺炎与草酸盐中毒均有委顿，绝食，呼吸迫促，几小时即呼吸困难。

［不同点］草酸盐中毒是因吃含草酸盐的植物（盐生草、油树）而患病，无传染性，体温不高，肋部不敏感。

【防制】

1. 预防措施

（1）加强饲养管理　提供良好的营养和环境条件，做好卫生消毒工作，新引进的羊只必须隔离检疫防患于未然，这是最根本的措施。隔离1个月以上，确认健康无病方可混入大群。

（2）免疫接种　本病流行地区应根据当地病原体的分离结果选择使用疫苗，如山羊传染性胸膜肺炎以氢氧化铝苗注射预防，半岁以下山羊皮下或肌内注射3毫升，半岁以上山羊注射5毫升，免疫期为1年；或用绵羊肺炎支原体灭活苗免疫。

2. 发病后措施

发生本病时，应对疫点及时封锁，对全群逐头检查，对病羊、可疑羊、假定健康羊分群隔离和治疗，对可疑羊和假定健康羊紧急免疫接种，对被污染的羊舍、场地、饲管用具、粪便、尸体等，进行彻底消毒和无害化处理。治疗原则是早期杀菌消炎和对症治疗。

处方1、2：同沙门氏菌病。

处方3：酒石酸泰乐菌素注射液2～10毫克/千克体重，皮下或肌内注射，每日2次，连用3日。

处方4：

① 左氧氟沙星注射液2.5～5毫克/千克体重，5%～10%葡萄糖注射液500毫升，地塞米松注射液4～12毫克，盐酸山莨菪碱注射液（654-2注射液）5～10毫克，静脉注射，每日1～2次，连用3日。

② 复方氨基比林注射液5～10毫升，皮下或肌内注射，每日1次，

连用 2～3 日。

　　处方 5：土霉素，每日 20～50 毫克/千克体重，分 2～3 次服完。3～5 日为一疗程。

二十四、钩端螺旋体病

　　钩端螺旋体病又称黄疸血红蛋白尿，简称钩体病，是由钩端螺旋体（简称钩体）引起的一种重要而复杂的人兽共患病和自然疫源性疾病。其临床特征为发热，黄疸，血红蛋白尿，流产，皮肤和黏膜出血与坏死。全年均可发病，以夏、秋放牧期间更为多见。

　　【病原】病原为钩端螺旋体科钩端螺旋体属的似问号钩端螺旋体。革兰氏染色阴性，常不易着色，用镀银染色和姬姆萨染色较好。钩端螺旋体对外界抵抗力较强，在水田、池塘、沼泽中可以存活数月或更长时间，适宜的酸碱度为 pH7.0～7.6。对热、日光、干燥和一般消毒剂均敏感。

　　【流行病学】本病在夏、秋季多见（每年 7～9 月为流行的高峰期），一般呈散发。各种家畜均可发病，幼畜发病较多，绵羊和山羊均易感。传染源主要是病畜和鼠类，病畜和鼠类从尿中排菌，污染饲料和水源，可以通过皮肤、黏膜和消化道传给健羊，有时也可通过交配和菌血症期间吸血昆虫叮咬等传播。

　　【临床症状】潜伏期为 4～5 天，通常表现为隐性感染，有些羊仅出现短暂的体温升高。少数病例表现为体温升高，呼吸和心跳加速，食欲减退，反刍停止，可视黏膜黄染，口、鼻黏膜坏死，消瘦，血红蛋白尿，腹泻，粪便带血，衰竭死亡。孕羊多发生流产。

　　【病理变化】尸体消瘦，口腔黏膜有溃疡，黏膜及皮下组织黄染，有时可见浮肿，浆膜和肠黏膜有大量出血，淋巴结肿大，胸、腹腔内有黄色液体。肺脏、心脏、肾脏、脾脏等实质器官有出血斑点。肝脏肿大，质地松软，发黄，肾脏稍肿大，皮质部散在有灰白色病灶。膀胱黏膜出血，内有红色或黄褐色尿液。肾脏的病变对于诊断有重要意义，肾脏急剧增大，被膜剥离很容易，切面呈现湿润状态，髓质与皮质之间没有界限，组织柔软而脆。如果病程很长，肾脏就会呈坚硬状。

　　【实验室检查】在病羊发热初期采取血液，在无热期采取尿液，死后立即取肾脏和肝脏，直接离心或制成匀浆后离心，取沉渣，在暗视野显微镜下检查，或进行镀银染色和姬姆萨染色，查找钩端螺旋体。

【类症鉴别】

1. 钩端螺旋体病与巴贝斯虫病的鉴别

［相似点］钩端螺旋体病与巴贝斯虫病均有体温高（41～42℃），心跳、呼吸加快，黏膜苍白，黄疸，血尿。剖检可见皮下组织黄染，膀胱有血尿，血稀。

［不同点］巴贝斯虫病的病原为巴贝斯虫，由蜱传播，腹泻。剖检可见淋巴结肿大，有出血点，胆囊肿大 3～4 倍。血检可见巴贝斯虫。

【防制】

1. 预防措施

（1）严格检疫隔离，严禁从疫区引进羊只，必要时引进的羊应隔离观察 1 个月，确认无病后才能混群。避免去低湿草地、死水塘、水田、淤泥沼等有水（如呈中性或微碱性则危险性更大）的地方和被带菌的鼠类、家畜的尿污染的草地放牧。发现病羊立即隔离，严防其尿液污染周围环境，并用 2％氢氧化钠液、10％～20％生石灰水、1％石炭酸、0.5％甲醛液等消毒。

（2）定期灭鼠　从事动物饲养、动物产品加工和兽医工作等的人员做好卫生防护工作，必要时接种人用钩端螺旋体多价疫苗。

（3）有条件的可接种钩端螺旋体菌苗或多价苗。

2. 发病后措施

治疗原则为早期诊断，抗菌消炎和对症治疗。

处方 1：青霉素 5 万～10 万单位/千克体重，链霉素 15～25 毫克/千克体重，注射用水 5～10 毫升，每日 2 次，连用 3～5 日。严重时全群注射。

处方 2：20％长效土霉素注射液 0.05～0.1 毫升/千克体重，肌内注射，每日或隔日 1 次，连用 3～5 次。严重时全群注射。

处方 3：

① 庆大霉素注射液 0.5 万单位/千克体重（或氨苄青霉素 50～100 毫克/千克体重），5％葡萄糖氯化钠注射液 500 毫升，10％安钠咖注射液

5～20 毫升；10% 葡萄糖注射液 500 毫升，维生素 C 注射液 0.5～1.5 克，依次静脉注射，每日 1 次，连用 3～5 日。

② 30% 安乃近注射液 3～10 毫升，肌内注射；或复方氨基比林注射液 5～10 毫升，皮下或肌内注射。

二十五、衣原体病

衣原体病是一种由衣原体引起的传染病，可使多种动物发病，人也有易感性。羊衣原体病的临床可表现为发热、流产、结膜炎和多发性关节炎等。

【病原】 羊衣原体病的主要病原为衣原体科衣原体属的鹦鹉热衣原体。鹦鹉热衣原体抵抗力不强，对热敏感，感染胚卵黄囊中的衣原体在 −20℃ 可保存数年。0.1% 福尔马林、0.5% 石炭酸、70% 酒精、3% 氢氧化钠液均能将其灭活。对四环素、红霉素等抗生素敏感，而对链霉素、磺胺类药物有抵抗力。

【流行病学】 羊衣原体性流产多呈地方性流行。密集饲养、营养缺乏、长途运输、寄生虫侵袭等可促进本病的发生和流行。患病动物和带菌者是本病的主要传染源。动物感染后可通过粪便、尿液、乳汁、泪液、鼻分泌物以及流产的胎儿、胎衣、羊水排出病原体，污染水源及环境，经消化道、呼吸道及眼结膜感染，也可通过生殖道感染，有人认为厩蝇、蜱等可传播本病。

【临床症状】

1. 流产型（地方流行性流产）

主要发生于牛、羊、猪。感染羊时，潜伏期 50～90 天，流产通常发生于妊娠的最后 1 个月，一般观察不到征兆，临诊表现主要为流产、死产或产弱羔。流产后往往胎衣滞留，流产羊阴道排出分泌物可达数日。有些病羊可因继发感染细菌性子宫内膜炎而死亡。羊群首次发生流产，流产率可达 20%～30%，以后则流产率下降。流产过的母羊一般不再发生流产。在本病流行的羊群中，可见公羊患有睾丸炎、附睾炎等疾病。

2. 结膜炎型（滤泡性结膜炎）

主要发生于绵羊，特别是肥育羔和哺乳羔。病羊一眼或双眼均可患病，眼结膜充血、水肿，大量流泪。病后 2～3 天，角膜发生不同程度的混浊，出现血管翳、糜烂、溃疡或穿孔。混浊和血管形成最先从角膜上缘开始，其后在其下缘也有发生，最后可扩展到角膜中心。数天后，在瞬膜、眼结膜上形成直径1～10毫米的淋巴样滤泡（滤泡性结膜炎）。病程6～10天，角膜溃疡者，病期可达数周。某些病羊可伴发关节炎，发生跛行。发病率高，一般不引起死亡。

3. 关节炎型（多发性关节炎）

主要发生于羔羊。羔羊病初体温升高达41～42℃，食欲废绝，掉群离群，肌肉僵硬，肢关节（尤其腕关节、跗关节）肿胀、疼痛，一肢或四肢跛行，之后病羔拱背站立或长期卧地，体重减轻，生长发育受阻。绝大多数羔羊同时发生滤泡性结膜炎。发病率高，病死率低，病程2～4周。

【病理变化】

1. 流产型

流产母羊胎膜水肿、增厚，子叶呈黑红色或土黄色，胎膜周围的渗出物呈棕色。流产胎儿水肿，腹腔积液，血管充血，皮肤、皮下组织、胸腺及淋巴结等处有点状出血，肝脏充血、肿胀，表面可能有针尖大小的灰白色病灶。

2. 结膜炎型

结膜充血、水肿。角膜发生水肿、糜烂和溃疡。瞬膜、眼结膜上可见大小不等的淋巴样滤泡。

3. 关节炎型

关节囊扩张，发生纤维素性滑膜炎。关节囊内积聚有炎性渗出物，滑膜附有疏松的纤维素性絮片，从纤维层到邻近的肌肉发生水肿、充血和小点状出血，关节软骨一般正常。患病数周的关节滑膜层由于绒毛样增生而变粗糙。两眼呈滤泡性结膜炎。肺脏有粉红色萎陷区和轻度的实变区。

【实验室检查】采集血液、脾脏、肺脏、关节液、流产胎儿及流产分泌物等作病料，涂片染色镜检查找病原，也可接种于5～7天的鸡胚卵黄囊或无特定病原的小鼠等，进行衣原体的分离鉴定。

【类症鉴别】

1. 衣原体病（关节炎型）与蓝舌病的鉴别

[相似点] 衣原体病（关节炎型）与蓝舌病均有传染性，体温高

（40.5～41.5℃），跛行。

［不同点］蓝舌病的病原为蓝舌病病毒，高温稽留 5～6 天。口腔糜烂，口舌黏膜充血、发绀、呈青紫色，流涎，唾液呈红色。鼻流分泌物，呼吸困难。有蹄叶炎、蹄冠炎，疼痛，膝行或卧地不动。

2. 衣原体病（关节炎型）与羊的化脓性多发性关节炎的鉴别

［相似点］衣原体病（关节炎型）与羊的化脓性多发性关节炎均有传染性，多个关节（膝跗肘）肿大，跛行。

［不同点］羊的化脓性多发性关节炎的病原为猪丹毒杆菌。多从断脐、断尾手术后 5～19 天发病，各关节病久才肿大。关节液涂片镜检可见猪丹毒杆菌。

3. 衣原体病（关节炎型）与风湿病的鉴别

［相似点］衣原体病（关节炎型）与风湿病均有关节僵硬、跛行，强迫运动时僵硬和跛行减轻或消失。

［不同点］风湿病多由受风寒潮湿发病，无传染性，关节无大量滑液，颈、背、腰肌肉发病时，触诊敏感，颈背腰僵硬不能弯曲。

4. 衣原体病（流产型）与边界病的鉴别

［相似点］衣原体病（流产型）与边界病均有传染性，孕羊流产有死胎。

［不同点］边界病的病原为边界病病毒。孕羊任何时候均可流产，有畸形胎（体小、脑积水）。

5. 衣原体病（流产型）与羊布鲁氏菌病的鉴别

［相似点］衣原体病（流产型）与羊布鲁氏菌病均有传染性，发热，流产，死胎（衣原体病的关节炎型均有多发性关节炎，眼型的有结膜炎，布鲁氏菌病也有）。

［不同点］羊布鲁氏菌病的病原为布鲁氏菌。流产前阴户流黄黏液，委顿，烦渴。胎衣呈黄色胶样浸润，覆有纤维蛋白或脓液，胎儿皮下出血性胶样浸润，浆膜腔有微红液，用补体结合反应和变态反应可确诊。

6. 衣原体病（流产型）与绵羊弯杆菌性流产的鉴别

［相似点］衣原体病（流产型）与绵羊弯杆菌性流产均有传染性，流产，胎儿水肿。

［**不同点**］绵羊弯杆菌性流产的病原为弯杆菌。通常预产前 4～6 周流产、子叶肿大和坏死，胎儿肝有坏死灶，真胃内容物涂片镜检可见弯杆菌。

7. 衣原体病（流产型）与绵羊沙门氏菌流产的鉴别

［**相似点**］衣原体病（流产型）与绵羊沙门氏菌流产均有传染性，孕羊流产。胎儿水肿，浆膜腔有液体。

［**不同点**］绵羊沙门氏菌流产的病原为沙门氏菌，多在预产期前 6 周流产，体温 40～41℃，步态僵硬，有的腹泻，胎儿肝、脾肿大、有坏死灶，浆膜、心外膜有小点出血。用荧光抗体检查可得初步结果。

8. 衣原体病（结膜炎型）与传染性眼炎的鉴别

［**相似点**］衣原体病（结膜炎型）与传染性眼炎均有结膜和角膜发炎，病羊结膜充血、流泪，角膜混浊、发炎、溃疡等。

［**不同点**］传染性眼炎的病原是科尔斯氏小体；夏季羊发病较多，各类羊都可发生，眼分泌黄白色水样或脓性分泌物，少数病羊甚至失明。衣原体病主要发生于绵羊，特别是肥育羔和哺乳羔；某些病羊可伴发关节炎，发生跛行。

9. 衣原体病（结膜炎型）与羊传染性无乳症的鉴别

［**相似点**］衣原体病（结膜炎型）与羊传染性无乳症均有传染性，羞明、流泪，角膜混浊，溃疡，穿孔，晶体脱落。

［**不同点**］羊传染性无乳症的病原为无乳支原体，常主要表现乳房肿胀、发热疼痛，乳汁变稠、味咸，酸乳状。

10. 衣原体病（结膜炎型）与绵羊吸吮线虫病的鉴别

［**相似点**］衣原体病（结膜炎型）与绵羊吸吮线虫病均有结膜、角膜发炎，羞明、流泪。

［**不同点**］绵羊吸吮线虫病病原是吸吮线虫，可见到虫体。

11. 衣原体病（结膜炎型）与结膜角膜炎的鉴别

［**相似点**］衣原体病（结膜炎型）与结膜角膜炎均有结膜潮红、角膜混浊、周围血晕，羞明、流泪。

［**不同点**］结膜角膜炎无传染性。

【**防制**】

1. 预防措施

禁止羊群与其他易感动物接触，严格检疫、隔离和消毒，消除各种诱发因素，防止寄生虫侵袭，增强羊群体质；流行本病的地区，每年定期用羊流产衣原体灭活疫苗对母羊和种公羊进行免疫接种，皮下注射 3 毫升，保护期在半年以上。

2. 发病后措施

发生本病时，流产母羊及其所产弱羔应及时隔离，排出的胎衣、死羔和污物等应予销毁。污染的环境用 2% 氢氧化钠液、2% 来苏尔溶液等进行彻底消毒。治疗原则为早期诊断，抗菌消炎和对症治疗。

处方 1：硫氰酸红霉素注射液 2 毫克/千克体重，肌内注射，每日 2 次，连用 3 日。

处方 2：盐酸多西环素注射液 1～3 毫克/千克体重，每日或隔日 1 次，连用 3 次。

处方 3：20% 长效土霉素注射液 0.05～0.1 毫升/千克体重，肌内注射，每日或隔日 1 次，连用 3～5 次。严重时全群注射。

处方 4：5% 氟本尼考注射液 5～20 毫克/千克体重，肌内注射，每日或隔日 1 次，连用 3 次。

处方 5：可配合处方 1～4；红霉素眼膏，涂于眼睑，每日 2～3 次。

处方 6：（流产型）

① 缩宫素注射液 5～10 单位，流产后皮下或肌内注射。

② 土霉素 0.5～1.0 克，生理盐水 5～10 毫升，子宫灌注，每日 1 次，连用 3 日。

③ 氧氟沙星注射液 2.5～5 毫克/千克体重，5% 葡萄糖氯化钠注射液 500 毫升，静脉注射，每日 1～2 次，连用 3 日。

④ 甲硝唑注射液 10～15 毫克/千克体重，静脉注射，每日 1 次，连用 3 日。

二十六、羊类鼻疽病

羊类鼻疽病是由类鼻疽杆菌引起的一种热带地区人畜共患的致死性传染病。受侵害器官发生化脓性炎症和特异性肉芽结节。

【病原】类鼻疽杆菌又名类鼻疽假单胞菌，有鞭毛、能运动，与鼻疽杆菌在抗原上有共同之处。在热带是土壤和水中常在菌，死水中阳性分离率更高。

【流行病学】本病主要经皮肤外伤、结膜和消化道感染，也可因吸入气溶胶经呼吸道感染，已知灵长类、山羊、绵羊、羚羊和其他多种动物和鼠类感染，鸟类也有感染报道。

【临床症状】体温升高，食欲减少或废绝。脓肿和结节如发生在肺，呼吸困难，咳嗽，消瘦。关节肿胀、跛行；如发生在脊椎、荐椎，则后躯麻痹、呈犬坐姿势，但无意识障碍；如在脑部，则出现神经症状；如在鼻黏膜，则流黏性脓性鼻液。睾丸、乳房也发生顽固性结节。

【病理变化】受害脏器有化脓结节、脓肿坏死灶，主要见于肺、肝、脾、淋巴结、肾、皮肤，在肌肉、骨骼、睾丸、前列腺、脑、心肌也可见到。

【类症鉴别】

1. 羊类鼻疽病与羊结核病的鉴别

［相似点］羊类鼻疽病与羊结核病均有传染性，体温升高（40～41℃），消瘦，咳嗽，流黏性鼻液，乳房有结节。剖检可见肺肝有脓性结节。

［不同点］羊结核病的病原为结核杆菌；后期贫血，乳房皮肤发黄，呼出气有臭味；剖检纵隔淋巴结前后连成长条，内有稠脓，胸水淡红色，用牛结核菌素点眼阳性反应。羊类鼻疽病腰椎、后躯麻痹，关节肿胀跛行；用我国最近研制的抗类鼻疽单克隆抗体做酶联免疫吸附试验可以鉴定。

2. 羊类鼻疽病与羊网尾线虫病的鉴别

［相似点］羊类鼻疽病与羊网尾线虫病均有传染性，呼吸困难，咳嗽，消瘦。

［不同点］羊网尾线虫病的病原为网尾线虫，有阵发性剧烈咳嗽。在鼻液和咳出的痰团内可见成虫、幼虫、虫卵。

3. 羊类鼻疽病与绵羊进行性肺炎的鉴别

［相似点］羊类鼻疽病与绵羊进行性肺炎均有消瘦，呼吸困难。

［不同点］绵羊进行性肺炎的病原为病毒，2 年以内的绵羊很少发生，最常见于 4 年以上绵羊。无咳嗽，有后躯麻痹，睾丸、乳房结节等症状。剖检可见肺膨大 2～3 倍，较正常坚实，但仍有弹性。晚期纵隔淋巴结水肿，肺泡和支气管周围有淋巴细胞积聚。

【防制】预防本病应做好灭鼠工作，加强饲草饲料和水的管理，同时经常定期消毒。用卡那霉素治疗有一定疗效。

二十七、羔羊双球菌肺炎

羔羊双球菌肺炎是由双球菌引起的传染病，以肺炎和关节发炎为特征。

【病原】 羔羊双球菌为革兰氏阳性双球菌。

【流行病学】 流行于1～20日龄羔羊。气候骤变和缺奶，使呼吸道双球菌毒力加强而发病。传染迅速，病死率高。

【临床症状】 最急性，腕、跗关节炎，显跛行，其他症状不明显，一昼即死亡。急性吃奶突减或废绝，体温40～42℃，流泪，委顿。腕跗关节增温，有触痛，跛行；寒战，磨牙；流稀薄或黏性鼻液；肺有湿啰音，肺泡音极弱，叩诊肺部有浊音，按压敏感；3～7天死亡。慢性症状与急性相同，肺听诊、叩诊无特征，有的山羊胸壁凹陷，后期头俯于地，喜卧湿处，回顾腹部，粪球干小，病程半月。

【病理变化】 皮下组织充血、出血，胸腔有深黄或微红渗出液，肋膜、心包纤维素粘连，心内外膜点状出血，心房也有出血点，心肌混浊上呼吸道卡他性炎、支气管淋巴结肿大，肺气肿，有灰色肝变区和出血斑。脾肿大灰白色，肝肿1倍以上，胆囊显著胀大，十二指肠黄色，黏膜脱落污红，浆膜也有出血。肠系膜和各部的淋巴结均严重出血。关节囊肥厚、滑液多、混有纤维素，关节腔有脓液，关节面有溃疡。

【类症鉴别】

1. 羔羊双球菌肺炎与羊巴氏杆菌病的鉴别

[相似点] 羔羊双球菌肺炎与羊巴氏杆菌病均有传染性，体温高（41～42℃），眼潮红流泪，流鼻液。剖检可见皮下有出血，胸腔有黄色液，肺有肝变出血点。

[不同点] 羊巴氏杆菌病的病原为巴氏杆菌，有咳嗽，腹泻粪含血，颈、胸下水肿；剖检可见肺瘀血，有豆大坏死灶，肝有坏死灶；渗出液涂片镜检可见两极着色的卵圆杆菌。羔羊双球菌肺炎肺有啰音，叩诊浊音；病变脏器、心血涂片镜检可见大量有荚膜的双球菌。

2. 羔羊双球菌肺炎与羊链球菌病的鉴别

[相似点] 羔羊双球菌肺炎与羊链球菌病均有传染性，体温高

（41℃以上），流泪，流鼻液，磨牙。

[**不同点**] 羊链球菌病的病原为链球菌。多发于成年羊，咽喉肿胀，颌下淋巴结肿大，流涎，运动失调，前冲后撞，全身肌肉触痛。公羊尿鞘积尿，母羊流产。剖检可见肺水肿、气肿。瓣胃内容物于如石灰。腕跗关节不出现肿胀、热痛，关节腔无纤维素、脓液，关节面溃疡。

【防制】

1. 预防措施

保持羊舍卫生干燥，在阴雨天尤要加强注意，对患子宫炎的母羊应检查有无双球菌，如有应进行隔离，非贵重品种以淘汰为好。对发病羊群新产的羔羊不应入群而应另行饲养。羔羊用新胂凡纳明 0.1～0.15 克，蒸馏水 5 毫升稀释缓慢静注，1 周后再注 1 次，可预防继续发病；或用免疫血清，每千克体重 1 毫升。

2. 发病后措施

处方 1：用新胂凡纳明 0.1～0.15 克静注，大多数羔羊 1 次即愈，必要时 48 小时再用 1 次。

处方 2：青霉素、链霉素、土霉素、磺胺甲基嘧啶连用 3～5 天均有效，磺胺药与抗生素药同时用更好。

处方 3：注射抗双球菌免疫血清。

二十八、羊土拉杆菌病

羊土拉杆菌病（土拉弗氏杆菌病、野兔热）是由土拉杆菌引起的传染病，是羔羊一种急性败血性疾病。主要表现为发热、肌肉僵硬、淋巴结肿大、脾和内脏的坏死变化。

【病原】土拉杆菌是一种多形态的细菌，在病畜血液内为球形，在培养中有球状、杆状、豆状、精虫状，一般为杆状。有时还有能通过细菌过滤器的小球体，无鞭毛，不能运动，不产生芽孢，不形成荚膜，革兰氏阴性，美蓝染色两极着色。

【流行病学】畜禽多种感染，洪水后能大流行，秋末冬初多发。蜱也可传播。

【临床症状】潜伏期 1～9 天。

绵羊体温 41.5～42.5℃（2～3 天后降至正常，后来又上升），委顿，反射机能降低，后肢软弱瘫痪，步态不稳。有的行动缓慢，行走头部高抬。体表淋巴结肿大。一般经 8～15 天痊愈，但体重减轻，皮毛质量降低。孕羊流产、死产或难产；羔羊贫血，腹泻，后肢麻痹，兴奋不安或昏睡。有蜱寄生在耳周、腹下。发病率 40%，病死率 38%，病程 5～10 天；山羊发病者少，症状与绵羊相似。

【病理变化】皮下和浆膜下组织有出血，淋巴结肿大，有时化脓。心内外膜有小出血点。山羊脾肿大，肝有坏死，心外膜和肾上腺有小点出血。

【类症鉴别】

1. 羊土拉杆菌病与羊病毒性关节炎-脑炎（脑脊髓炎型）的鉴别

［相似点］羊土拉杆菌病与羊病毒性关节炎-脑炎均有传染性，共济失调，肢有麻痹，体表淋巴结肿。

［不同点］羊病毒性关节炎-脑炎的病原为山羊关节炎-脑炎病毒；山羊易感，绵羊不感染；一肢或数肢麻痹，卧倒四肢划动；剖检可见脑白质有棕色区，琼脂扩散可确定感染动物。羊土拉杆菌病体温 41.5～42.5℃，孕羊流产，羔羊贫血，腹泻；将病畜血或淋巴结、肝、脾、肾涂片镜检可见土拉杆菌。

2. 羊土拉杆菌病与羊妊娠毒血症的鉴别

［相似点］羊土拉杆菌病与羊妊娠毒血症均有委顿，反射机能降低，步态摇晃，昏睡。

［不同点］羊妊娠毒血症怀孕后期发病，体温不高，排尿频繁，血检总蛋白少，血糖少，血酮增多，尿丙酮阳性。

3. 羊土拉杆菌病与生产瘫痪的鉴别

［相似点］羊土拉杆菌病与生产瘫痪均有步态不稳，后肢软弱瘫痪，反射机能降低。

［不同点］生产瘫痪无传染性，多在产后 1～3 天发生，体温不高，淋巴结不肿大。用钙剂及乳房送风即愈。

4. 羊土拉杆菌病与后躯麻痹的鉴别

［相似点］羊土拉杆菌病与后躯麻痹均有步态摇晃，后肢软弱瘫痪。

［不同点］后躯麻痹无传染性。发病常因断尾感染或雨淋、躺卧潮湿处。

【防制】防制措施注意饲养管理和清洁卫生，注意灭鼠和消灭吸血昆虫（尤其是蜱）。发现病羊立即隔离，并对羊舍、用具进行消毒，病死羊、鼠应消毒深埋。用土霉素（每千克体重 6～10 毫克）比青霉素、链霉素疗效更好。通过变态反应和凝集反应全部阴性时方可认为康复。

二十九、羊李氏杆菌病

羊李氏杆菌病（旋转病）是李氏杆菌引起的一种传染病，以脑膜炎、败血症、流产为特征。

【病原】病原为单核细胞增多性李氏杆菌，革兰氏阳性，不形成芽孢，能运动，呈球杆状。抹片单个散在或排成 V 形。

【流行病学】通过消化道、呼吸道、眼结膜及皮肤外伤感染，多散发，偶呈地方性流行。缺乏青饲料、天气骤变、有内寄生虫为诱因。

【临床症状】潜伏期 2～3 周。

绵羊病初体温 40.5～41℃，不久降至常温，行动迟缓，食减或废绝，咀嚼、吞咽困难，有颊一侧储留饲草。有的无目的地乱跑乱闯，或来回转圈，或侧头向一侧转。有的沉郁、呆立，低头耷耳。一侧或两侧流鼻液，眼球突出向一方斜视而不改变，终至视力消失；行动中遇障碍物而停止，颈项强硬，头颈向上角弓反张。后期卧地不起，昏迷，四肢划动。一般 3～7 天死亡，较大的羊可达 1～3 周。成年羊症状不明显，小羔羊常因急性败血症死亡。

可连续几年间在同一羊舍发生，发病率可达 30%，孕羊在产前 3 周流产，流产前无任何症状，胎衣可滞留 2～3 天而自行排出。山羊症状与绵羊相似。

【病理变化】有神经症状的羊，脑膜和脑充血、水肿，脑脊髓液浑浊，脑干变软，有小脓缝。败血时，支气管、肝门、肠系膜淋巴结增大、水肿，切面有出血点，肺水肿、充血。肝、脾和深层肌肉有小炎灶和小坏死灶，有瓣膜性心内膜炎。流产母羊子宫黏膜充血、广泛坏死。

【类症鉴别】

1. 羊李氏杆菌病与羊弓形虫病的鉴别

［相似点］羊李氏杆菌病与羊弓形虫病均有传染性，体温高（41.5℃），有神经症状，肌肉僵硬，流鼻液。成年羊不显症状，羔羊急性死亡。孕羊流产。

［不同点］羊弓形虫病的病原为弓形虫，剖检可见脑坏死灶外有

弓形虫。羊李氏杆菌病体温不久即下降，咀嚼、吞咽困难；病料涂片镜检可见革兰氏阳性呈 V 形排列的菌体。

2. 羊李氏杆菌病与羊妊娠毒血症的鉴别

［相似点］羊李氏杆菌病与羊妊娠毒血症均有减食或废食、视力减退、意识障碍、卧地四肢划动等症状。剖检可见肝有小坏死点。

［不同点］羊妊娠毒血症妊娠后期发病，多营养不良，无传染性。血检总蛋白和血糖少，血酮增多，尿丙酮阳性。

3. 羊李氏杆菌病与心水痛的鉴别

［相似点］羊李氏杆菌病与心水痛均有传染性，体温高（41～42℃），转圈。

［不同点］心水痛的病原为反刍兽立克次氏体。急性阵发性痉挛，易死亡。亚急性频繁咀嚼，眼睑震颤。剖检可见心包、胸腹腔积水，心肌混浊、肿胀、心内外膜出血，肺水肿。血管内皮细胞可发现立克次氏小集落。

4. 羊李氏杆菌病与脑软化的鉴别

［相似点］羊李氏杆菌病与脑软化均有转圈，角弓反张，吞咽困难，视力消失，卧地四肢划动。剖检可见脑有软化。

［不同点］脑软化无传染性，体温不高，剖检脑多为一侧软化，镜检无 V 字细菌。

5. 羊李氏杆菌病与水蓬中毒的鉴别

［相似点］羊李氏杆菌病与水蓬中毒均有转圈，头歪向一侧，四肢乱动。

［不同点］水蓬中毒因吃水蓬而发病。最急性 4～5 小时即死。突发抽搐、颤抖，有的大量流涎，体温不高。

【防制】没有满意的菌苗可供预防接种。在羊舍附近应灭鼠，并消灭羊体外寄生虫。不从病区引进羊。发现病羊即行隔离，并将羊舍、用具进行消毒。本病的治疗还没有十分有效的方法。对受威胁的羊群，按每千克体重用土霉素 20～30 毫克，12 小时 1 次，添加到饲料和饮水中，连用 5～7 天，可使发病率降低。或用 10％磺胺嘧啶钠 20 毫升（成羊）肌内注射，12 小时 1 次，连用 3 天，或用 0.1％高锰酸钾液饮羊 20 余天，可控制羊只感染。发病后药物治疗。

处方 1：用氨苄青霉素、链霉素、土霉素、金霉素。如用土霉素，每千克体重 25～30 毫克，肌内注射，12 小时 1 次，直至痊愈。

处方 2：用磺胺嘧啶 10 克、安钠咖 2 克，分 3 次服用，连用 5～7 日。

处方 3：用樟脑磺酸钠 2～4 毫升、维生素 C 2～4 毫升、复合维生素 E 2～4 毫升，肌内注射，12 小时 1 次。

三十、羊狂犬病

羊狂犬病（恐水病，俗称疯狗病）是由一种嗜神经病毒（狂犬病病毒）引起的急性接触性传染病，以极度兴奋而狂暴和意识丧失，最后全身麻痹而死亡为特征。

【病原】狂犬病病毒呈枪弹形或试管形，在动物体内主要存在于中枢神经组织、唾液腺和唾液内，在海马角、大脑皮层、小脑细胞的胞浆内形成狂犬病特异的包涵体（叫内基氏小体）。

【流行病学】人和各种畜禽均易感，通过咬伤传播。

【临床症状】潜伏期 3～8 周，长者 1～2 年。被患狂犬病的犬、狼、狐咬伤后，食欲正常，发病时兴奋期较牛短。常舔咬受伤部位，卧立不安，不断咩叫，频频顿足，暴躁攻击人或动物（见人顶人、见羊顶羊），性欲亢进，公母羊互相爬跨，母羊阴户红肿、湿润。异食严重，吃羊粪、砂石。上下唇不断活动，唾液分泌增加。病的末期发生麻痹。绵羊 3～6 天、山羊 10 天内死亡。

【病理变化】尸体无特殊变化。口腔、咽喉黏膜充血、糜烂，胃内空虚或有异物（砂石、木片），胃肠黏膜充血、出血，硬脑膜充血。

【类症鉴别】
羊狂犬病与绵羊伪狂犬病的鉴别

［相似点］羊狂犬病与绵羊伪狂犬病均有传染性，不断咩叫，精神兴奋，口流黏液。

［不同点］绵羊伪狂犬病的病原为伪狂犬病病毒，目光呆滞，啃咬，肢抓擦痒，鼻流泡沫液。用脑组织制成悬液接种于家兔皮下，20～36 小时后注射部位出现剧痒。

【防制】目前无特殊的治疗药物。如发现羊被狂犬病的动物咬伤，首先使伤口流大量血，并用 5％碘酒、3％石炭酸或烙铁烧伤口，并迅速在 24 小时内用狂犬病疫苗进行紧急预防接种，使被咬伤的羊在潜伏期内产生自动免疫而免予发病。如已发病立即扑杀。

三十一、传染性关节炎

羔羊和仔羊因感染细菌而发生的关节炎，以关节肿大、疼痛、跛行为特征。

【病因】由葡萄球菌或其他化脓菌在消毒不严的情况下，通过阉割、断尾、剪号、断脐而感染；红斑丹毒丝菌则可由消化道侵入，褥草潮湿霉烂而易于发生本病。

【临床症状】关节肿大，僵硬疼痛，不能支持体重。跛行，突然倒地，咩叫。喜卧，仔山羊常挤一团。消化、呼吸、泌尿常表现紊乱。

【病理变化】关节腔、腱鞘含有大量液体（有时化脓），关节面有溃疡。若是化脓性病例，肝、肾、肺可发现脓肿。

【类症鉴别】

1. 传染性关节炎与羔羊非化脓性多发性关节炎的鉴别

［相似点］传染性关节炎与羔羊非化脓性多发性关节炎均有关节肿大、热痛，跛行。

［不同点］羔羊非化脓性多发性关节炎的病原为猪丹毒杆菌。大部分2～3周康复，生长受阻。关节液或血液涂片镜检可见猪丹毒杆菌。

2. 传染性关节炎与营养性关节炎的鉴别

［相似点］传染性关节炎与营养性关节炎均有关节肿大、僵硬，跛行。

［不同点］营养性关节炎的病因是关节增生钙化，多发于年龄较大的母羊和青年公羊，关节周围储存钙，按捏无热无痛（因补钙过多不可逆）。

【防制】

1. 预防措施

羊舍保持干燥清洁，褥草出现潮湿霉变时要立即更换。羔羊断脐、断尾、阉割及皮肤创伤应严格消毒，防止细菌感染。

2. 发病后措施

处方：

① 青霉素（40万～80万单位）或磺胺类药物，每千克体重50毫克

肌注,12 小时 1 次。

② 关节用 10% 樟脑酒精,5% 碘酒等量混合后涂擦,每天 1～2 次。关节液多时,用消毒针头刺入排出液体,随即用青霉素 40 万单位(先用 1 毫升蒸馏水稀释)加 2% 普鲁卡因 1 毫升注入关节腔。隔天 1 次。

③ 哺乳羔羊也可用醋酸泼尼松、复合维生素 B、维生素 C 各 2 片,12 小时 1 次,混于乳中灌服,连用 5～7 天。

三十二、腐蹄病

腐蹄病是趾(指)间隙皮肤及皮下组织的急性或亚急性炎症,是反刍兽的常发蹄病,也称趾间腐烂。本病以蹄角质腐败、趾间皮肤和组织腐败、化脓为特征,病原菌为结节状梭菌和坏死厌氧丝杆菌等。本病多见于低湿地带和湿热多雨季节。

【病因】饲养管理差,在炎热雨季,圈舍潮湿泥泞,蹄部受粪尿浸渍,护蹄不当,草料中钙、磷比例不平衡,致使蹄角质疏松、弹性降低,引起龟裂、发炎。或先天性蹄角质软弱,蹄部被石子、铁器、玻璃等刺伤,感染病菌发病。

【临床症状】病羊跛行,喜卧怕立,行走困难。病初精神沉郁,体温升高,食欲减退或废绝,轻度跛行,多为一蹄患病。随着病程的发展,跛行加重。若两前肢患病,病羊常跪地或爬行,后肢患病时,常见病肢伸到腹下,蹄壳腐烂变形时,卧地不起,久卧不起易发生褥疮。多数病羊跛行达数十天甚至几个月,逐渐消瘦,不及时治疗可引起败血症。

【蹄部检查】蹄部发热、肿大、敏感疼痛,趾(指)间隙皮肤充血、肿胀及溃烂,并有恶臭的分泌物排出,可以蔓延至蹄冠、蹄后部和系部,亦可侵害腱、韧带、关节,使其发生化脓性炎症。有时蹄底溃烂,形成小孔或大洞,内充满污灰色或黑褐色的坏死组织及恶臭脓汁,以至导致蹄壳脱落,最后可引起蹄畸形和继发脓毒败血症。

【类症鉴别】

1. 腐蹄病与口蹄疫的鉴别

[相似点]腐蹄病与口蹄疫均有传染性,跛行,口鼻有水疱,病变。

[不同点]口蹄疫的病原为口蹄疫病毒,传染速度快,蹄趾间水

裂后成溃疡，蹄不腐烂，不流恶臭液。

2. 腐蹄病与绵羊红蹄病的鉴别

［**相似点**］腐蹄病与绵羊红蹄病均有跛行，蹄壳敏感，口有溃疡。

［**不同点**］绵羊红蹄病病原尚不清楚。多发于新生羔羊，蹄壳变松或脱落，痛苦爬行，不能吃奶而饿死。

3. 腐蹄病与绵羊趾间皮炎的鉴别

［**相似点**］腐蹄病与绵羊趾间皮炎均有跛行，趾间发红。

［**不同点**］绵羊趾间皮炎病原尚不清楚。趾间皮肤发红、潮湿、疼痛，即使有溃疡也无臭。

4. 腐蹄病与蹄叶炎的鉴别

［**相似点**］腐蹄病与蹄叶炎患肢不能负重，跛行，蹄部热痛。

［**不同点**］蹄叶炎多因吃精料多而发病，蹄壳敏感而不腐烂。

【防制】

1. 预防措施

（1）加强饲养管理，备足草料，改善营养，圈舍地面硬化，保持干燥卫生，定期消毒，尽量减少和避免在低湿地带放牧。

（2）加强蹄部护理，经常检查和修理羊蹄，及时处理蹄部外伤。

（3）药物预防。在多雨潮湿季节或发病时，全群定期用10%硫酸铜溶液或10%福尔马林进行浴蹄。

2. 发病后措施

治疗原则是修蹄排污，杀菌消炎。

处方1：轻症。

① 3%双氧水或0.2%高锰酸钾溶液500毫升，冲洗患蹄。

② 10%硫酸铜溶液或10%硫酸锌溶液、10%福尔马林500毫升，浴蹄，之后包扎。

处方2：重症。

① 蹄叉腐烂、蹄底出现小洞，并有脓汁和坏死组织渗出时，先用消毒剂将蹄洗净擦干，5%碘酊消毒后，用小刀或锐匙，由外向内将坏死组织和脓汁彻底清除，再灌注5%碘酊消毒，撒入土霉素粉或碘仿磺胺粉、四环素粉，外用福尔马林松馏油（1：4）棉塞填塞，包扎蹄绷带。最后用棕片或帆布片包住整个蹄，在系部用细绳捆紧，一般2～3天换药一次。

② 青霉素 5 万～10 万单位/千克体重，链霉素 10～15 毫克/千克体重，30％安乃近注射液 3～10 毫升，注射用水 10 毫升，肌内注射，每日 1 次，连用 2～3 日。

③ 10％甲硝唑注射液 10 毫克/千克体重，静脉注射，每日 1 次，连用 3 日。

处方 3：1％高锰酸钾液、3％双氧水、1％新洁尔灭、2％来苏尔液清洗患部，并除去坏死组织，涂松馏油。如有脓肿，切开排脓，填以碘仿鱼肝油（1:10）纱布，隔天一换。如肉芽过度增长，用硝酸银涂布，再涂碘仿鱼肝油。如有全身症状，用青霉素或磺胺类药肌注。同时用樟脑磺酸钠、维生素 C、复合维生素 B 皮注。

处方 4：

① 桃花散。陈石灰 500 克、大黄 250 克，先将大黄加水一碗煮沸 10 分钟，再加陈石灰搅匀炒干，除去大黄，研细撒布患部，有生肌、散血、消肿、定痛之效。

② 龙骨散。龙骨、枯矾各 30 克，乳香 24 克、乌贼骨 15 克共研细末撒用，有止痛、去毒、生肌之效。

三十三、传染性无乳症

传染性无乳症是由于感染无乳支原体引起的无乳症，泌乳羊患病时乳汁改变或完全停止。

【病原】无乳支原体经一昼夜培养在染色涂片可见，呈小杆状或卵圆形，有的呈小链状。

【流行病学】病羊或病愈不久的羊能长期带菌。乳、脓、泪、粪、尿均排病原体，经消化道、创伤、乳腺传染。

【临床症状】潜伏期 12～60 天。

1. 乳房炎型

乳房稍肿大、热痛，乳房上淋巴结肿胀，乳头基部有硬结，乳量逐渐减少，乳汁变稠、有咸味，带凝乳块水样液，以后乳腺逐渐萎缩，泌乳停止。感染乳成脓液。

2. 关节炎型

乳房发炎 2～3 周，腕跗关节热痛，2～3 天后肿胀、屈伸疼痛和紧张性加剧，跛行。关节囊发炎时，肿胀更大有波动，甚至化脓。

肘、髋关节少发病。

3. 眼型

初流泪、羞明和结膜炎，2～3天后角膜混浊、溃疡，穿孔，愈合后留白瘢。

【病理变化】乳房断面呈大理石状多室性腔状，内有白或绿色凝乳样物，实质内分布有豌豆大结节，挤压流出酸乳样物质。关节腔有浆性纤维性渗出物，关节囊壁、关节面充血。眼前房有胶样凝块。

诊断要点：乳房发炎、热痛，乳头基部有硬结，乳房上淋巴结肿大，乳汁逐渐减少、变稠、有咸味，水样有凝块甚至脓汁，并伴发腕跗关节炎、角膜炎。用培养物涂片镜检可见大量杆状或卵圆形微生物。

【类症鉴别】

1. 传染性无乳症与无乳及泌乳不足的鉴别

［相似点］传染性无乳症与无乳及泌乳不足均有泌乳减少。

［不同点］无乳及泌乳不足因营养不足而发病，关节、眼无病象。

2. 传染性无乳症与乳房炎的鉴别

［相似点］传染性无乳症与乳房炎均有乳房红肿、热痛，乳变质。

［不同点］乳房炎无传染性，乳汁含絮片或脓汁或血液，不变咸，不发生关节炎和眼炎。

3. 传染性无乳症与山羊病毒性关节炎-脑类的鉴别

［相似点］传染性无乳症与山羊病毒性关节炎-脑类均有传染性，腕跗关节肿胀、热痛，跛行，哺乳母羊发生乳房炎。

［不同点］山羊病毒性关节炎-脑类的病原为山羊关节炎脑炎病毒，绵羊不感染，乳房间质发炎，有坏死灶，琼脂扩散可鉴定。

4. 传染性无乳症与传染性结膜角膜炎的鉴别

［相似点］传染性无乳症与传染性结膜角膜炎均有传染性，流泪，羞明，角膜混浊、溃疡穿孔。

［不同点］传染性结膜角膜炎的病原为结膜立克次体或结膜支原体（盛支原体）、细菌或三者联合引起。乳房不发生炎症，关节不发炎。

【防制】

1. 预防措施

搞好羊舍清洁卫生，当挤羊奶时挤乳人员的手和羊的乳头要消毒。注射氢氧化铝疫苗可获良好预防效果。不从疫区引进羊，驱赶羊群不经过病区而绕道。

2. 发病后措施

发现病羊时剔除隔羊，另换牧场和羊舍。病羊舍、用具应立即进行消毒。被迫屠杀的羊，经无害处理后方可利用。羊皮用 10% 新鲜石灰水消毒，至拉走最后一头病羊经 60 天并消毒后，才准解除牧场限制。对病羊抓紧治疗。

处方 1：红色素注射液 10～20 毫升、20% 乌洛托品 10～20 毫升，或 10% 水杨酸钠 10～30 毫升、20% 乌洛托品 10～20 毫升静注，均可获得可靠效果。

处方 2：关节炎用碘软膏或鱼石脂软涂布，涂前先擦碘酒。

处方 3：角膜炎用 3% 硼酸液冲洗后点四环素软膏，或用青霉素 100 万单位（蒸馏水 3 毫升稀释），病毒唑 1 毫升、地塞米松 0.5 毫升、2% 普鲁卡因 1 毫升混合后点眼，2 小时 1 次。

第二章　羊寄生虫病的鉴别诊断与防治

一、捻转血矛线虫病

捻转血矛线虫病又称捻转胃虫病，是由毛圆科血矛线虫属的捻转血矛线虫寄生于反刍兽皱胃和小肠引起的疾病。其临床特征为放牧掉队，食欲减退，异嗜，贫血，衰弱，消瘦，下颌或颜面水肿，便秘或腹泻，肥壮羔羊常因极度贫血而突然死亡。多发生于放牧羊群，超载牧地和炎热多雨季节。本病常导致羊群发生持续感染，给养羊业带来致命打击。

【病原及生活史】病原为毛圆科血矛线虫属的捻转血矛线虫，虫体呈毛发状，因吸血使虫体显现淡红色。雄虫长 15～19 毫米，淡红色，交合伞发达，背肋呈"人"字形。雌虫长 27～30 毫米，因白色的生殖器官环绕于红色含血的肠道周围，形成红白线条相间外观，故称捻转血矛线虫。虫卵呈灰白色，椭圆形，卵壳壁薄而光滑。

成虫寄生于皱胃，偶见小肠。雌虫每日可排卵 5000～10000 个，虫卵随粪便排出体外，在适宜的环境下（一定湿度，温度如 21.7℃ 需 5～8 天，37℃需 3～4 天）发育为感染性幼虫（即第三期幼虫，外被囊鞘，长 0.65～0.75 毫米，口囊呈球形，畏惧强烈阳光，有趋弱光性），常在清晨、傍晚或阴天爬上草叶、草茎或附着于露水中，其后被羊摄食，在瘤胃中脱掉囊鞘，到达皱胃钻入黏膜，开始摄食，感染后 36 小时，蜕皮形成第四期幼虫，并返回黏膜表面，之后出现口囊，并吸附于皱胃黏膜上，感染后 18 天，发育为成虫，游离在皱胃腔中，通过吸血引起患畜贫血和胃肠黏膜炎症病变，感染后 18～21 天，宿主粪便中出现虫卵，感染后 25～35 天，达到产卵高峰。成虫寿命不超过 1 年。

【流行病学】多发生于炎热多雨季节，超载牧地，未驱虫或驱虫程序不科学的放牧羊群。

【临床症状】急性是以肥壮羔羊短时间内发生高度贫血，突然大批死亡为特征；亚急性多发生于羔羊、妊娠和哺乳母羊，病羊放牧掉队，食欲减退或废绝、异嗜，皮肤、黏膜和结膜苍白，衰弱，逐渐消瘦，绵羊尾巴缩小，被毛粗乱无光，下颌或颜面水肿，甚至卧地不起，先便秘，粪便粗糙，硬度增加，有时被覆黏液或带有血丝，之后发生腹泻，脱水，甚至死亡；慢性型病羊症状不明显，主要表现精神不振，食欲下降，异嗜，消瘦，贫血，被毛粗乱，体温一般正常，便秘和腹泻交替发生。

【病理变化】剖检病羊尸体营养良好（急性型）或消瘦（亚急性或慢性），皮肤、皮下及肌肉苍白，血液稀薄，颜色为淡红色，不易凝固。心包积水，腹腔内有腹水，胃肠道内容物很少。皱胃内有大量淡红色或红白相间的毛发状线虫，长度为 15～30 毫米，吸着在胃黏膜上或游离于胃内容物中，还会慢慢蠕动。皱胃黏膜水肿，有严重的大面积出血症状（多为出血点）。

【虫卵检查】用粪便直接涂片法或饱和食盐水漂浮法检查粪便中的虫卵。如发现多量灰白色、椭圆形、卵壳壁薄而光滑、内含 16～32 个胚细胞的虫卵，即可做出初步诊断。

（1）粪便直接涂片法　在载玻片上滴少量蒸馏水或 50％甘油水，用镊子取少量粪便搅碎与其混合，并除粗粪渣，薄薄摊匀，加上盖玻片在显微镜下检查虫卵。每个粪样抹 3～5 个片观察。此法操作简便，但检出率较低，用于临床诊断。

（2）饱和食盐水漂浮法　取 5 克左右粪便置于 100 毫升烧杯中，加入少量饱和盐水搅拌混匀后，继续加入 10 倍的饱和盐水，用玻棒搅拌均匀后，用粪网筛过滤，除去粪渣，将滤出的粪液倒入青霉素瓶中，并使液面稍突出瓶口，用载玻片盖在瓶口上，并与液面接触，静置 30 分钟，迅速取下载玻片，加盖玻片，镜检观察。该法检出率高，可用来计算寄生虫的感染率。

【类症鉴别】

1. 捻转血矛线虫病与片形吸虫病的鉴别

［相似点］捻转血矛线虫病与片形吸虫病均有感染性，结膜苍白，消瘦，贫血，下痢与便秘交替发生，下颌、腹下水肿，粪检有虫卵。

［不同点］片形吸虫病的病原为片形吸虫，吃了水草囊蚴而发病。剖检可见胆管有虫体；捻转血矛线虫病剖检可见皱胃内有缠绕成麻花状的红色虫体。

2. 捻转血矛线虫病与双腔吸虫病的鉴别

［相似点］捻转血矛线虫病与双腔吸虫病均有感染性，消瘦，贫血，颌下水肿，牧场易发病，粪检有虫卵。

［不同点］双腔吸虫病的病原为双腔吸虫，吃了有尾蚴的蚂蚁而发病。黏膜黄染，将肝在水中撕碎、连续洗涤可见虫体。

3. 捻转血矛线虫病与鸟毕吸虫病的鉴别

［相似点］捻转血矛线虫病与鸟毕吸虫病均有感染性，羊饮有毛蚴的水或通过皮肤感染。体质消瘦，可视黏膜苍白，略有黄染，母羊不孕，孕羊流产。下颌水肿，死前卧地不起。

［不同点］鸟毕吸虫病的病羊表现下腹下有不同程度的水肿，腹围肿大，消化不良，排稀或下痢，流口水等，剖检可见肠系膜、大网膜胶样浸润，肝有坏死结节；肠壁肥厚，表面粗糙不平，切面有棕黄色或黄褐色结节，黏膜增厚并有溃疡，肠系膜血管内有大量虫体；肺充血，表面有陈旧性出血灶，其他脏器无明显变化。捻转血矛线虫病颜面水肿，先便秘，粪便粗糙，硬度增加，之后发生腹泻，脱水；皱胃内有大量淡红色或红白相间的毛发状线虫，长度为 15～30 毫米，吸着在胃黏膜上或游离于胃内容物中，还会慢慢蠕动；皱胃黏膜水肿，有严重的大面积出血症状（多为出血点）。

4. 捻转血矛线虫病与食道口线虫病的鉴别

［相似点］捻转血矛线虫病与食道口线虫病均有感染性，直接吞入幼虫发病，消瘦，贫血，下痢或下痢与便秘交替发生，下颌水肿，粪检有虫卵。

［不同点］食道口线虫病的病原为食道口线虫。剖检可见大肠、小肠有结节（有的有脓汁，有的钙化），小肠有虫体。

5. 捻转血矛线虫病与莫尼茨绦虫病的鉴别

［相似点］捻转血矛线虫病与莫尼茨绦虫病均有感染性，消瘦，贫血，下痢。

［不同点］莫尼茨绦虫病的病原为莫尼茨绦虫，因吃地螨而感染，有神经症状，粪中有孕节片，剖检可见小肠有虫体。

6. 捻转血矛线虫病与仰口线虫病的鉴别

［相似点］捻转血矛线虫病与仰口线虫病均有感染性，消瘦，贫血，颌下水肿，粪检有虫卵，摄入感染性幼虫而发病。

［不同点］仰口线虫病的病原为仰口线虫，后躯软弱、麻痹，顽固性下痢粪带黑色。剖检可见肝呈淡灰色，肾呈棕色，十二指肠、空肠有大量虫体和血色液体。

7. 捻转血矛线虫病与夏伯特线虫病的鉴别

［相似点］捻转血矛线虫病与夏伯特线虫病均有感染性，消瘦，贫血，下痢，下颌水肿，粪检有虫卵。

［不同点］夏伯特线虫病的病原为夏伯特线虫，直接摄入线虫而发病。粪有黏液和血液，剖检可见肠黏膜有出血点，肠内有大量黏液和虫蚀。

【防制】

1. 预防措施

（1）坚持定期驱虫　选择低毒、高效、广谱的药物给羊群进行预防性驱虫。建议进行"虫体成熟期前驱虫"或"秋冬季驱虫"，驱虫前要做小群试验，再进行全群驱虫。科学选择和轮换使用抗寄生虫药物，尽量推迟或消除寄生虫抗药性的产生。

目前多采用春秋两次或每年三次驱虫（多数地区效果不佳），也可依据化验结果确定。对外地引进的羊必须驱虫后再合群。放牧羊群在秋季或入冬、开春和春季放牧后4～5周各驱虫一次，炎热多雨季节可适当增加驱虫次数，一般2个月一次，如牧地过度放牧，超载严重，捻转血矛线虫发生持续感染，建议1个月驱虫一次，或投服抗寄生虫缓释药弹（丸）进行控制。羔羊在2月龄进行首次驱虫，母羊在接近分娩时进行产前驱虫，寄生虫污染严重地区在母羊产后3～4周再驱虫一次。

（2）加强饲养管理　备足全年草料，合理补充精料，实行圈养，增强抗病力，注意放牧和饮水卫生，应尽量不在潮湿低凹地点放牧，也不要在清晨、傍晚或雨后放牧，避免吃露水草，尽量避开幼虫活动的时间，减少感染机会。

（3）加强粪便管理　驱虫应在有隔离条件的场所进行，驱虫后排出的粪便应统一集中，用"生物热发酵法"进行无害化处理。日常的粪便也应进行生物热处理，消灭虫卵和幼虫。

2. 发病后措施

治疗原则为积极驱虫，对症治疗。

处方 1：盐酸左旋咪唑注射液 5～6 毫克/千克体重，全群皮下注射，或盐酸左旋咪唑片 8 毫克/千克体重，双羟萘酸噻吩嘧啶片 25～40 毫克/千克体重，全群内服。

处方 2：伊维菌素注射液 0.2 毫克/千克体重，全群皮下注射，或伊维菌素预混剂 0.2 毫克/千克体重，全群内服，泌乳母羊慎用。

处方 3：

① 丙硫苯咪唑片（即阿苯达唑、抗蠕敏）5～15 毫克/千克体重，全群内服，母羊妊娠前期禁用，或丙氧苯咪唑片 10 毫克/千克体重，芬苯达唑片（苯硫苯咪唑）20 毫克/千克体重，全群内服。

② 10%葡萄糖注射液 100～500 毫升，维生素 C 注射液 0.5～1.5 克，10%安钠咖注射液 10 毫升，静脉注射，每日 1～2 次，连用 3～5 日。

③ 丙二醇或甘油 20～30 毫升，维生素 D_2 磷酸氢钙片 30～60 片，干酵母片 30～60 克，西咪替丁片 5～10 毫克/千克体重，加水灌服，每日 2 次，连用 3～5 日。

④ 维生素 B_{12} 注射液 0.3～0.4 毫克，肌内注射，每日 1 次，连用 3～5 日（实践检验效果良好）。

处方 4：鹤虱 30 克，使君子 30 克，槟榔 30 克，芜荑 30 克，雷丸 30 克，绵马贯众 60 克，干姜（炒）15 克，附子（制）15 克，乌梅 30 克，诃子 30 克，大黄 30 克，百部 30 克，木香 15 克，榧子 30 克，共末（驱虫散），每次 30～60 克，开水冲候温灌服。

二、食道口线虫病

食道口线虫病是由毛线科食道口属多种线虫的幼虫和成虫寄生于

肠壁和肠腔引起的疾病。有些食道口线虫的幼虫阶段可使肠壁发生结节，故又称结节虫病。其临床特征为持续性腹泻，粪便呈暗绿色，含有黏液或血液，不同程度消瘦和下颌水肿。此病在我国各地的羊、牛中普遍存在，并常引起发病。

【病原及生活史】

病原为毛线科食道口属的哥伦比亚食道口线虫、微管食道口线虫、粗纹食道口线虫和甘肃食道口线虫。

成虫寄生于结肠，虫卵随粪便排出体外，在适宜条件下（25～27℃），约经 10～17 小时孵出第一期幼虫，经 7～8 天蜕化 2 次变为第三期幼虫（即感染性幼虫）。羊摄入被感染性幼虫污染的青草和饮水而感染，感染后 12 小时，可在皱胃、十二指肠和大结肠的内腔中见到很多幼虫，并已脱壳；感染后 36 小时，大部分幼虫已钻入结肠和大肠固有膜的深处；到第 3、第 4 天，大部分幼虫导致肠壁形成包囊，囊为卵圆形，幼虫并在囊内进行第 3 次蜕化，此时，囊的外形为一种肉眼可见的白色颗粒状结节；第 6～8 天，大部分幼虫从结节内返回肠腔，并在肠腔发育，之后依次发育为第四期幼虫、第五期幼虫和成虫，到第 41 天雌虫产卵。有些幼虫可能移行到腹腔，并生活数日，但不能继续发育。

【流行病学】 主要侵害羔羊，多发于春、秋季节（气温低于 9℃时虫卵不发育，35℃以上时所有幼虫迅速死亡）和没有进行驱虫的放牧羊群。

【临床症状】 轻度感染不显症状；重度感染，特别是羔羊，可引起典型的顽固性下痢（在感染后第 6 天开始腹泻），粪便呈暗绿色，含有许多黏液，有时带血，病羊拱腰，后肢僵直有腹痛感。严重时可因机体脱水、消瘦、衰竭死亡；慢性病例是便秘与腹泻交替发生，进行性消瘦，下颌水肿，最后虚脱死亡。

【病理变化】 主要表现为结肠的结节性病变和炎症。幼虫阶段在肠壁上形成结节（微管食道口线虫的幼虫不在肠壁上产生结节），结节在浆膜面破溃时引起腹膜炎，在黏膜面破溃时引起溃疡性和化脓性结肠炎，某些结节可发生钙化变硬。成虫吸附在黏膜上虽不吸血，但分泌有毒物质加剧结节性肠炎的发生，毒素还可以引起造血组织某种程度的萎缩，因而导致红细胞减少、血红蛋白下降和贫血。

【实验室检验】通过虫卵检查法，如粪便直接涂片法、饱和食盐水漂浮法和改良斯陶耳氏虫卵计数法，可以进行初步了解消化道线虫感染的情况，但不能确诊。

【类症鉴别】

1. 食道口线虫病与片形吸虫病的鉴别

［相似点］食道口线虫病与片形吸虫病均有传染性，消瘦，下痢或下痢与便秘交替发生，粪检有虫卵。

［不同点］片形吸虫病的病原为片形吸虫，吃了有囊蚴的水草而发病，下颌、胸腹下水肿；剖检可见胆管有虫体。食道口线虫病剖检可见大肠、小肠有结节（有的含脓液，有的钙化），肠内有虫体。

2. 食道口线虫病与阔盘吸虫病的鉴别

［相似点］食道口线虫病与阔盘吸虫病均有传染性，下痢，消瘦，粪检有虫体。

［不同点］阔盘吸虫病的病原为阔盘吸虫，通过蜗牛、蠡斯两个中间宿主而感染，剖检可见胰管有虫体。

3. 食道口线虫病与双腔吸虫病的鉴别

［相似点］食道口线虫病与双腔吸虫病均有感染性，贫血，下痢，消瘦，水肿。粪检有虫卵。

［不同点］双腔吸虫病的病原为双腔吸虫。第一中间宿主为蜗牛，第二中间宿主为蚂蚁。可见黏膜黄疸。剖检可见肝肿大变硬，胆管发炎增生，将肝在水中撕碎、连续洗涤，可见虫体。

4. 食道口线虫病与鸟毕吸虫病的鉴别

［相似点］食道口线虫病与鸟毕吸虫病均有感染性，消瘦，贫血，下颌水肿。

［不同点］鸟毕吸虫病的病原为鸟毕吸虫，中间宿主为椎实螺，通过饮水和皮肤感染，有黄疸，粪检难见虫卵，母羊不孕，孕羊流产。剖检可见有大量腹水，肠系膜有胶样浸润。皮内变态反应有助诊断，肠系膜静脉有成虫。

5. 食道口线虫病与莫尼茨绦虫病的鉴别

［相似点］食道口线虫病与莫尼茨绦虫病均有感染性，贫血，消瘦，下痢。

[不同点] 莫尼茨绦虫病的病原为莫尼茨绦虫，有磨牙等神经症状，粪检有孕节片，剖检可见小肠有绦虫。

6. 食道口线虫病与捻转血矛线虫的鉴别

[相似点] 食道口线虫病与捻转血矛线虫均有感染性，直接摄入幼虫而发病，消瘦，贫血，下痢，或下痢与便秘交替发生。下颌水肿。粪检有虫卵。

[不同点] 捻转血矛线虫的病原为捻转血矛线虫，肥羔急性突然死亡。剖检可见真胃有扭成麻花状的虫体。

7. 食道口线虫病与仰口线虫病的鉴别

[相似点] 食道口线虫病与仰口线虫病均有感染性，消瘦，颌下水肿，粪检有虫卵。

[不同点] 仰口线虫病的病原为仰口线虫，后躯软弱麻痹，顽固性下痢、粪呈黑色，剖检可见十二指肠、空肠有大量虫体和褐色或血色液体。

8. 食道口线虫病与夏伯特线虫病的鉴别

[相似点] 食道口线虫病与夏伯特线虫病均有感染性，贫血，消瘦，下痢，颌下水肿，粪检有虫卵，直接摄入幼虫而发病。

[不同点] 夏伯特线虫病的病原为夏伯特线虫，粪有黏液和血液。剖检可见肠黏膜有出血点，肠内有大量黏液和虫体。

【防制】

1. 预防措施

（1）定期驱虫　实行春、秋两季各进行 1 次，采用广谱、高效、低毒的驱虫药，如丙硫苯咪唑、阿维菌素等，可取得良好效果。

（2）加强饲养管理　合理补充精料，实行圈养，保持饮水清洁，增强抗病力，应尽量不在潮湿低凹地点放牧，也不要在清晨、傍晚或雨后放牧，尽量避开幼虫活动的时间，减少感染机会。

（3）加强粪便管理　将粪便集中堆放进行生物热处理，消灭虫卵和幼虫。

2. 发病后措施

治疗原则为积极驱虫，抗菌消炎，对症治疗。

处方 1、2：同捻转血矛线虫病。

处方 3：

① 丙硫苯咪唑片（即阿苯达唑、抗蠕敏）5～15 毫克/千克体重，全群内服，母羊妊娠前期禁用，或丙氧苯咪唑片 10 毫克/千克体重，芬苯达唑片（苯硫苯咪唑）20 毫克/千克体重，全群内服。

② 生理盐水 500～1000 毫升，氨苄青霉素 50～100 毫克/千克体重，10%安钠咖注射液 10 毫升；10%葡萄糖注射液 500 毫升，10%葡萄糖酸钙注射液 10～50 毫升，维生素 C 注射液 0.5～1.5 克，静脉注射，每日 1～2 次，连用 2～3 日。

③ 甲硝唑注射液 10 毫克/千克体重，静脉注射，每日 1 次，连用 2～3 日。

④ 12.5%止血敏注射液 0.25～0.5 克，肌肉或静脉注射，每日 2～3 次，连用 1～3 日。

⑤ 1%福尔马林液 1000～1500 毫升，深部灌肠。

三、仰口线虫病

仰口线虫病又称钩虫病，羊仰口线虫病是由钩口科仰口属的羊仰口线虫寄生于羊的小肠引起、以贫血为主要症状的寄生虫病。

【病原及生活史】 病原是钩口科仰口属的羊仰口线虫。虫体乳白色或淡红色，它是中等大小的线虫，头端向背面弯曲，故称仰口线虫。虫卵无色，壳厚，两端钝圆，内含 8～16 个胚细胞。

成虫寄生于小肠。虫卵随宿主粪便排出体外，在适宜温度和湿度条件下，经 4～8 天形成幼虫，幼虫从卵内逸出，经 2 次蜕化，变为第三期幼虫（感染性幼虫）。感染性幼虫可经两种途径进入羊体内，一是感染性幼虫经皮肤钻入，进入血液循环，随血流到达肺脏，再由肺毛细血管进入肺泡，在此进行第 3 次蜕化发育为第四期幼虫，然后幼虫上行到支气管、气管、咽，返回小肠，进行第 4 次蜕化，发育为第五期幼虫，再发育为成虫，此过程需要 50～60 天，经皮肤感染时有 85%的幼虫得到发育。二是感染性幼虫污染的饲草、饮水等经羊的消化道感染（或经口感染），在小肠内直接发育为成虫，此过程约需 25 天，但经消化道感染时只有 10%～14%的幼虫得到发育。

【流行病学】 多发于炎热的夏、秋季节，未驱虫或驱虫程序不科学的放牧羊群。

【临床症状】病羊精神沉郁，进行性贫血，消化紊乱，顽固性腹泻，粪便带黑色，严重消瘦，有时下颌及颈下水肿。羔羊发育不良，生长缓慢，还有神经症状如后驱软弱无力和进行性麻痹等，死亡率很高。死亡时红细胞数下降，血红蛋白降至 30%～40%。轻症放牧后症状逐渐减轻，甚至消失。

【病理变化】尸体消瘦、贫血、水肿，皮下有胶冻样浸润，浆膜腔积液。血液色淡，清水样，凝固不全。肺脏有瘀血性出血和小点出血。心肌松软，冠状沟有水肿。十二指肠和空肠有大量乳白色或淡红色虫体，虫体游离于肠内容物中或附着在黏膜上，肠黏膜发炎，有出血点和小齿痕，肠内容物呈褐色或血红色。

【实验室检查】用粪便直接涂片法或饱和食盐水漂浮法检查粪便中的虫卵，虫卵大小为（79～97）微米×（47～50）微米，无色，壳厚，两端钝圆，内含 8～16 个卵细胞。或剖检发现虫体时，即可确诊。

【类症鉴别】

1. 仰口线虫病与片形吸虫病的鉴别

［相似点］仰口线虫病与片形吸虫病均有感染性，消瘦，贫血，下痢，下颌水肿，粪检有虫卵。

［不同点］片形吸虫病的病原为片形吸虫，中间宿主为淡水螺，吃了有囊蚴的水草或饮水而发病。剖检可见肝被膜有纤维素沉着，腹腔有带血液体，胆管壁增生，胆管内有虫体；仰口线虫病十二指、空肠有大量虫体，肠黏膜出血。

2. 仰口线虫病与阔盘吸虫病的鉴别

［相似点］仰口线虫病与阔盘吸虫病均有传染性，消瘦，贫血，下痢，水肿，粪检有虫卵。

［不同点］阔盘吸虫病病原为阔盘吸虫，吃了含有囊蚴的蟊斯而发病。剖检可见胰管有虫体。

3. 仰口线虫病与双腔吸虫病的鉴别

［相似点］仰口线虫病与双腔吸虫病均有感染性，消瘦，贫血，下痢，水肿，粪检有虫卵。

［不同点］双腔吸虫病的病原为双腔吸虫，因吃了含有尾蚴的蚂蚁而发病，有黄疸。将肝在水中撕碎、连续洗涤可见虫体。

4. 仰口线虫病与鸟毕线虫病的鉴别

[相似点] 仰口线虫病与鸟毕线虫病均有感染性，消瘦，贫血，颌下水肿，幼虫钻入皮肤而发病。

[不同点] 鸟毕线虫病的病原为鸟毕线虫，中间宿主为椎实螺，有黄疸，虫卵由粪排出少，因此粪检很难见虫卵；母羊不孕，孕羊流产。剖检可见小肠、大肠有结节（有的为脓汁，有的钙化），肝表面凹凸不平，有坏死结节，皮内反应有助诊断。

5. 仰口线虫病与捻转血矛线虫病的鉴别

[相似点] 仰口线虫病与捻转血矛线虫病均有感染性，消瘦，贫血，颌下水肿，粪检有虫卵，吃了感染性幼虫而发病。

[不同点] 捻转血矛线虫病的病原为捻转血矛线虫，下痢与便秘交替发生。剖检可见真胃有大量扭成麻花样的虫体。

6. 仰口线虫病与食道口线虫病的鉴别

[相似点] 仰口线虫病与食道口线虫病均有感染性，消瘦，贫血，下颌水肿，粪检有虫卵。直接摄入幼虫而发病。

[不同点] 食道口线虫病的病原为食道口线虫，剖检可见肠壁有结节（小的有脓汁，有的钙化），肠内有虫体。

7. 仰口线虫病与夏伯特线虫病的鉴别

[相似点] 仰口线虫病与夏伯特线虫病均有感染性，消瘦，贫血，下颌水肿，粪检有虫卵。直肠摄入感染性幼虫而发病。

[不同点] 夏伯特线虫病的病原为夏伯特线虫病，皮肤不感染，粪有黏液、带血。剖检可见肠有出血点，肠内有大量黏液和虫体。

【防制】

1. 预防措施

定期驱虫，保持圈舍干燥清洁，饲料和饮水应不受粪便污染，改善牧场环境，注意排水，不在湿地放牧。

2. 发病后措施

治疗原则是积极驱虫，抗菌消炎，对症治疗。

处方1、2：同捻转血矛线虫病。

处方3：

① 丙硫苯咪唑片（即阿苯达唑、抗蠕敏）5～15毫克/千克体重，全

群内服，母羊妊娠前期禁用，或丙氧苯咪唑片 10 毫克/千克体重，芬苯达唑片（苯硫苯咪唑）20 毫克/千克体重，全群内服。

② 生理盐水 500～1000 毫升，氨苄青霉素 50～100 毫克/千克体重，10％安钠咖注射液 10 毫升；10％葡萄糖注射液 500 毫升，10％葡萄糖酸钙注射液 10～50 毫升，维生素 C 注射液 0.5～1.5 克，静脉注射，每日 1～2 次，连用 2～3 日。

③ 甲硝唑注射液每千克体重 10～20 毫克，静脉注射，每日 1 次，连用 2～3 日。

④ 12.5％止血敏注射液 0.25～0.5 克，肌内或静脉注射，每日 2～3 次，连用 1～3 日。

⑤ 维生素 B_{12} 注射液 0.3～0.4 毫克，肌内注射，每日 1 次，连用 3～5 日。

⑥ 磺胺脒 0.1～0.2 克/千克体重，小苏打片 5～10 克，安络血片 5～10 毫克，次硝酸铋片 2～4 克，丙二醇或甘油 20～30 毫升，维生素 D_2 磷酸氢钙片 30～60 片，加水灌服，每日 2 次，连用 3～5 日（实践检验效果良好）。

四、夏伯特线虫病

夏伯特线虫病是由圆线科夏伯特属线虫寄生于羊、牛、骆驼、鹿以及其他反刍兽的大肠内引起的寄生虫病。其临床特征为冬春季节发病率升高，病羊消瘦，贫血，粪便中带有黏液和血液，有时下痢，羔羊生长发育迟缓，下颌水肿。本病遍及我国各地，有些地区羊的感染率高达 90％以上。

【病原及生活史】 病原为绵羊夏伯特线虫和叶氏夏伯特线虫。绵羊夏伯特线虫是一种较大的乳白色线虫，虫体前端稍向腹面弯曲，有一近似球形的大口囊，其前缘有两圈由小三角叶片组成的叶冠，腹面有浅的颈沟，颈沟前有稍膨大的头泡。虫卵椭圆形，无色；叶氏夏伯特线虫无颈沟和头泡，外叶冠的小叶呈圆锥形。

成虫寄生于大肠，虫卵随宿主粪便排到外界，在 20℃的温度下经 38～40 小时孵出幼虫，再经 5～6 天蜕化 2 次，变为第三期幼虫（感染性幼虫）。宿主经口感染，感染后 72 小时，可在盲肠和结肠见到脱鞘的幼虫。感染后 90 小时，可见到幼虫附着在肠壁上或已钻入肌层。感染后6～25天，第四期幼虫在肠腔内蜕化为第五期幼虫。至感染后48～54天，虫体发育成熟，吸附在肠黏膜上生活并产卵。成虫寿命9个月左右。

【流行病学】冬春季节发病率升高（虫卵和幼虫在−12～−3℃的低温下能长期生存）。1岁以内羔羊最易感，发病较重，成年羊抵抗力强，发病较轻。

【临床症状】病羊体温升高，可视黏膜苍白，严重腹泻，粪便呈淡绿色至黑褐色，稀软或呈稀糊状，肛门周围和尾根部沾有稀粪，食欲减退，饮欲增加，被毛粗乱，下颌水肿，严重时四肢无力，卧地不起。羔羊生长发育迟缓，消瘦，发病和死亡严重。最急性者多为突然发病，无明显症状即死亡。

【病理变化】尸体贫血，消瘦，在大肠中有大量虫体，距肛门30厘米左右即可发现，甚至成团存在，肠黏膜水肿、溃疡，血管破裂出血。

【实验室检查】用粪便直接涂片法或饱和食盐水漂浮法检查粪便中的虫卵；用1‰福尔马林液灌肠或剖解病羊，在粪便或肠内容物中查找成虫进行鉴定；采集粪便，收集虫卵，培养后根据其第三期幼虫的形态特征进行虫种鉴定。

【类症鉴别】

1. 夏伯特线虫病与片形吸虫病的鉴别

［相似点］夏伯特线虫病与片形吸虫病均有感染性，减食，消瘦，贫血，下颌水肿，粪检有虫卵。

［不同点］片形吸虫病的病原为片形吸虫，中间宿主为淡水螺，吃了含囊蚴的水草和水而发病；眼睑、胸腹下也水肿，下痢与便秘交替；剖检可见肝被膜附有纤维素，胆管可见柳叶状虫体。夏伯特线虫病粪便带黏液和血。

2. 夏伯特线虫病与阔盘吸虫病的鉴别

［相似点］夏伯特线虫病与阔盘吸虫病均有感染性，消瘦，贫血，下痢，水肿，粪检有虫卵。

［不同点］阔盘吸虫病的病原为阔盘吸虫，中间宿主为蠡斯，剖检可见胰管有虫体。

3. 夏伯特线虫病与双腔吸虫病的鉴别

［相似点］夏伯特线虫病与双腔吸虫病均有感染性，消瘦，贫血，下痢，颌下水肿，粪检有虫卵。

［不同点］双腔吸虫病的病原为双腔吸虫，第二中间宿主为蚂蚁，有黄疸，将肝在水中撕碎并连续洗涤可见虫体。

4. 夏伯特线虫病与鸟毕吸虫病的鉴别

［相似点］夏伯特线虫病与鸟毕吸虫病均有感染性，消瘦，贫血，颌下水肿。

［不同点］鸟毕吸虫病的病原为鸟毕吸虫，中间宿主为椎实螺，吞食尾蚴或尾蚴经皮肤钻人体内而发病，母羊不孕，孕羊流产。剖检可见肠系膜及大网膜胶样浸润，肝表面凹凸不平、有坏死结节，皮内变态反应有助诊断。

5. 夏伯特线虫病与捻转血矛线虫病的鉴别

［相似点］夏伯特线虫病与捻转血矛线虫病均有感染性，消瘦，贫血，下颌水肿，粪检有虫卵，直接摄入幼虫而发病。

［不同点］捻转血矛线虫病的病原为捻转血矛线虫，剖检可见真胃有很多缠成麻花的红色虫体。

6. 夏伯特线虫病与食道口线虫病的鉴别

［相似点］夏伯特线虫病与食道口线虫病均有传染性，消瘦，贫血，下痢，下颌水肿，粪检有虫卵，不经中间宿主直接摄入有感染性幼虫而病。

［不同点］食道口线虫病的病原为食道口线虫。剖检可见大肠、小肠有结节（有的有脓，有的钙化），肠内有虫体。

7. 夏伯特线虫病与仰口线虫病的鉴别

［相似点］夏伯特线虫病与仰口线虫病均有感染性，消瘦，贫血，下痢，下颌水肿，粪检有虫卵，不需中间宿主直接摄入有感染性幼虫而发病。

［不同点］仰口线虫病的病原为仰口线虫，经皮肤感染80％得到发育。顽固性下痢、粪带黑色，后躯软弱、麻痹。剖检可见肝淡灰色，肾棕黄色，十二指肠、空肠有大量虫体，内容物褐色或血红色。

【防制】

1. 预防措施

（1）引种混群　对刚引进的羊须隔离饲养观察 1～2 周，并对羊进行预防性驱虫，确认健康无虫后，方可与原饲养的羊合群。

（2）科学放牧　严禁超载放牧，每隔 5 天分区轮牧一次。夏、秋季避免吃露水草，以及在低洼、潮湿牧地放牧，同时于春、秋季各进行一次全面驱虫。

（3）加强饲养管理　充分利用秸秆实行圈养，做好栏舍卫生消毒工作，经常清扫羊圈，保持圈舍清洁、干燥，将粪便堆积发酵，杀死虫卵，以减少感染传播的机会。

2. 发病后措施

治疗原则是积极驱虫，抗菌消炎，对症治疗。

处方 1、2：同捻转血矛线虫病。

处方 3：

① 丙硫苯咪唑片（即阿苯达唑、抗蠕敏）5～15 毫克/千克体重，全群内服，母羊妊娠前期禁用，或丙氧苯咪唑片 10 毫克/千克体重，芬苯达唑片（苯硫苯咪唑）20 毫克/千克体重，全群内服。

② 1% 福尔马林液 1000～1500 毫升，深部灌肠。

③ 维生素 B_{12} 注射液 0.3～0.4 毫克，肌内注射，每日 1 次，连用 3～5 日。

④ 磺胺脒 0.1～0.2 克/千克体重，小苏打片 5～10 克，安络血片 5～10 毫克，次硝酸铋片 2～4 克，丙二醇或甘油 20～30 毫升，维生素 D_2 磷酸氢钙片 30～60 片，加水灌服，每日 2 次，连用 3～5 日。

五、肺线虫病

肺线虫病又叫网尾线虫病，羊网尾线虫病是由网尾属丝状网尾线虫寄生于绵羊和山羊的气管和支气管内引起的寄生虫病，所以也叫羊肺丝虫病。多见于潮湿地区，常呈地方性流行，主要危害羔羊。

【病原及生活史】病原为丝状网尾线虫，虫体呈细线状，乳白色，肠管很像一条黑线穿行于体内。虫卵呈椭圆形，卵内含有已发育的第一期幼虫（卵胎生）。

成虫寄生于羊的支气管（也可以寄生在鹿和骆驼等反刍兽的支气

管）。雌虫在羊的支气管中产卵，当羊咳嗽时，虫卵随黏液一起进入口腔，大多数被咽入消化道，部分随痰或鼻腔分泌物排至外界（也可以发育为幼虫）。虫卵在通过消化道过程中孵化为第一期幼虫（第一期幼虫头端较圆，头部有一小的扣状结节，尾端细钝，体长 550～585 微米），又随粪便排出体外，在适当的温度（25℃）和湿度下，经两次蜕化变为第三期幼虫（感染性幼虫）。此时它们被有两层皮鞘，之后幼虫蜕去第一次蜕化的皮鞘，仍保留第二次蜕化的皮鞘，变得活跃。当羊吃草或饮水时，摄入感染性幼虫，幼虫便在小肠内脱鞘，进入肠系膜淋巴结蜕化变为第四期幼虫。继之幼虫随淋巴和血液流经心脏到肺脏，最后行至肺泡，到细支气管和支气管，感染后 8 天，可在支气管内见到第四期幼虫，并在该处完成最后一次蜕化。

羊只感染后经过 18 天到达成虫阶段，至第 26 天开始产卵。成虫在羊体内的寄生期随着羊的营养状况而改变，营养良好的羊只抵抗力强，幼虫的发育受阻。当宿主的抵抗下降时，幼虫可以恢复发育。

丝状网尾线虫幼虫发育时要求的温度比羊其他圆线虫幼虫所要求的温度偏低，冰冻 24 小时，有些感染性幼虫还可以存活 19 天，在 4～5℃时，幼虫就可正常发育，并且保持活力达 100 天之久。外界气温达 21.1℃以上时，虫体的活力受到严重影响，许多幼虫发育到感染期之前就发生变性。

【流行病学】本病多发生于冬季和潮湿牧地，成年羊和没有进行驱虫的放牧羊群感染率高。

【临床症状】病羊的典型症状是咳嗽，一般发生在感染后的 16～32 天，咳嗽先在个别羊身上发生，相继整群发作。中度感染时，咳嗽剧烈而粗厉。严重感染时，呼吸浅表、迫促痛苦，伸颈摆头，尤其在驱赶或夜间休息时，咳嗽最为明显，常在距离羊群近处可以听到明显的咳嗽声和拉风箱似的呼吸声，患羊鼻孔常流出黏液性或黏脓性分泌物，分泌物干后在鼻孔周围形成痂皮。随病程的发展羊只逐渐消瘦，被毛枯干，贫血，头、胸部和四肢水肿，体温无变化，呼吸加快和困难。

当患羊打喷嚏或阵发性咳嗽时，常咳出黏液团块，显微镜涂片检查可见有虫卵和幼虫。感染轻微的羊和成年羊常为慢性经过，临床症状不明显。

【病理变化】尸体消瘦，贫血。支气管中有黏液性、黏液脓性、混有血丝的分泌物团块，团块中有成虫、虫卵和幼虫。支气管黏膜肿胀、充血，并有小出血点，支气管周围发炎。有不同程度的肺脏膨胀不全和肺气肿。有虫体寄生的部位，肺脏表面稍隆起，呈灰白色，触诊时有坚硬感，切开时常可见到虫体。

【实验室检查】漏斗幼虫检查法。取新鲜羊粪 15～20 克，置于直径 10～15 厘米衬有金属筛的漏斗上，漏斗下端套以 10～15 厘米的橡皮管，末端接 1 根小试管；然后固定于漏斗架上，装置完毕后沿漏斗壁徐徐加入 40℃温水，直至淹没粪球为止，静置 1～3 小时，幼虫即由粪中游出沉入到小试管底部，然后吸取底部沉淀物镜检。如看到大量体长 550～585 微米，运动极为活跃，头端较圆，头部有一扣状结节的幼虫，即为丝状网尾线虫的第一期幼虫。欲详细观察，可滴加 1 滴碘液，待幼虫死后进行。

【类症鉴别】

1. 肺线虫病与羊支原体性肺炎的鉴别

[相似点] 肺线虫病与羊支原体性肺炎均有传染性，咳嗽、呼吸迫促，流黏性鼻液。

[不同点] 羊支原体性肺炎的病原为衣原体，传播迅速，急性流锈色鼻液。按压胸壁疼痛。眼睑肿、有脓性眵。体温高（40℃以上）。剖检可见胸膜粗糙、有纤维素，胸腔积液暴露空气后凝结。心血涂片镜检可见支原体。

2. 肺线虫病与绵羊肺腺样瘤病的鉴别

[相似点] 肺线虫病与绵羊肺腺样瘤病均有传染性，体温不高，咳嗽，呼吸困难，流鼻液，消瘦。

[不同点] 绵羊肺腺样瘤病的病原为绵羊肺腺瘤样病菌，低头时流大量鼻液（肺水肿）。剖检可见肺有灰白色小结节，切开流水。琼脂扩散试验可验证病毒。

3. 肺线虫病与羊巴氏杆菌病的鉴别

[相似点] 肺线虫病与羊巴氏杆菌病均有传染性，呼吸急促困难，咳嗽，流鼻液，胸部水肿。

[不同点] 羊巴氏杆菌病的病原为巴氏杆菌。体温 41～42℃，眼潮红、有黏性眵。初便秘后腹泻，粪中有黏液、血液。剖检可见皮下

有液体浸润、肺瘀血、有坏死灶，病变渗出物涂片镜检可见两极着色的卵圆形杆菌。

4. 肺线虫病与羊类鼻疽病的鉴别

［**相似点**］肺线虫病与羊类鼻疽病均有传染性，呼吸困难，咳嗽，消瘦。

［**不同点**］羊类鼻疽病的病原为类鼻疽杆菌，体温升高，有时跛行。侵害腰椎时，后躯麻痹，犬坐。公羊睾丸、母羊乳房也有结节。剖检可见侵害部位有坏死灶。用抗类鼻疽单克隆抗体做酶联免疫吸附试验可鉴定。

5. 肺线虫病与原圆线虫病的鉴别

［**相似点**］肺线虫病与原圆线虫病均有感染性。虫体寄生于支气管时咳嗽。

［**不同点**］原圆线虫病的病原为原圆线虫。在吃了含有感染性幼虫的陆螺和蛞蝓（中间宿主）而发病，重度感染，在接近死亡时才有暴发性咳嗽。剖检可见肺有气肿。肺胸膜有结节，结节内有幼虫。粪检有幼虫。

6. 肺线虫病与支气管炎的鉴别

［**相似点**］肺线虫病与支气管炎均有咳嗽，呼吸迫促并显痛苦。剖检可见支气管黏膜肿胀、充血。

［**不同点**］听诊有干性、湿性啰音，早出晚进羊舍咳嗽多。不痉咳。一般体温略升高，无传染性，不显消瘦贫血。

7. 肺线虫病与支气管肺炎的鉴别

［**相似点**］肺线虫病与支气管肺炎均有呼吸迫促，咳嗽，流黏性鼻液。

［**不同点**］支气管肺炎无传染性。咳嗽先干而短且痛，继之湿而长，痛苦缓解，肺音粗厉。剖检可见一个或几个肺小叶暗红，捏压有浆性液体流出，病变周围有气肿。

8. 肺线虫病与羊狂蝇蛆病的鉴别

［**相似点**］肺线虫病与羊狂蝇蛆病均有打喷嚏，咳嗽，流稠鼻液，鼻周有干痂，体温不高。

［**不同点**］羊狂蝇蛆病的病原为羊狂蝇蛆，鼻端常在地上摩擦，

鼻腔可见幼虫。

【防制】

1. 预防措施

在放牧前后各进行一、二次驱虫，放牧季节根据情况再适当进行普遍驱虫，驱虫治疗后，应将粪便堆积，进行生物发酵处理；成年羊与羔羊分群放牧，有条件的地方可实行轮牧，避免在低湿的沼泽地放牧。保持圈舍和饮水卫生，喂足草料，增强体质。有条件的可用虫苗预防。

2. 发病后措施

治疗原则是正确诊断，积极驱虫，抗菌消炎。

处方 1、2：同捻转血矛线虫病。

处方 3：

① 丙硫苯咪唑片（即阿苯达唑、抗蠕敏）5～15 毫克/千克体重，全群内服，母羊妊娠前期禁用，或丙氧苯咪唑片 10 毫克/千克体重，芬苯达唑片（苯硫苯咪唑）20 毫克/千克体重，全群内服。

② 青霉素 5 万单位/千克体重，地塞米松注射液 4～12 毫克，注射用水 5 毫升，或 5%氟苯尼考注射液 5～20 毫克/千克体重，肌内注射，每日 1 次，连用 3 日。

六、鞭虫病

鞭虫病是由毛首科毛首线虫属的线虫寄生于猪、牛、羊的大肠（主要是盲肠），所引起的寄生虫病。虫体前部呈毛发状，故称毛首线虫，整个外形像鞭子，故又称鞭虫。其临床特征为间歇性下痢，粪中带黏液和血液，贫血，消瘦，食欲减退，发育障碍。我国各地的猪、羊多有寄生。主要危害幼畜，严重时可引起死亡。

【病原及生活史】 羊鞭虫病的病原有绵羊毛首线虫和球鞘毛首线虫。绵羊毛首线虫寄生于绵羊、牛、长颈鹿和骆驼等反刍兽的大肠（盲肠）。虫体呈乳白色，前部细长、呈毛状，为食道部，由一串单细胞排列构成，后为体部，短粗，内有肠管和生殖器官。虫卵为腰鼓状，棕黄色，两端有塞状构造，壳厚（对外界不良环境抵抗力强），光滑，内含有未发育的卵胚。球鞘毛首线虫的寄生部位、虫体大小基本同绵羊毛首线虫，其基本特征是雄虫的交合刺鞘较长，末端向外翻转呈扁圆形的膨大部。

成虫寄生于盲肠。虫卵随粪便排出体外，在适宜条件下经两周或数月发育为感染性虫卵（内含第一期幼虫，既不蜕皮，也不孵化），被羊吞食感染性虫卵后，第一期幼虫在小肠内孵出，钻入肠绒毛间发育，之后移行至盲肠内，以前端埋入盲肠黏膜，依次蜕化形成第二、第三、第四期幼虫，在盲肠内约经 12 周发育为成虫。

【流行病学】虫卵在外界和体内发育的时间较长，主要寄生于羔羊，多为夏季放牧感染，秋、冬季出现临床症状。

【临床症状】患羊精神沉郁，食欲不振，反刍减少，消瘦，贫血，严重腹泻，粪便中带有血液和黏液，肛门周围有大量稀粪附着，后期有的粪便中带有虫体和脱落的黏膜。部分病羊体温升高达 40℃，最后衰竭死亡。

【病理变化】盲肠发生慢性卡他性肠炎。严重感染时，盲肠黏膜有出血性坏死、水肿和溃疡。还有和结节虫相似的结节。结节有两种：一种质地软有脓，虫体前部埋入其中；另一种在黏膜下，呈圆形包囊物。

【实验室检查】用粪便直接涂片法或饱和食盐水漂浮法检查粪便中的虫卵，虫卵的形态有特征性，容易识别，或剖检时发现虫体即可做出诊断。

【防制】

1. 预防措施

在春、秋季全群各进行一次驱虫，药物选用左旋咪唑、丙硫苯咪唑、伊维菌素内服或肌注。将粪便进行生物热发酵处理；注意放牧和饮水卫生，避免在污染严重的超载牧地放牧，定期打扫、冲洗、消毒圈舍，注意水槽和料槽卫生，不饮脏水和污水。

2. 发病后措施

治疗原则是正确诊断，积极驱虫，抗菌消炎，对症治疗。

处方 1、2：同捻转血矛线虫病。

处方 3：

① 丙硫苯咪唑片（即阿苯达唑、抗蠕敏）5～15 毫克/千克体重，全群内服，母羊妊娠前期禁用，或丙氧苯咪唑片 10 毫克/千克体重，芬苯达唑片（苯硫苯咪唑）20 毫克/千克体重，全群内服。

② 磺胺脒 0.1～0.2 克/千克体重，小苏打片 5～10 克，安络血片 5～10 毫克，次硝酸铋片 2～4 克，丙二醇或甘油 20～30 毫升，维生素 D_2 磷酸氢钙片 30～60 片，加水灌服，每日 2 次，连用 3～5 日。

③ 生理盐水 500～1000 毫升，氨苄青霉素钠 50～100 毫克/千克体重（或硫酸庆大霉素注射液 20 万单位/千克体重，或氧氟沙星 2.5～5 毫克/千克体重），10% 安钠咖注射液 10 毫升，静脉注射，每日 1～2 次，连用 2～3 日。

④ 甲硝唑注射液每千克体重 10 毫克，静脉注射，每日 1 次，连用 2～3 日。

⑤ 5% 碳酸氢钠注射液 50～100 毫升，静脉注射，每日 1 次，连用 3～5 次。

七、脑脊髓丝虫病

脑脊髓丝虫病又称为腰痿病，是由丝状科丝状属的指形丝状线虫和唇乳突丝状线虫的晚期幼虫因迷路侵入马、羊的脑或脊髓的硬膜下或实质中而引起的疾病。此病以脑脊髓炎和脑脊髓实质破坏为病理特征。羊患病后往往遗留后驱歪斜，行走困难，甚至卧地不起，最后因褥疮、食欲下降、消瘦和贫血死亡。在我国长江流域和华东沿海地区发生较多，东北、华北等地区也有发生。

【病原及生活史】病原是寄生于牛腹腔的指形丝状线虫和唇乳突丝状线虫的晚期幼虫（童虫）。多寄生于脑底部、颈椎和腰椎膨大部的硬膜下腔、蛛网膜下腔或蛛网膜与硬膜下腔之间。虫体为乳白色小线虫。

寄生于牛腹腔内的指形丝状线虫产出初期幼虫（微丝蚴），初期幼虫在牛（终末宿主）外周血液中，当蚊子（为中间宿主）吸血时，将幼虫吸入体内经 15 天左右发育为感染性幼虫，集中到蚊子的胸肌和口器内，当带有该虫的蚊子到马、羊（非固有宿主）体吸血时，将感染性幼虫注入马、羊体内，经淋巴循环侵入脑脊髓表面或实质内，发育为童虫，童虫长 1.5～5.8 米，该童虫在其发育过程中引起马、羊的脑脊髓丝虫病，童虫形态结构类似成虫，但不发育至成虫。

【流行病学】本病多发生于夏末秋初季节，特别是蚊子大量滋生时容易感染。

【临床症状】

1. 急性

病羊突然卧倒，不能起立。眼球上旋，颈部肌肉强直或痉挛，或歪斜。呈现兴奋、骚乱及叫鸣等神经症状。倒地抽搐，致使眼球受到摩擦而充血，眼眶周围的皮肤被磨破，呈现显著的结膜炎，甚至发生外伤性角膜炎。急性兴奋过后，如果将羊扶起，可见四肢张直，向两侧叉开，步态不稳，如醉酒状。当颈部痉挛严重时，病羊向一侧转圈。

2. 慢性

此型多见，病初患羊腰部无力、步态踉跄，多发生于一侧后肢，也有的两后肢同时发生。此时病羊体温、呼吸和脉搏均无变化，但多遗留臀部歪斜及斜尾等症状。容易跌倒，但可自行起立，故病羊仍可随群放牧。母羊产奶量仍不降低。病情严重时两后肢完全麻痹，呈犬坐姿势，或横卧地上不能起立，但食欲及精神正常。时间长久，发生褥疮，食欲下降，逐渐消瘦，衰竭死亡。

【病理变化】脑脊髓的硬膜、蛛网膜有浆液性、纤维素性炎症和胶样浸润灶，以及大小不等的呈红褐色、暗红色出血灶，在其附近可发现虫体。脑脊髓实质病变明显，呈大小不等的斑点状、条纹状的褐色坏死性病灶，以及形成大小不同的空洞和液化灶。

【实验室检查】国内用牛腹腔丝虫提纯抗原进行皮内注射，成功用于马脑脊髓丝虫病的早期诊断。可以试用。

【类症鉴别】

1. 脑脊髓丝虫病与山羊病毒性关节炎-脑炎的鉴别

［相似点］脑脊髓丝虫病与山羊病毒性关节炎-脑炎均有一肢或两肢运动失调，体温正常，能饮食，时横卧时起，病程长。

［不同点］山羊病毒性关节炎-脑炎的病原为山羊关节炎-脑炎病毒。多发于 2～4 月羔羊，后期四肢麻痹，琼脂扩散可确定。

2. 脑脊髓丝虫病与羊弓形虫病的鉴别

［相似点］脑脊髓丝虫病与羊弓形虫病均为寄生虫病，肌肉震颤，行走困难，后卧地不起。

［不同点］羊弓形虫病的病原为弓形虫，转圈运动，呼吸困难，流鼻液，进行组织培养可见虫体。

3. 脑脊髓丝虫病与山羊癫痫的鉴别

[相似点] 脑脊髓丝虫病与山羊癫痫均有突然倒地，眼球上转，颈部肌肉强直或痉挛。

[不同点] 山羊癫痫平时一切正常，突然发作时，痉挛，口吐白沫，几分钟后即恢复正常。

【防制】

1. 预防措施

（1）控制传染源　羊舍要设置在干燥、通风、远离牛舍 1~1.5 千米处，在蚊虫出现的季节尽量避免与牛接触。普查病牛并治疗（海群生注射液 10 毫克/千克体重，皮下注射，每日 3 次，连用 2 日）。

（2）切断传播途径　搞好羊舍及周围环境卫生，铲除蚊虫滋生地，用药物或灭蚊灯驱蚊、灭蚊、杀虫，防止蚊虫叮咬。

（3）药物预防　在本病流行季节对羊群定期驱虫，每月 1 次，连用 4 次。

2. 发病后措施

治疗原则是早诊断、早治疗。

处方 1：① 海群生片（乙胺嗪）100 毫克/千克体重，内服，连用 2~5 日，对轻症病羊有良好效果。必要时配合乙酰水杨酸片和抗过敏药物，以减轻虫体死亡带来的不良反应。

② 盐酸左旋咪唑注射液 10 毫克/千克体重，肌内注射，每日 1 次，连用 7 日。

③ 丙硫苯咪唑片 20~30 毫克/千克体重，内服，每日 1 次，连用 3~5 日，对轻症病羊有良好效果。

八、片形吸虫病

片形吸虫病又称肝蛭病，是由片形科片形属的肝片吸虫和大片吸虫寄生于反刍兽的肝脏和胆管中所引起的一种寄生虫病。其临床特征为急性死亡，以及贫血、消瘦和水肿。本病呈世界性分布，是羊最主要的寄生虫病之一。本病主要危害绵羊，特别是羔羊，山羊也有发生。

【病原及生活史】病原为肝片吸虫和大片吸虫。肝片吸虫呈背腹扁平的柳叶状，体表有许多小刺，新鲜虫体为红褐色，固定以后呈灰白色，虫卵呈椭圆形，黄褐色。大片形吸虫呈长叶状，没有明显的肩部，虫卵金黄色，呈椭圆形。

肝片吸虫的成虫寄生在动物的胆管内，不断排出大量虫卵，虫卵随胆汁进入消化道与粪便混合，然后同粪便一起排出体外。卵在水中孵出毛蚴（如 15～30℃、适宜的氧气和光线、pH5.0～7.5 的水中，经 10～25 天），之后钻入椎实螺（中间宿主）体内，经 10～30 天，最后发育成尾蚴。尾蚴离开螺体，随处游动，附着在水草上，变成囊蚴，羊吞食了含有囊蚴的水草后，就会被感染。囊蚴进入动物的消化道，在十二指肠内幼虫脱囊而出，穿过肠壁，进入腹腔，经肝包膜进入肝脏，再进入胆管，发育为成虫；或钻入肠壁静脉，经门静脉入肝脏，穿过血管进入肝组织移行，经数周后到达胆管发育为成虫。自囊蚴进入动物体到发育为成虫，约需 3～4 个月，成虫在动物体内可生存 3～5 年。

【流行病学】 本病呈地方性流行，多发生于温暖多雨的夏、秋季，特别是在低洼潮湿和椎实螺滋生的牧地多发。

【临床症状】

1. 急性型

多在秋季发病，病羊精神沉郁，体温升高，食欲减退或废绝，腹胀、虚弱和容易疲倦，有时出现腹泻、迅速贫血，黏膜苍白，触诊肝区有压痛，数日死亡。

2. 慢性型

较常见，病羊食欲减退后废绝，逐渐消瘦，渐进性贫血，黏膜苍白，被毛粗乱，便秘与腹泻交替发生，在下颌、眼睑和胸腹下发生水肿。母羊乳汁稀薄，孕羊发生流产，一般经 1～2 月后发生恶病质死亡。

【病理变化】 肝脏肿大和出血，胆管像绳索样凸出于肝脏表面，胆管内壁有盐类沉积，胆管内膜粗糙，刀切时有沙沙声。在胆管中可发现虫体，常引发慢性胆管炎、慢性肝炎，贫血和黄疸。肺脏有时出现局限性的硬固结节。

【实验室检查】 用反复水洗沉淀法火尼龙筛淘洗法检查虫卵，如发现大量虫卵，结合症状，即可做出诊断。急性病例通常查不到虫卵，可进行剖检，在肝脏或其他器官内找到幼虫进行诊断。

【类症鉴别】

1. 片形吸虫病与无浆体病的鉴别

[相似点] 片形吸虫病与无浆体病均有沉郁、厌食、黏膜苍白、贫血。

[不同点] 无浆体病的病原为无浆体，蜱是传染媒介，体温高（40～42℃），尿清亮、有泡沫。剖检可见肝肿大、呈斑驳赤褐色，血稀如水，血片镜检可见红细胞内有一个或多个边缘无浆体。

2. 片形吸虫病与双腔吸虫病的鉴别

[相似点] 片形吸虫病与双腔吸虫病均有消瘦，贫血，下痢，下颌水肿，粪检有虫卵。

[不同点] 双腔吸虫病的病原为双腔吸虫，在草原多发，旱螺、蚂蚁为中间宿主。将肝在水中撕碎、连续洗涤可见虫体。

3. 片形吸虫病与鸟毕吸虫病的鉴别

[相似点] 片形吸虫病与鸟毕吸虫病均因吃食或饮用有囊蚴的水草和水而发病，消瘦，贫血，下颌、腹下水肿，病情发展缓慢。

[不同点] 鸟毕吸虫病的病原为鸟毕吸虫，寄生于肠系膜静脉，因雌虫排卵少，粪检很难检出虫卵，剖检可见小肠有出血点和坏死，肝有坏死结节。皮内变态反应可助检验。

4. 片形吸虫病与莫尼茨绦虫的鉴别

[相似点] 片形吸虫病与莫尼茨绦虫均有消瘦，贫血，下痢，粪检有虫卵。

[不同点] 莫尼茨绦虫的病原为莫尼茨绦虫，中间宿主为地螨，在牧地吃含有囊尾蚴的地螨而发病，还出现神经症状。粪检可见孕节片，剖检在小肠可见虫体。

5. 片形吸虫病与捻转血矛线虫病的鉴别

[相似点] 片形吸虫病与捻转血矛线虫病均有黏膜苍白，贫血，下痢与便秘交替发生，下颌、腹下水肿，粪检有虫卵。

[不同点] 捻转血矛线虫病的病原为捻转血矛线虫，因吃食牧草上附有的幼虫而发病，用鱼卵培养出第三期幼虫可辨别，剖检真胃可见扭成麻花状的红色虫体。

6. 片形吸虫病与食道口线虫病的鉴别

[相似点] 片形吸虫病与食道口线虫病均有消瘦，下痢或下痢与

便秘交替发生，下颌水肿，粪检有虫卵。

［不同点］食道口线虫病的病原为食道口线虫，直接摄入幼虫而发病。剖检可见小肠、大肠壁有结节，有的有脓液，有的钙化，肠腔内有虫体。

7. 片形吸虫病与仰口线虫病（钩虫病）的鉴别

［相似点］片形吸虫病与仰口线虫病（钩虫病）均有消瘦，贫血，下痢，下颌水肿，粪检有虫卵。

［不同点］仰口线虫病的病原为仰口线虫，直接摄入幼虫或幼虫经皮肤入体内而发病。顽固下痢，粪呈黑色，后躯软弱、麻痹。剖检可见皮下浆液浸润，肝呈淡灰色，肾呈棕黄色，心包、胸膜腔有浆液，十二指肠有虫体和褐或血色液体。

8. 片形吸虫病与夏伯特虫病的鉴别

［相似点］片形吸虫病与夏伯特虫病均有减食，消瘦，贫血，下痢，下颌水肿，粪检有虫卵。

［不同点］夏伯特虫病的病原为夏伯特线虫，无中间宿主，直接摄入感染性幼虫而发病，粪有黏液和血液。剖检可见肠黏膜肿胀、有出血点和大量黏液及虫体。

9. 片形吸虫病与钴缺乏症的鉴别

［相似点］片形吸虫病与钴缺乏症均有减食，消瘦，贫血，黏膜苍白，下痢。

［不同点］钴缺乏症因钴缺乏而发病，因土壤缺钴而具有地方性，测定土壤含钴量低于 3 毫克/千克。

【防制】

1. 预防措施

（1）加强饲养管理 注意饮水和饲草卫生，增强羊只抗病能力，搞好环境卫生，消灭中间宿主椎实螺（1∶50000 硫酸铜溶液喷洒灭螺），放牧应选坡地，避免在低湿牧地放牧，防止羊群被感染。

（2）定期驱虫 一般每年要进行三次。在春季螺活动以前，用杀成虫的药物进行第一次驱虫，驱虫后粪便要进行生物热发酵处理；在 7～9 月份用杀幼虫的药物进行第二次驱虫，以杀死侵入体内的多数幼虫，减少或阻止其发育为成虫；在 11～12 月份，用杀成虫和幼虫都有效的药物进行第三次驱虫，以保护羊群安全过冬。

2. 发病后措施

治疗原则为正确诊断，积极驱虫，对症治疗。

处方1：三氯苯唑（肝蛭净）片5～10毫克/千克体重，内服，对成虫和童虫有效，急性病例5周后应重复给药一次，泌乳羊禁用。

处方2：丙硫苯咪唑（阿苯达唑、抗蠕敏）片，5～15毫克/千克体重，内服；母羊妊娠期禁用。

处方3：氯氰碘柳胺片，10毫克/千克体重，内服，或氯氰碘柳胺注射液5～10毫克/千克体重，深部肌内注射。

处方4：溴酚磷（蛭得净）片，12～16毫克/千克体重，内服，对成虫和童虫有效。

处方5：硝碘酚腈（虫克清）片，30毫克/千克体重，内服，或硝碘酚腈注射液10～15毫克/千克体重，皮下注射，对幼虫作用不佳，内服不如注射有效。

处方6：必要时用，并配合处方1～5。

① 甘油20～30毫升，维生素D_2磷酸氢钙片30～60片，干酵母片30～60克，安络血片5～10毫克，健胃散30～60克，加水灌服，每日2次，连用3～5日。

② 生理盐水500毫升，氨苄青霉素10～20毫克/千克体重；10%葡萄糖注射液100～500毫升，10%葡萄糖酸钙注射液10～50毫升，维生素C注射液0.5～1.5克，10%安钠咖注射液10毫升，静脉注射，每日1～2次，连用3～5日。

③ 维生素B_{12}注射液0.3～0.4毫克，肌内注射，每日1次，连用3～5日。

④ 呋塞米注射液（速尿针）0.5～1毫克/千克体重，水肿时肌内注射，每日1～2次，连用3日。

九、双腔吸虫病

双腔吸虫病又称复腔吸虫病，是由双腔属的矛形双腔吸虫寄生于动物（牛、羊、猪、骆驼、马属动物和兔）的胆管和胆囊中引起的寄生虫病。主要危害反刍动物，严重感染时会造成牛、羊死亡。

【病原及生活史】病原是矛形双腔吸虫。新鲜成虫呈红褐色，扁平，半透明，似柳叶状，固定后呈灰褐色，雌雄同体，前端较尖。虫卵为不对称的椭圆形，暗褐色，一端有卵盖，内含毛蚴。

双腔吸虫在发育过程中需要有两个中间宿主，第一中间宿主是陆地蜗牛，第二中间宿主是蚂蚁。虫卵从终末宿主的粪便排出，含有毛蚴的虫卵被陆地蜗牛吞食，毛蚴即在肠内从卵中孵出，穿过肠壁移行至肝脏发育，经母胞蚴和子胞蚴发育成许多尾蚴。尾蚴聚集成团，外包有黏性物质，称为黏性球。在雨后，经陆地蜗牛的呼吸孔排出（在陆地蜗牛体内 3～5 个月），黏附在植物或其他物体上（存活时间一般为 2～3 天，最多 14～20 天），第二中间宿主蚂蚁吞食尾蚴黏性球后，经 1～2 个月在蚂蚁体内发育成囊蚴。当终末宿主吞食含有囊蚴的蚂蚁时，即被感染。幼虫在肠道内脱囊而出，经十二指肠到达胆管寄生。资料报道，在绵羊体内经 72～85 天可发育为成虫。

【流行病学】多见于未驱虫的放牧羊群，有在低洼潮湿牧地放牧的病史。

【临床症状】轻度感染时，通常无明显症状。严重感染的病羊可见到黏膜黄染，逐渐消瘦，下颌水肿，消化紊乱，腹泻与便秘交替出现，最后因极度衰竭引起死亡。

【病理变化】虫体寄生在胆管，引起胆管炎和管壁增厚，肝脏肿大，肝被膜肥厚。

【实验室检查】采集粪便，用反复水洗沉淀法进行粪便检查，发现虫卵。或剖检病羊，用手将肝脏撕成小块，置入水中搅拌，沉淀，细心倾去上清液，反复数次，直至上清液清朗为止，然后在沉淀物中找出双腔吸虫虫体。

【类症鉴别】

1. 双腔吸虫病与无浆体病的鉴别

［相似点］双腔吸虫病与无浆体病类均有感染性，黄疸，消瘦，贫血。

［不同点］无浆体病类病原为无浆体，由蜱传播，体温高（40～42℃），血稀如水，血片镜检可见红细胞内无浆体。

2. 双腔吸虫病与片形吸虫病的鉴别

［相似点］双腔吸虫病与片形吸虫病均有感染性，消瘦，贫血，下痢，水肿，粪检有虫卵。

［不同点］片形吸虫病的病原为片形吸虫，因吃水生植物而感染，

一般无黄疸，便秘与下痢交替发生，剖检胆管可见虫体。

3. 双腔吸虫病与阔盘吸虫病的鉴别

［相似点］双腔吸虫病与阔盘吸虫病均有感染性，在牧区通过两个中间宿主感染，消瘦，贫血，下痢，水肿，粪检有虫卵。

［不同点］阔盘吸虫病的病原为阔盘吸虫，第二中间宿主为螽斯。剖检可见胰管炎，胰管有虫体。

4. 双腔吸虫病与莫尼茨绦虫病的鉴别

［相似点］双腔吸虫病与莫尼茨绦虫病均有感染性，消瘦，贫血，下痢。

［不同点］莫尼茨绦虫病的病原为绦虫。中间宿主为地螨，还出现神经症状。粪检有孕节片，剖检小肠有虫体。

5. 双腔吸虫病与捻转血矛线虫病的鉴别

［相似点］双腔吸虫病与捻转血矛线虫病均有感染性，消瘦，贫血，下痢，水肿，粪检有虫卵，草原牧场易发病。

［不同点］捻转血矛线虫病的病原为捻转血矛线虫，吃了有幼虫的牧草而发病，黏膜苍白、无黄疸，下痢与便秘交替。剖检可见真胃有扭成麻花状的红色虫体。

6. 双腔吸虫病与食道口线虫病的鉴别

［相似点］双腔吸虫病与食道口线虫病均有感染性，消瘦，贫血，下痢，下颌水肿，粪检有虫卵。

［不同点］食道口线虫病的病原为食道口线虫。不需中间宿主摄入幼虫而发病。粪便多黏液，有时含血。剖检可见小肠、大肠有结节，有的含脓，有的钙化，肠内有虫体。

7. 双腔吸虫病与仰口线虫病（钩虫病）的鉴别

［相似点］双腔吸虫病与仰口线虫病（钩虫病）均有感染性，消瘦，贫血，下痢，下颌水肿，粪检有虫卵。

［不同点］仰口线虫病（钩虫病）的病原为仰口线虫，摄入幼虫或由皮肤钻入体内而发病，顽固性下痢，粪呈黑色，后躯软弱、麻痹。剖检可见皮下浆液浸润，肝呈淡灰色，肾呈棕黄，十二指肠、空肠有大量虫体和褐色或血色液体。

8. 双腔吸虫病与夏伯特线虫病的鉴别

［相似点］双腔吸虫病与夏伯特线虫病均有感染性，消瘦，贫血，

下痢，下颌水肿，粪检有虫卵。

[**不同点**] 夏伯特线虫病的病原为夏伯特线虫，摄入感染性幼虫而发病。粪有黏液和血液。剖检可见肠黏膜有出血点，有大量黏液和虫体。

9. 双腔吸虫病与绵羊泰勒焦虫病的鉴别

[**相似点**] 双腔吸虫病与绵羊泰勒焦虫病均有感染性，消瘦，贫血，黄疸，下痢。

[**不同点**] 绵羊泰勒焦虫病的病原为泰勒焦虫，由蜱传播，体温高（40～42℃），便秘或下痢，呼吸粗厉、困难，肢体僵硬，行走困难。剖检可见肾呈黄褐色、表面有淡黄或灰白色结节，淋巴结、肝、脾涂片姬氏染色、镜检可见石榴体。血涂片检查可见虫体。

【防制】

1. 预防措施

每年秋末和冬季进行全群驱虫。本区羊群如果能坚持数年，可达到净化草场的目的；采取措施，改良牧地，除去杂草、灌木丛等，以消灭其中间宿主陆地蜗牛，也可人工捕捉或在草地养鸡进行控制。

2. 发病后措施

治疗原则为正确诊断，积极驱虫，对症治疗。

处方 1：硝氯酚片 5 毫克/千克体重，内服。

处方 2：丙硫苯咪唑片（即阿苯达唑、抗蠕敏）5～15 毫克/千克体重，内服。母羊妊娠期禁用。

处方 3：吡喹酮片 60～70 毫克/千克体重，全群一次内服。

处方 4：应配合处方 1～3。

① 甘油 20～30 毫升，维生素 D_2 磷酸氢钙片 30～60 片，干酵母片 30～60 克，健胃散 30～60 克，加水灌服，每日 2 次，连用 3～5 日。

② 10% 葡萄糖注射液 100～500 毫升，10% 葡萄糖酸钙注射液 10～50 毫升，维生素 C 注射液 0.5～1.5 克，10% 安钠咖注射液 10 毫升，静脉注射，每日 1～2 次，连用 3～5 日。

③ 维生素 B_{12} 注射液 0.3～0.4 毫克，肌内注射，每日 1 次，连用 3～5 日。

④ 呋塞米注射液（速尿针）0.5～1 毫克/千克体重，水肿时肌内注射，每日 1～2 次，连用 3 日。

十、日本血吸虫病

日本血吸虫病又叫日本分体吸虫病，是有分体科分体属的日本血吸虫寄生于人和牛、羊、猪、犬等几乎所有哺乳动物的门静脉和肠系膜静脉内所致的一种严重地方性寄生虫病。其临床特征为急性或慢性肠炎、肝硬化、严重腹泻、贫血、消瘦。主要在我国长江流域及长江以南广为流行，严重危害人畜健康。

【病原及生活史】 病原为日本分体吸虫，口吸盘位于虫体的前端，腹吸盘位于口吸盘的后方，有短粗的柄。雄虫呈乳白色，雌虫呈暗褐色。虫卵椭圆形或接近圆形，淡黄色。

日本分体吸虫发育过程中需要中间宿主，在我国为湖北钉螺。成虫寄生于终末宿主人和动物的门静脉和肠系膜静脉内，虫卵产于小静脉中，一条雌虫每天可产卵 1000 个左右。产出的虫卵一部分随血流进入其他脏器中，不能排出体外，沉积在局部组织中，特别是肝脏中；另一部分沉积在肠壁小静脉中并形成结节，沉积在肠壁的虫卵分泌溶细胞物质，导致肠黏膜坏死、溃疡，虫卵随破溃组织进入肠腔，随终末宿主的粪便排出体外。

虫卵落入水中，在适宜条件下孵出毛蚴。如温度在 25～30℃，pH 值在 7.4～7.8 时，数小时即可孵出毛蚴。毛蚴呈梨形，周身披有纤毛，借以在水中游动，遇到中间宿主钉螺，即脱去纤毛和皮层，钻入螺体内。毛蚴侵入螺体后进行无性生殖，先形成母胞蚴，一个母胞蚴体内可产生 50 个以上子胞蚴，子胞蚴继续发育，体内分批形成众多尾蚴。一个毛蚴在钉螺体内经无性繁殖后，可产生数万条尾蚴。尾蚴常生活在水的表层，如果遇不到终末宿主，数天内就会死亡。尾蚴接触宿主皮肤，脱掉尾部和皮层，钻入体内后形成童虫，经小血管或淋巴管随血流经右心、肺循环、体循环到达肠系膜静脉和门静脉内，发育为成虫。尾蚴感染宿主的途径主要是皮肤，也可以通过喂带尾蚴的饲草或饮水时，经口黏膜感染。成虫在动物体内的寿命一般是 3～4 年，也可能在 10 年以上。

【流行病学】 主要发生在钉螺滋生和钉螺阳性率高的地区，多在夏、秋季节，通过接触含有尾蚴的疫水感染。

【临床症状】 急性型。体温升高至 40℃ 以上，间歇热，食欲减退，精神沉郁。急性感染 20 天后发生腹泻，粪便中含有黏液和血液，消瘦，贫血，衰弱无力。严重者站立困难，全身虚脱，最终死亡；慢性型。食欲时好时差，精神较差，有的病羊腹泻，粪便带血，极度消瘦，贫血。感染的母羊不孕或流产，羔羊生长发育受阻。轻度感染时无明显症状。

【病理变化】基本病变时虫卵沉积在组织中所引起虫卵结节，常发生于肝脏和直肠。在肝脏表面可见粟粒大到高粱米大灰白色或灰黄色的结节，肝脏初期可能肿大，后期发生萎缩、硬化。严重感染时，肠道各段均可找到虫卵的沉积，特别是直肠病变更为严重，常出现小溃疡、瘢痕及肠黏膜肥厚，在肠系膜、大网膜、胃、心脏、肾脏、胰脏等处也可找到虫卵结节。

【实验室检查】

1. 虫卵检查

清晨从直肠采取粪便，经直接涂片法、集卵法和孵化法检出虫卵即可确诊。粪便沉淀孵化法最利于诊断：取粪 30 克，沉淀后将粪渣置于 500 毫升三角瓶内，加清水至瓶口，置室温孵化，分别在 4 小时、12 小时和 24 小时后用放大镜或肉眼观察，见有毛蚴即可确诊。

2. 虫体鉴定

剖检病羊，从肠系膜静脉收集虫体进行鉴定可以确诊，日本分体吸虫雌雄异体，在肠系膜小血管中寄生时呈雌雄合抱状态。另外也可利用间接血凝试验和变态反应确诊。

【类症鉴别】

1. 日本血吸虫病与片形吸虫病的鉴别

［相似点］日本血吸虫病与片形吸虫病均有感染性，因吃有囊蚴的水草和水而发病，消瘦，贫血，下颌和腹下水肿，病情发展缓慢。

［不同点］片形吸虫病的病原为片形吸虫，便秘与下痢交替，粪检有虫卵，剖检可见胆管有虫体。

2. 日本血吸虫病与阔盘吸虫病的鉴别

［相似点］日本血吸虫病与阔盘吸虫病均有感染性，消瘦，贫血，水肿。

［不同点］阔盘吸虫病的病原为阔盘吸虫，在牧场因吃了含囊蚴的第二中间宿主螽斯而发病，下痢。粪检有虫卵，剖检可见胰有

虫体。

3. 日本血吸虫病与双腔吸虫病的鉴别

[相似点] 日本血吸虫病与双腔吸虫病均有感染性，消瘦，贫血，水肿。

[不同点] 双腔吸虫病的病原为双腔吸虫，在牧地吃了含有尾蚴的蚂蚁而发病。下痢，粪检有虫卵，将肝在水中撕碎、连续洗涤可见虫体。

4. 日本血吸虫病与莫尼茨绦虫病的鉴别

[相似点] 日本血吸虫病与莫尼茨绦虫病均有感染性，消瘦，贫血。

[不同点] 莫尼茨绦虫病的病原为莫尼茨绦虫，中间宿主是地螨，还出现下痢和神经症状，粪检有孕节片，剖检可见小肠有虫体。

5. 日本血吸虫病与捻转血矛线虫病的鉴别

[相似点] 日本血吸虫病与捻转血矛线虫病均有感染性，消瘦，贫血，颌下、腹下水肿。

[不同点] 捻转血矛线虫病的病原为捻转血矛线虫，吃了附有幼虫的水草而发病。黏膜苍白、黄疸，下痢与便秘交替发生，粪检易检出虫卵。剖检可见真胃有扭成麻花状的红色虫体。

6. 日本血吸虫病与食道口线虫病的鉴别

[相似点] 日本血吸虫病与食道口线虫病均有感染性，消瘦，贫血，颌下水肿。

[不同点] 食道口线虫病的病原为食道口线虫，吃了附有幼虫的牧草而发病，持续腹泻，含有多量黏液，有时含血，粪检有虫卵。剖检可见小肠、大肠有结节（有的钙化，有的有浓汁），肠有虫体。

7. 日本血吸虫病与仰口线虫病的鉴别

[相似点] 日本血吸虫病与仰口线虫病均有感染性，消瘦，贫血，颌下水肿。

[不同点] 仰口线虫病的幼虫由皮肤钻入羊体，顽固下痢，粪呈黑色，后躯软弱、麻痹。镜检可见肝呈淡灰色、肾呈棕黄色，十二指肠、空肠内有大量虫体和褐色或血色液体。

8. 日本血吸虫病与夏伯特线虫病的鉴别

[相似点] 日本血吸虫病与夏伯特线虫病均有感染性，消瘦，贫

血，颌下水肿。

[不同点]夏伯特线虫病的病原为夏伯特线虫，直接摄入有感染性幼虫而发病，下痢、粪有黏液和血。剖检可见肠有大量虫体和黏液。

9. 日本血吸虫病与羊泰勒焦虫病的鉴别

[相似点]日本血吸虫病与羊泰勒焦虫病有感染性，消瘦，贫血。

[不同点]羊泰勒焦虫病的病原为泰勒焦虫，由蜱传播，肢体僵硬，肩前淋巴结肿大，下痢与便秘交替发生。剖检可见肝、脾、胆囊肿大，肾呈黄褐色、表面有淡黄或灰白结节，全身淋巴结节充血、出血。肝脾涂片镜检可见石榴体。血检可见虫体。

10. 日本血吸虫病与绵羊钴缺乏症的鉴别

[相似点]日本血吸虫病与绵羊钴缺乏症均有减食，消瘦，贫血。

[不同点]绵羊钴缺乏症因缺钴而发病，没有皮下浮肿，排血。土壤含钴量低于 3 毫克/千克。

【防制】

1. 预防措施

消灭中间宿主钉螺。养食螺鸭子，改造低洼地，化学灭螺等措施；粪便进行堆积发酵，不使用新鲜粪便作肥料，管好水源，严防人、畜粪便污染水源；避免家畜接触尾蚴，搞好饮水卫生，专塘用水或用井水，在没有钉螺的地方放牧。

2. 发病后措施

处方1：

① 吡喹酮片 20 毫克/千克体重，一次内服。可达 99.3%～100% 的治疗效果。

② 生理盐水 500 毫升，氨苄青霉素 10～20 毫克/千克体重；10% 葡萄糖注射液 100～500 毫升，维生素 C 注射液 0.5～1.5 克，10% 安钠咖注射液 10 毫升，静脉注射，每日 1～2 次，连用 3～5 日。

③ 甘油 20～30 毫升，维生素 D_2 磷酸氢钙片 30～60 片，干酵母片 30～60 克，健胃散 30～60 克，加水灌服，每日 2 次，连用 3～5 日。

十一、前后盘吸虫病

前后盘吸虫（同端吸虫、胃吸虫、瘤胃吸虫）寄生于瘤胃壁和胆管壁上而引起的疾病。

【病原及生活史】前后盘吸虫种类很多，有代表性的鹿前后盘吸虫（淡红色，长圆锥形，长 5～11 毫米，宽 2～4 毫米）、长菲策吸盅（深红色，长圆筒形，前端稍尖，长 10～23 毫米，宽 3～5 毫米），成虫在瘤胃产卵，卵进入肠道随粪排出体外，发育成毛蚴，从卵中孵出后进入水中，钻入中间宿主（小椎实螺或尖口圆扁螺）体内发育成胞蚴、雷蚴和尾蚴，尾蚴离螺附水草上成囊蚴，羊吞食囊蚴后，童虫先在其胃、胆管、胆囊、小肠寄生 3～8 周，最后返回瘤胃发育为成虫。

【临床症状】童虫期：童虫大量入侵十二指期间，沉郁，厌食，数天后顽固下痢，粪粥样或水样，恶臭，混有血液，急剧消瘦，高度贫血，黏膜苍白，血液稀薄，红细胞 300 万，血红蛋白降至 40％以下；体温正常，幼小绵羊羔可能大量死亡。后期委靡、极度虚弱，眼睑、颌下、胸腹下部水肿，最后恶液质，死亡。成虫期：消瘦，下痢，水肿，但经过缓慢。

【病理变化】十二指肠肿胀出血，可能见有大量童虫，大肠有大量混血液体，瘤胃内有成虫。

【类症鉴别】

1. 前后盘吸虫病与羊副结核病的鉴别

[相似点] 前后盘吸虫病与羊副结核病均有传染性，沉郁，衰弱，腹泻，血红蛋白减少。

[不同点] 羊副结核病的病原为副结核分支杆菌，潜伏期长达数月或数年，血钙、血镁下降；采取肠黏膜制片，经抗酸染色，镜检可见红色细小杆菌。前后盘吸虫病曾喝沟水或吃水草后下痢，粪中有虫卵，如用驱虫剂粪中有童虫。

2. 前后盘吸虫病与羔羊痢疾的鉴别

[相似点] 前后盘吸虫病与羔羊痢疾均有传染性，沉郁，食欲不振．腹泻如水，衰弱。

[不同点] 羔羊痢疾的病原为 B 型魏氏梭菌，后期粪含血、有恶臭；体温低于正常，四肢瘫痪，呼吸迫促，常在几小时或十几小时内死亡，从肠内容物中可获得 B 型魏氏梭菌。前后盘吸虫病眼睑、颌下、胸腹下水肿，粪中有虫卵，如用驱虫剂粪中有童虫。

3. 前后盘吸虫病与大肠杆菌（肠型）的鉴别

［相似点］前后盘吸虫病与大肠杆菌（肠型）均有传染性，委顿，虚弱，下痢。

［不同点］大肠杆菌的病原为大肠杆菌，病初体温 40.5～41℃，粪初为黄色、后变为灰色液状，含气体，有时含血。发病 24～36 小时死亡。

4. 前后盘吸虫病与羊沙门氏菌病（下痢型）的鉴别

［相似点］前后盘吸虫病与羊沙门氏菌病均有传染性，减食，腹泻，委顿，衰弱。

［不同点］羊沙门氏菌病的病原为沙门氏菌，体温 40～41℃，粪带血、黏液，有恶臭，单克隆抗体可对本病快速诊断。

5. 前后盘吸虫病与羊球虫病的鉴别

［相似点］前后盘吸虫病与羊球虫病均有传染性，减食，腹泻，红细胞减少。

［不同点］羊球虫病的病原为球虫，粪检有卵囊。剖检可见十二指肠、回肠有粟粒至豌豆大结节。

【防制】

1. 预防措施

参照片形吸虫。

2. 发病后措施

处方 1：硫双二氯酚，每千克体重 75～100 毫克。或溴羟替苯胺，每千克体重 65 毫克。

处方 2：氯硝柳胺，每千克体重 70～80 毫克。或硝氯胺，每千克体重 4～5 毫克，童虫敏感。

十二、反刍兽绦虫病

反刍兽绦虫病是由裸头科莫尼茨属、曲子宫属和无卵黄腺属的各种绦虫寄生于绵羊、山羊和牛的小肠中引起的寄生虫病。常危害1.5～7 个月大的羔羊和犊牛，使其生长发育受阻，甚至大批死亡。

【病原及生活史】反刍兽绦虫病由多种绦虫引起，寄生在绵羊及山羊小肠中的绦虫共有四种，即扩展莫尼茨绦虫、贝氏莫尼茨绦虫、盖氏曲子宫绦虫和无卵黄腺绦虫，比较常见的是前两种。

扩展莫尼茨绦虫为大型带状绦虫，乳白色，头节近似球形；虫卵为近三角形、近圆形或近方形，卵内有一个含有梨形器的六钩蚴（裸头科绦虫的特征）。贝氏莫尼茨绦虫也为大型绦虫，虫卵形态结构与扩展莫尼茨绦虫虫卵相似，但以近方形虫卵为多。

莫尼茨绦虫发育需要中间宿主地螨参与，曲子宫绦虫和无卵黄腺绦虫的发育史尚不清楚。成虫寄生于反刍兽小肠。成虫脱卸的孕节或虫卵随终末宿主的粪便排出体外，虫卵散播，被地螨（中间寄主）吞食，六钩蚴在其消化道内孵出，穿出肠壁，入血腔发展为似囊尾蚴，成熟的似囊尾蚴开始有感染性。终末宿主采食时将含有似囊尾蚴的地螨吞入，地螨即被消化而释放出似囊尾蚴，似囊尾蚴吸附于肠壁上，在小肠内发育为成虫，所需时间为 45～60 天。成虫在羊体内的生活时间一般为 3 个月。

【流行病学】本病多见于 1.5～7 月龄的羔羊，感染高峰在 5～8 月份多雨的季节，并有不科学驱虫和放牧的病史。

【临床症状】食欲减退，饮欲增加，精神沉郁，营养不良，发育受阻，消瘦，贫血，颌下、胸前水肿，腹泻，或便秘与腹泻交替发生，有时随粪便排出孕节片或链体，重者虫体寄生过多或成团，可导致肠狭窄、肠阻塞，腹围增大，腹痛，甚至发生肠破裂或恶病质死亡。虫体分泌、代谢产物致神经中毒，后期有神经症状。

【病理变化】可在小肠中发现虫体，数量不等，其寄生处有卡他性炎症。有时可见肠壁扩张、肠套叠乃至肠破裂，肠管、淋巴结、肠系膜和肾脏发生增生和变性，体腔积液。

【实验室检查】

1. 虫卵检查

绦虫并不由节片排卵，除非含卵体节在肠中破裂才能排出虫卵，因此一般不容易从粪便检查出来。扩展莫尼茨绦虫的虫卵近乎三角形，贝氏莫尼茨绦虫的虫卵近乎正方形，卵内都含有一个梨形构造的六钩蚴。

2. 体节检查

成熟的含卵体节经常会脱离下来，随着粪便排出体外。清晨在羊圈里新排出的羊粪中看到混有黄白色扁圆柱状的物体，即为绦虫节片，长约 1 厘米，两端弯曲，很像蛆，开始还会蠕动。有时可排出长短不等、呈链条状的数个节片。压破孕卵节片镜检可发现多量虫卵。

【类症鉴别】

1. 反刍兽绦虫病（莫尼茨绦虫）与片形吸虫病的鉴别

［相似点］反刍兽绦虫病（莫尼茨绦虫）与片形吸虫病均有感染性，消瘦，贫血，下痢。

［不同点］片形吸虫病的病原为片形吸虫，食有感染性幼虫的水草而病；眼睑、下颌，胸腹下水肿，粪检可见虫卵呈深黄色、无孕节片；剖检可见胆管有虫体。反刍兽绦虫病有时有神经症状（抽搐、磨牙、旋转、腹痛），粪检有孕节片或虫卵。剖检可见肠黏膜、心内膜、心包有小出血点，肠有虫体。

2. 反刍兽绦虫病（莫尼茨绦虫）与阔盘吸虫病的鉴别

［相似点］反刍兽绦虫病（莫尼茨绦虫）与阔盘吸虫病均有感染性，消瘦，贫血，下痢。粪检有虫卵。

［不同点］阔盘吸虫病的病原为阔盘吸虫，吃了含有囊蚴的蟊斯而发病。颌下、胸腹下部水肿。剖检可见胰管有虫体。粪无孕节片。

3. 反刍兽绦虫病（莫尼茨绦虫）与双腔吸虫病的鉴别

［相似点］反刍兽绦虫病（莫尼茨绦虫）与双腔吸虫病均有感染性，消瘦，贫血下痢，粪检有虫卵。

［不同点］双腔吸虫病的病原为双腔吸虫，吃了含尾蚴的蚂蚁而发病，黄疸，颌下水肿，粪检无孕节片。将肝在水中撕碎并连续洗涤可见虫体。

4. 反刍兽绦虫病（莫尼茨绦虫）与鸟毕吸虫病的鉴别

［相似点］反刍兽绦虫病（莫尼茨绦虫）与鸟毕吸虫病均有感染性，消瘦，贫血。

［不同点］鸟毕吸虫病的病原为鸟毕吸虫，主要由皮肤侵入，有黄疸，水肿，母羊不孕，孕羊流产。粪检找虫卵困难且无孕节片。剖检可见肠系膜胶样浸润，肝有坏死结节，肠系膜静脉有虫体。

5. 反刍兽绦虫病（莫尼茨绦虫）与捻转血矛线虫病的鉴别

［相似点］反刍兽绦虫病（莫尼茨绦虫）与捻转血矛线虫病均有感染性，消瘦，贫血，下痢，粪检有虫卵。

[**不同点**] 捻转血矛线虫病的病原为捻转血矛线虫,幼虫在草上被吃后发病(肥羔急性突然死亡)。颌下、腹下水肿,粪检无孕节片,剖检可见真胃有扭成麻花状的红色虫体。

6. 反刍兽绦虫病(莫尼茨绦虫)与食道口线虫病的鉴别

[**相似点**] 反刍兽绦虫病(莫尼茨绦虫)与食道口线虫病均有感染性,消瘦,贫血,下痢,粪检有虫卵。

[**不同点**] 食道口线虫病的病原为食道口线虫,吃了附有幼虫的草即发病。剖检可见肠壁有结节(有的有脓汁,有的钙化),肠内有虫体。

7. 反刍兽绦虫病(莫尼茨绦虫)与仰口线虫病的鉴别

[**相似点**] 反刍兽绦虫病(莫尼茨绦虫)与仰口线虫病均有传染性,消瘦,贫血,下痢,粪检有虫卵。

[**不同点**] 仰口线虫病的病原为仰口线虫,下颌水肿,顽固性下痢,粪呈黑色,后躯软弱、麻痹,粪检无孕节片。剖检可见肝呈淡灰色,肾呈棕黄色,心包、胸腹腔有浆液,十二指肠、空肠有大量虫体。肠内容物呈褐色或血色液体。

【**防制**】

1. 预防措施

定期驱虫,管好粪便。成年羊定期驱虫;羔羊在开始放牧的第30～35天进行绦虫成熟期前驱虫,10～15天后再驱虫一次,第二次驱虫后1个月再进行第三次驱虫。粪便集中进行生物热发酵处理;杀灭土壤螨,勤耕翻牧地,改良牧草。科学放牧,不在清晨、傍晚或雨天放牧,避免在低湿地放牧,牧地严重污染应转移牧地。

2. 发病后措施

处方1:吡喹酮片10～20毫克/千克体重,内服。或硫双二氯酚(别丁)片80～100毫克/千克体重,内服。

处方2:氯硝柳胺(灭绦灵)片60～70毫克/千克体重,内服。

处方3:丙硫苯咪唑(即阿苯达唑、抗蠕敏)片5～15毫克/千克体重,内服。

处方4:鹤虱30克,使君子30克,槟榔30克,芜荑30克,雷丸30克,绵马贯众60克,干姜(炒)15克,附子(制)15克,乌梅30克,诃子30克,大黄30克,百部30克,木香15克,榧子30克,共末

（驱虫散），每次 30～60 克，开水冲，候温灌服。

十三、细颈囊尾蚴病

细颈囊尾蚴病是由带科带属泡状带绦虫的中绦期幼虫——细颈囊尾蚴寄生于多种家畜和野生动物的肝脏浆膜、网膜及肠系膜等处所引起的一种绦虫蚴病。成虫泡状带绦虫寄生于犬、狐、狼等肉食兽（终末宿主）的小肠，幼虫寄生在猪、黄牛、绵羊、山羊等动物（中间宿主）体内。

【病原及生活史】本病的病原为细颈囊尾蚴，俗称"水铃铛"，呈囊泡状，囊壁薄，呈乳白色，内含透明液体，囊体由黄豆大到鸡蛋大，肉眼可见囊壁上有一个向内生长具细长颈部的头节，故名细颈囊尾蚴。成虫泡状带绦虫呈乳白色或稍带黄色，虫卵为卵圆形。

当终末宿主犬、狐、狼等肉食兽吞食含有细颈囊尾蚴的脏器后，在小肠内发育成泡状带绦虫（成虫）。其孕节随终末宿主的粪便被排出体外，中间宿主因食入被虫卵所污染的牧草、饲草、饲料和饮水而感染，六钩蚴在消化道内逸出即钻入肠壁血管，随血流至肝脏，并逐渐移行至肝脏表面，进一步发育成熟，有些则从肝表面流入腹腔附着在网膜或肠系膜上，经 3 个月发育为成熟的细颈囊尾蚴。当六钩蚴在肝内移行时，破坏肝组织，形成孔道，可引起急性肝炎，而在腹腔浆膜发育时，可引起局限性腹膜炎，在肝内发育的幼虫还可引起肝硬化的发生。

【流行病学】该病的流行与养犬有关，且犬有采食生肉和未进行驱虫的病史。

【临床症状】成年羊除个别感染严重者会有临床症状外，一般无示病症状。羔羊常有明显症状，多数表现精神沉郁，食欲减退，衰弱，逐渐消瘦，黄疸；引发腹膜炎时，病羊体温升高，腹水增多，按压腹壁有疼痛感，一些病例腹腔内出血，腹部容积增大，也有的出现咳嗽等呼吸道症状，9～10 天后可转为慢性。

【病理变化】急性病程时可见到肝肿大，肝脏表面有很多小结节和出血点，肝实质中能找到虫体移行的虫道，初期虫道内充满血液，继后逐渐变为黄灰色；有时腹腔内有大量带血色的渗出液和幼虫。慢性病例时，在网膜、肠系膜和肝脏表面发现有黄豆大到鸡蛋大的细颈囊尾蚴，肝脏局部组织色泽变淡，呈萎缩现象，肝浆膜层发生纤维素性炎症。也有引起支气管炎、肺炎和胸膜炎的报道。

【防制】

1. 预防措施

加强饲养管理，保持牧场清洁干燥，注意饮水卫生。

2. 发病后措施

处方 1：吡喹酮片 70 毫克/千克体重，内服。

处方 2：丙硫苯咪唑 20 毫克/千克体重，内服，隔日 1 次，连用 3 次。

十四、脑多头蚴病

脑多头蚴病又叫脑包虫病，是由带科多头属多头绦虫的中绦期幼虫——脑多头蚴，寄生于绵羊、山羊及牛的脑部和脊髓所引起的一种绦虫蚴病。主要危害两岁以下的幼龄绵羊，人偶尔也可感染。

【病原及生活史】病原是多头绦虫的幼虫——脑多头蚴。脑多头蚴呈囊泡状，囊体由豌豆大到鸡蛋大，囊内充满透明液体，囊壁外膜为角皮层，内膜为生发层，囊内膜附许多原头蚴。成熟节片呈方形，卵为圆形。

成虫寄生于犬、狼、狐狸（终末宿主）的小肠，其孕节和虫卵随粪便排出体外，绵羊、山羊及牛等中间宿主随饲草、饮水等吞食虫卵后，六钩蚴在消化道逸出，并钻入肠黏膜血管内，被血流带到脑脊髓中，经 2～3 个月发育为大小不等的脑多头蚴。终末宿主吞食了含有脑多头蚴的病畜脑脊髓时，原头蚴即附着在肠黏膜上，经 41～73 天发育为成虫。成虫在犬的小肠内可生存数年之久。

【流行病学】该病的流行与养犬有关，且犬有采食生肉和未进行驱虫的病史。

【临床症状】多头蚴寄生于羊脑及脊髓部，可引起脑膜炎，羊只表现出采食减少，流涎，磨牙，垂头呆立，运动失调及做特异转圈运动。

急性型表现体温升高，脉搏加快，呼吸急促，出现回旋、前冲、退后运动等，似有兴奋表现；慢性型多发生在发病后期，在 2～6 个月时，多头蚴发育至一定大小，病羊呈慢性经过。典型症状为随虫体寄生部位的不同，病羊转圈的方向和姿势不同。虫体大多寄生在大脑半球表面，病羊做转圈运动时，多向寄生部一侧转动，而对侧视力发生障碍以至失明，病部头骨叩诊呈浊音，局部皮肤隆起，压痛，软化，对声音刺激反应很弱。若寄生于大脑正前部，病羊头下垂，向前做直线运动，碰到障碍物头抵住呆立。若寄生在大脑后部，病羊仰头或做后退状，直到跌例卧地不起。若寄生于小脑，病羊易惊，运动失衡，易摔倒。若寄生于脊髓部，步态不稳，转弯时最明显，后腿麻痹，小便失禁。

【病理变化】急性死亡的羊见有脑膜炎和脑炎病变，还可见到六钩蚴在脑膜中移行时留下的弯曲伤痕。慢性期的病例则可在脑、脊髓的不同部位发现 1 个或数个大小不等的囊状多头蚴，在病变或虫体相接的颅骨处，骨质松软、变薄，甚至穿孔，致使皮肤向表面隆起，病灶周围脑组织或较远的部位发炎，有时可见萎缩变性和钙化的多头蚴。

【实验室检查】可用变态反应诊断法，即用多头蚴的囊壁和原头蚴制成乳剂变应原，注入羊的眼睑内，如果是患羊，于注射 1 小时左右，皮肤出现直径 1.75～4.2 厘米的肥厚肿大，并保持 6 小时左右。

【类症鉴别】

1. 脑多头蚴病与羊弓形虫病的鉴别

[相似点] 脑多头蚴病与羊弓形虫病均有转圈运动，体温稍升高，卧地不起。

[不同点] 羊弓形虫病的病原为弓形虫。肺有啰音，呼吸困难，肌肉僵硬，行走困难，同时孕羊流产。荧光染色可检出弓形虫。

2. 脑多头蚴病与脑膜脑炎的鉴别

[相似点] 脑多头蚴病与脑膜脑炎均有兴奋对前冲后退，转圈，头向上仰。

[不同点] 脑膜脑炎有脑膜发炎，无传染性，体温升高，脑部敏感，咩叫。剖检可见脑膜、脑实质有炎症，脑脊液增多。

3. 脑多头蚴病与脑软化的鉴别

[相似点] 脑多头蚴病与脑软化均有体温正常，转圈，视力障碍。

[不同点] 脑软化无多头蚴寄生，卧时有角弓反张，四肢做游泳动作或肌肉不随意收缩。剖检可见脑有软化坏死灶。

【防制】

1. 预防措施

对患羊的头、脑和脊髓应焚毁，禁止给犬吃。对牧区所养的犬进行定期驱虫（吡喹酮片，5 毫克/千克体重，一次内服），阻断成虫感染。对牧地附近的野犬、豺、狼、狐狸等终末宿主应予捕杀。

2. 发病后措施

药物治疗和手术疗法，治疗原则为诊断准确，早期驱虫。

处方 1：吡喹酮片 50 毫克/千克体重，内服，每日 1 次，连用 5 日，或 70 毫克/千克体重，内服，每日 1 次，连用 3 日。

处方 2：手术疗法

多用于价值较高的慢性型病羊，但囊泡处在脑部较深处时，手术后果不良。

以病羊的特异运动姿势确定虫体大致的寄生部位，用镊子或手术刀柄压迫头部脑区，寻找压痛点，再用手指压迫，感觉到局部骨质松软处，多为寄生部位，再施叩诊术，病变部多为浊音。或用 X 线或 B 超检查确定手术部位。

在病部区剪毛消毒，用手术刀切开拇指头大小、半月形的皮瓣（或做十字形切口），分离皮下组织，将头骨膜分离至一侧，用圆锯或小外科刀除去露出的颅骨一块，用剪刀剪开脑硬膜，看到多头蚴后，用镊子慢慢牵引出来。或用注射针头刺入囊腔内，徐徐抽出囊液，如看不到脑包虫，可以插入细胶皮管，沿脑回向周围探索，用注射器多次抽吸，常可将虫囊吸在胶皮管口上，然后抽回胶皮管，即可拉出脑包虫。给囊腔部注入含有青霉素的生理盐水 3～5 毫升，盖上脑硬膜及骨膜，撒布少量青霉素粉，缝合皮肤，并以火棉胶或绷带保护术区。手术中要严防局部血管破裂，术后注意抗菌消炎，加强护理。

十五、棘球蚴病

棘球蚴病又叫包虫病，是由带科棘球属细粒棘球绦虫的中绦期幼虫——棘球蚴寄生在哺乳动物肝脏、肺脏及其他各种器官内所引起，是一种严重的人畜共患的寄生虫病。

【病原及生活史】病原为棘球蚴，棘球蚴寄生在中间宿主绵羊、山羊、黄牛、水牛、骆驼、猪等家畜及多种野生动物和人的肝脏、肺脏以及其他各种器官。是一个近似球形的泡状囊，囊液无色或微黄色透明，小的虫体如黄豆大，大的虫体直径达50厘米，内含囊液十余升。囊体壁外层为角质层，内层为生发层（胚层），在内层上长出许多头节样的原头蚴。成虫（细粒棘球绦虫）寄生在终末宿主犬、狼、狐狸等肉食兽的小肠上段，是绦虫中最小的几种之一。虫卵直外被一层辐射条状的胚膜，里面有六钩蚴。

终末宿主犬、狼、狐狸把含有细粒棘球绦虫的孕卵节片和虫卵随粪排出，污染牧草、牧地和水源。当中间宿主通过吃草饮水吞下虫卵后，卵膜因胃酸作用被破坏，六钩蚴逸出，钻入肠黏膜血管，随血流达到全身各组织，逐渐生长发育成棘球蚴，最常见的寄生部位是肝脏和肺脏。如果终末宿主吃了含有棘球蚴的器官，经2.5～3个月就在肠道内发育成细粒棘球绦虫，并可在宿主肠道内生活达6个月之久。

【流行病学】该病的流行与养犬有关，且犬有采食生肉和未进行驱虫的病史。

【临床症状】若轻度感染，则病初不显症状。如果棘球蚴侵占肺部，会引起呼吸困难和微弱咳嗽。听诊肺部病区，病灶下无呼吸音或呼吸音减弱，叩诊为半浊音、浊音。棘球蚴破裂则全身症状加重，病情恶化，甚至引起窒息而死亡。肝脏感染严重时，叩诊肝浊音区扩大，触诊浊音区病羊表现疼痛。当肝脏容积极度增加时，可见右侧腹部稍有膨大。绵羊严重感染时，营养失调，反刍无力，瘤胃臌气，消瘦，乃至衰竭，被毛逆立，容易脱落，有特殊的咳嗽，当咳嗽发作时，病羊躺在地上，死亡率高。

【病理变化】肝脏和肺脏表面凹凸不平，质量增大，表面有数量不等、粟粒大到足球大甚至更大的棘球蚴寄生，有时棘球蚴发生钙化和化脓，有时在脾脏、肾脏、脑、脊椎管、肌肉和皮下发现棘球蚴。

【实验室检查】生前诊断有一定困难，可用X线或B超检查进行诊断。有条件的可做皮内变态反应进行诊断。

【防制】

1. 预防措施

消灭野犬，对牧区所养的犬进行定期驱虫（吡喹酮片5毫克/千克体重，1次内服），驱虫后的犬粪要进行无害化处理，并做到不用生肉喂犬，长有棘球蚴的家畜内脏焚烧或深埋，防止被犬、狼等肉食兽采食。做好饲草和饮水卫生，不要被粪便污染。人与犬等动物接触或加工狼、狐狸等皮毛时，应注意对个人卫生的防护，严防感染。

2. 发病后措施

治疗原则为诊断准确，早期驱虫。

处方1：吡喹酮片25～30毫克/千克体重，内服，每日1次，连用5日。

处方2：丙硫苯咪唑片90毫克/千克体重，内服，每日1次，连用2日。

处方3：手术摘除棘球蚴，手术时应防止棘球蚴破裂。

十六、巴贝斯虫病

羊巴贝斯虫病又称蜱热，红尿病，旧称焦虫病，是巴贝斯科巴贝斯属的莫氏巴贝斯虫、绵羊巴贝斯虫等寄生于羊血液红细胞而引起的疾病。其临床特征为发热、贫血、血红蛋白尿和黄疸，是由蜱传播的一种血孢子虫病。

【病原及生活史】病原为两种血孢子虫，即莫氏巴贝斯虫和绵羊巴贝斯虫。莫氏巴贝斯虫的毒力较强，虫体在红细胞内单独或成对存在，成对者呈锐角，占据细胞中央，长度大于红细胞半径；绵羊巴贝斯虫在红细胞内单独或成对存在，占据细胞周边，成对者形成钝角。

巴贝斯虫的生活史尚不完全了解，但已知绵羊巴贝斯虫病的主要传播者为扇头蜱属的蜱。病原在蜱体内经过有性的配子生殖，产生子孢子，当蜱吸血时即将病原注入羊体内，寄生于羊的红细胞内，并不断进行无性繁殖。当硬蜱吸食羊血液时，病原又进入蜱体内发育。如此周而复始，流行发病。

【流行病学】6～12月龄的羊发病率高，以夏秋季多发，从无蜱区引入有蜱区的羊易感，在羊体、圈舍及牧草上有蜱存在。

【临床症状】一部分羊染虫而不显症状。患羊精神沉郁，食欲减退或废绝，反刍减少或停止，体温升高至41～42℃，呈稽留热型，可视黏膜苍白，偶尔可见黄染现象，常排出黑褐色带黏液的粪便。尿液变黄，甚至呈棕红色或酱油色。呼吸加快，脉搏细数，迅速消瘦，若治疗不及时，多因全身衰竭而死亡。有的病例出现精神兴奋，无目的奔跑，突然倒地死亡。

【病理变化】尸体消瘦，血液稀薄如水，血凝不全，皮下组织苍白、黄染，心肌柔软，黄红色，心内膜有出血点，肝脏、脾脏肿大，表面有出血点，胆囊肿大2～4倍，充满浓稠胆汁，瓣胃塞满干硬的胃内容物，肾脏肿大，呈淡红黄色，有点状出血，膀胱膨大，内有多量红色尿液。

【实验室检查】从高热期典型病羊的耳静脉采血，涂片，瑞氏染色或姬姆萨染色，镜检，在红细胞内发现有一定数量的虫体即可确诊。血液检查可发现红细胞大小不均，红细胞数减少（较少至$2\times10^{12}\sim4\times10^{12}$/升），血红蛋白减少，血清黄疸指数升高，间接胆红素含量升高等。

【类症鉴别】

1. 巴贝斯虫病与附红细胞体病的鉴别

[相似点] 巴贝斯虫病与附红细胞体病均有感染性，由蜱传播，体温高，贫血，虚弱，红细胞减少，血稀。

[不同点] 附红细胞体病的病原为附红细胞体，血检可见附红细胞体附于红细胞外壁，使红细胞形成方形或放射形，血浆可见有活动的虫体。

2. 巴贝斯虫病与棉籽饼中毒的鉴别

[相似点] 巴贝斯虫病与棉籽饼中毒均有心跳、呼吸增数，虚弱，血尿。

[不同点] 棉籽饼中毒是因吃未去毒的棉籽而发病，体温不高，羞明，后肢软弱，严重中毒时下痢带血。硫酸中放入棉籽粉呈胭脂红色。

3. 巴贝斯虫病与钩端螺旋体病的鉴别

[相似点] 巴贝斯虫病与钩端螺旋体病均有体温高（40～41.5℃），黏膜苍白、黄疸，血尿。

[不同点] 钩端螺旋体病的病原为钩端螺旋体，慢性便秘，亚急性羊乳头坏死，急性结膜流泪，鼻流黏性、脓性鼻液，血片镜检可见钩端螺旋体。

【防制】

1. 预防措施

（1）做好灭蜱工作　可用伊维菌素注射液0.2毫克/千克体重，

全群皮下注射，或全群进行药浴，对圈舍进行彻底清扫、消毒，做好环境灭蜱工作。

（2）药物预防　对场内未见症状羊，普遍使用 5％三氮脒按 5 毫克/千克体重，分点深部肌内注射 1 次，进行预防。或采用咪唑苯脲进行预防注射。

（3）加强管理　在有蜱季节不引进羊只，不从有蜱区引进羊只。

2. 发病后措施

治疗原则为及早确诊，杀虫和对症治疗。

处方 1：

① 伊维菌素注射液 0.2 毫克/千克体重，全群皮下注射，10～15 天后再注射一次。

② 注射用三氮脒（贝尼尔、血虫净）3～5 毫克/千克体重，配成 5％水溶液，分点深部肌内注射，隔日 1 次，连用 2～3 次。或硫酸喹啉脲（阿卡普林）注射液 2 毫克/千克体重，配成 0.5％水溶液，皮下注射，隔日 1 次，连用 2～3 次。

③ 复方氨基比林注射液 5～10 毫升，皮下或肌内注射，每日 1 次，连用 3 日。

处方 2：

① 伊维菌素注射液 0.2 毫克/千克体重，全群皮下注射，10～15 日后再注射一次。

② 注射用咪唑苯脲 1～3 毫克/千克体重，配成 10％水溶液，肌内注射，隔日 1 次，连用 2～3 次。

③ 30％安乃近注射液 3～10 毫升，皮下或肌内注射，每日 1 次，连用 3 日。

处方 3：严重时，配合处方 1～2。

① 10％葡萄糖注射液 100～500 毫升，维生素 C 注射液 0.5～1.5 克，10％安钠咖注射液 10 毫升，静脉注射，每日 1～2 次，连用 3～5 日。

② 甘油 20～30 毫升，维生素 D_2 磷酸氢钙片 30～60 片，干酵母片 30～60 克，健胃散 30～60 克，加水灌服，每日 2 次，连用 3～5 日。

十七、泰勒虫病

泰勒焦虫病是由泰勒科泰勒属的羊泰勒焦虫寄生于羊红细胞、巨噬细胞和淋巴细胞内所引起的寄生虫病。其临床特征是发热，体表淋巴结肿大、疼痛，贫血，黄疸和血红蛋白尿。

【病原及生活史】病原为山羊泰勒虫和绵羊泰勒虫。虫体圆形，卵圆形，虫体寄生在羊的红细胞内。

羊泰勒虫病的主要传播者为血蜱属的蜱，我国常见山羊泰勒虫，传播者为青海血蜱，病原在蜱体内经过有性的配子生殖，并产生子孢子，当蜱吸血时，即将病原注入羊体内。羊泰勒虫在羊体内首先侵入网内皮系统细胞，在肝、脾、淋巴结和肾脏内进行裂体繁殖（石榴体或柯赫氏蓝体），继而进入红细胞内寄生。当蜱吸食羊的血液时，泰勒虫又进入蜱体内发育。如此周而复始，继续引起发病，扩大流行。

【流行病学】本病发生于4～6月份，1～6月龄羔羊发病率高，从无蜱区引入有蜱区的羊易感，在羊体、圈舍及牧草上有蜱存在。

【临床症状】潜伏期4～12天，病羊病初精神沉郁，食欲减退，体温升高到40～42℃，稽留4～7天，呼吸急促，心跳加快，心音亢进，多卧少动，反刍及胃肠蠕动减弱或停止，便秘或腹泻，粪便中带有黏液或血液，个别羊尿液混浊或呈谈红色或棕红色，可视黏膜充血，继而苍白，轻度黄染，体表淋巴结肿大，有痛感。耳静脉采血，血液稀薄。有的羔羊四肢发软，卧地不起。病程6～12天。

【病理变化】尸体消瘦，血液稀薄，皮下脂肪呈胶冻样，有点状出血。全身淋巴结有不同程度的肿大，尤以肩前、肠系膜、肺脏、肝脏等处淋巴结更为显著，淋巴结切面多汁，充血，有一些淋巴结呈灰白色，有时表面有颗粒状突起。肝脏和脾脏肿大。肾脏呈黄褐色，表面有结节和小出血点。皱胃黏膜发生溃疡斑，肠黏膜上有少量出血点。

【实验室检查】早期进行淋巴结穿刺查或剖检后取淋巴结、脾脏、肝脏等涂片，染色镜检，发现石榴体，即可确诊。后期可采集外周血作涂片，染色镜检，查找红细胞内的典型虫体。采集时最好用处在高热期的典型病羊，并且未用药治疗。

【类症鉴别】

1. 泰勒虫病与无浆体病的鉴别

［**相似点**］泰勒虫病与无浆体病均有感染性，蜱传播，体温高（40～41℃），消瘦，贫血，黄疸，血稀如水。剖检可见脾、肝、胆囊肿大。

［**不同点**］无浆体病的病原为无浆体，尿清亮有泡沫，血液涂片姬氏染色、血检可见红细胞内一个或多个边缘无浆体。

2. 泰勒虫病与双腔吸虫病的鉴别

［**相似点**］泰勒虫病与双腔吸虫病均有感染性，消瘦，贫血，黄疸，下痢。

［**不同点**］双腔吸虫病的病原为双腔吸虫，吞食含有尾蚴的蚂蚁而发病。剖检可见胆管炎。在水中将肝撕碎并连续洗涤可见虫体。

3. 泰勒虫病与鸟毕吸虫病的鉴别

［**相似点**］泰勒虫病与鸟毕吸虫病均有感染性，消瘦，贫血，黄疸。

［**不同点**］鸟毕吸虫病的病原为鸟毕吸虫，颌下、腹下水肿，尾蚴从皮肤钻入体内而发病，母羊不孕，孕羊流产。剖检可见肠系膜、大网膜胶样浸润，肝表凹凸不平，散有坏死结节，皮内反应有诊断价值。

【防制】

1. 预防措施

加强饲养管理，做好圈舍、饲草、饲料、饮水的卫生工作，羔羊及时断奶和分群，防止羔羊摄入大量卵囊而发病，感染严重时，可全群内服抗球虫药物进行预防；羊受过感染可产生免疫力，让羔羊在放牧过程中逐渐与球虫接触，获得抗球虫能力，也是一种办法。

2. 发病后措施

处方 1：氨丙啉可溶性粉，按 5 毫克/千克体重，混饲或混饮，每日 2 次，连用 3 日。

处方 2：莫能菌素预混剂 2～3 克，拌料 100 千克。

处方 3：磺胺喹噁啉预混剂 12.5 克，拌料 100 千克，连用 3 日。

处方 4：磺胺脒片 0.1～0.2 克/千克体重，次硝酸铋片 2～6 克，矽碳银片 5～10 克，碳酸氢钠片 5～10 克，维生素 D_2 磷酸氢钙片 30～60 片，干酵母片 30～60 克，丙二醇 20～30 毫升，加水内服，每日 2 次，连用 3～5 日。

十八、弓形虫病

弓形虫病是由真球虫目肉孢子虫科弓形虫属的刚第弓形虫寄生于人和多种动物引起的一种人兽共患寄生虫病。羊弓形虫病的临床特征为发热，呼吸困难，中枢神经机能障碍，以及流产、死胎和产出弱羔。

【病原及生活史】弓形虫在细胞内寄生，依据其发育阶段的不同可分为五种不同形态，即滋养体（速殖子）、包囊、裂殖体、配子体和卵囊。在中间宿主的各种组织细胞中有滋养体和包囊两种形态。在终未宿主——猫的体内除了有速殖子和包囊外，其肠上皮细胞内有裂殖体、配子体和卵囊三种形态。

弓形虫的终末宿主是猫。猫体内的弓形虫在小肠上皮细胞内进行有性繁殖，最后形成卵囊。卵囊随着猫粪排出，在适宜条件，经 2～3 天发育为孢子化卵囊。

人、多种哺乳动物及禽类是中间宿主，当中间宿主吞食孢子化卵囊后，卵囊中的子孢子即在其肠内逸出，侵入血流，分布到全身各处，钻入各种类型的细胞内进行繁殖。在此感染的急性阶段，尚可在腹腔渗出液中找到游离的滋养体。当感染进入慢性阶段时，在动物的细胞内形成包囊，中间宿主除吃到卵囊外，也可因吃到动物肉或乳中的滋养体速殖子而感染。

当猫吃到卵囊或其他动物肉中的滋养体时，在猫肠内逸出的子孢子或滋养体一部分进入血流，到猫体各处进行无性繁殖。一部分进入小肠上皮细胞变成裂殖体，再形成多数裂殖子，细胞破裂，裂殖子又进入新的上皮细胞重复以裂殖生殖方法繁殖数代。最后，有的裂殖子进入肠上皮细胞后发育为小配子细胞，再发育为多数小配子，有的则发育为大配子细胞，再发育为大配子。小配子和大配子接合成为合子，再发育为卵囊，随粪排出。

【流行病学】本病的感染与季节有关，7～9 月检出的阳性率较 3～6 月为高。多通过消化道食入孢子化卵囊（被猫粪污染的饲料、饲草、饮水等）而感染，也可通过胎盘感染，另外还可以经过有损伤的皮肤和黏膜发生感染。职业人群在进行屠宰、手术、接产和剖检等工作时，要佩戴手套，注意卫生防护。

【临床症状】急性病羊表现为精神沉郁，体温升高到 41～42℃，呈稽留热，食欲减退或废绝，眼结膜潮红，有多量脓性分泌物，不愿走动，叫声嘶哑，呼吸急速，常张口呼吸，咳嗽，流出脓性鼻液，有的听诊肺部有湿性啰音，发生腹泻，有的病羊运动失调，走路不稳，转圈，昏迷等。

成年绵羊多呈隐性感染，仅有少数有呼吸系统症状和中枢神经症状，有的母羊没有明显症状而发生流产，流产常出现于正常分娩前的 4～6 周，或产出死胎和弱羔。

【病理变化】剖检可见脑脊髓炎和轻微的脑膜炎，颈部和胸部的脊髓严重受损。淋巴结肿大，边缘有小结节，肺表面有散在的小出血点，胸、腹腔有积液。绵羊胎盘病变明显，绒毛叶呈暗红色，胎盘子叶肿胀，在绒毛间有直径为 1～2 毫米的白色坏死灶，其中含有大量滋养体，产出的死羔皮下水肿，体腔积液，小脑前部有广泛性小坏死灶。

【实验室检查】可采集肺脏、肝脏、淋巴结、血液、淋巴结穿刺液等，涂片或触片，瑞氏或姬姆萨染色后镜检，如发现滋养体或包囊即可确诊。为提高检出率，可取肺脏或肺门淋巴结研碎后加入 10 倍的生理盐水过滤，滤液 500 转分离心 3 分钟，取上清液再 1500 转分离心 10 分钟，取沉渣涂片、染色、镜检。也可将新鲜的脊髓液离心沉淀后进行涂片、染色、镜检。

【类症鉴别】

1. 弓形虫病与李氏杆菌病的鉴别

[相似点] 弓形虫病与李氏杆菌病均有传染性，体温高（40～41℃），有神经症状，肌肉僵硬，孕羊流产。

[不同点] 李氏杆菌病的病原为李氏杆菌。体温初高不久即降低，盲目乱闯，遇障碍而停，不转圈，阵发性痉挛，剖检可见脑充血、水肿、有小脓灶（不是坏死灶），病料涂片镜检可见到 V 形排列的杆菌。

2. 弓形虫病与布鲁氏菌病的鉴别

[**相似点**] 弓形虫病与布鲁氏菌病均有传染性，委顿，孕羊中后期流产，产死胎，胎儿浆膜腔有红色液体。

[**不同点**] 布鲁氏菌病的病原为布鲁氏菌，任何妊娠期可流产，流产前几天阴道排黄色、灰褐色黏液，胎衣有黄色胶样浸润，覆有纤维蛋白和脓液。绒毛叶苍白、贫血，覆有灰或黄绿色纤维蛋白，皮下有出血性胶样浸润。用补体结合反应可确诊。

3. 弓形虫病与脑多头蚴病的鉴别

[**相似点**] 弓形虫病与脑多头蚴病均有感染性，体温升高，做圆圈运动，卧地不起。

[**不同点**] 脑多头蚴病的病原为多头蚴，转圈持续不停，越转越小。有时颅骨凸起。剖检可见脑部有多头蚴。

4. 弓形虫病与脑脊髓丝虫病的鉴别

[**相似点**] 弓形虫病与脑脊髓丝虫病均有一肢或两肢运动失调，能饮食，横卧不起，病程长。

[**不同点**] 脑脊髓丝虫病的病原为脑脊髓丝虫，如两肢有病多为同侧，行走歪斜。用脊髓丝虫抗原注于皮内出现 1.5 厘米丘疹。

【防制】

1. 预防措施

加强饲养管理，清洁羊舍，改善卫生条件，定期消毒，防止饲草、饲料和饮水被猫粪污染；对流产的胎儿及其他排泄物进行无害化处理，流产的场地亦应严格消毒，死羊要严格处理，以防污染环境或被猫及其他动物吞食；羊场禁止养猫，捕杀野猫，或对猫定期口服磺胺嘧啶片（0.1 克/千克体重，每日 2 次，连用 3 日），进行杀虫。

2. 发病后措施

处方 1：磺胺嘧啶，每千克体重 70 毫克，加磺胺甲氧嘧啶，每千克体重 14 毫克，12 小时 1 次，连用 3～4 日。

处方 2：复方磺胺-6-甲氧嘧啶，每千克体得 60～100 毫克，配成 10%溶液皮注，第二天起药量减半，连用 3～5 日。

处方 3：磺胺甲氧吡嗪，每千克体重 30 毫克，加甲氧苄胺嘧啶，每千克体重 10 毫克，12 小时服 1 次，连用 3～4 日。

处方 4：黄常山、槟榔各 12 克，柴胡、桔梗、麻黄、甘草各 8 克（20 千克以下减半），先用文火加黄常山、槟榔煎 20 分钟，然后加柴胡、桔梗、甘草同煎 15 分钟，而后再加麻黄煎 5 分钟，过滤去渣后温服。羊的用量可参考试用。

十九、球虫病

球虫病是由艾美科艾美耳属的球虫寄生于羊肠道所引起的一种原虫病。其临床特征为下痢、消瘦、贫血、发育不良，严重者导致死亡。主要危害羔羊和山羊，成年羊多为带虫者。

【病原及生活史】寄生于绵羊和山羊体内的艾美耳球虫有多种（文献记载有 13 种），其中致病力较强的有雅氏艾美耳球虫、阿撒他艾美耳球虫（寄生于小肠）、浮氏艾美耳球虫（寄生于小肠）、阿氏艾美耳球虫（寄生于小肠）、错乱艾美耳球虫等（寄生于小肠后段）。

整个生活史分为孢子生殖、裂殖生殖和配子生殖三个阶段。球虫卵囊形成后随羊的粪便排至体外，刚排出的卵囊没有发生孢子化也没有感染性，在外界温暖潮湿的环境下，经 1～6 天完成孢子化过程，形成孢子化卵囊（内含 4 个孢子囊，每个孢子囊含有 2 个子孢子）。

当孢子化卵囊被羊摄入消化道后，从卵囊中释放出子孢子。在一定的温度和空气条件下，子孢子进入小肠上皮细胞，然后穿过细胞质移行到细胞核附近，一些种的子孢子甚至能使核膜形成凹陷，然后逐渐变为圆形的滋养体，滋养体的细胞核进行数次无性复分裂，然后细胞质向核周围集中，分裂中的虫体称为裂殖体，产生的后代称为裂殖子，一个裂殖体内含有数十个或更多的裂殖子。第一代裂殖子从裂殖体释放出来时，常使肠上皮细胞受到破坏，裂殖子又进入新的未感染的肠上皮细胞内，进行第二代裂殖生殖。如此反复，使上皮细胞遭受严重破坏，引起疾病的发作。

经过一定代数的无性生殖以后，裂殖体不再发育为裂殖子，而发育为配子母细胞。其中一部分转化成小配子母细胞，分裂后形成小配子（雄性细胞），另一部分转化形成大配子母细胞，进一步发育为大配子（雌性细胞），大小配子融合形成合子的过程称为受精。受精过程结束形成合子后，虫体便开始形成卵囊壁。卵囊形成后，宿主细胞破溃，卵囊进入肠腔，随粪便排出。

【流行病学】 多发于春、夏、秋三季，温暖潮湿的环境易造成本病流行。冬季气温低时，不利于球虫卵囊的发育，发病率较低。1岁以内的羔羊症状较为明显。

【临床症状】 急性经过为2～7天，慢性者可延至数周。病羊精神不振，食欲减少或废绝，饮水量增加，被毛粗乱，可视黏膜苍白，腹泻，粪便中常混有血液、黏膜和脱落的上皮，粪恶臭，并含大量卵囊。有时可见病羊肚胀，被毛脱落，眼和鼻的黏膜有卡他性炎症。病羊多因迅速消瘦而死亡，死亡率通常在10%～25%，有时高达80%。

【病理变化】 小肠黏膜上有淡白色或黄色圆形或卵圆形结节，如粟粒至豌豆大，常成簇分布，从浆膜面也能看到，十二指肠和回肠有卡他性炎症，有点状或带状出血。

【卵囊检查】 用粪便直接涂片法或饱和食盐水漂浮法检查粪便中的卵囊。因为带虫现象在羊群中极为普遍，所以单凭粪检发现球虫卵囊而进行诊断确诊是不可靠的。而应在粪检的同时根据动物的年龄、发病季节、饲养管理条件、发病症状、剖检变化等因素进行综合判定。

【类症鉴别】

1. 球虫病与羊副结核的鉴别

［相似点］球虫病与羊副结核均有传染性，腹泻，消瘦。

［不同点］羊副结核的病原为副结核分支杆菌，体温正常，食欲稍减，病程慢，剖检可见肠系膜淋巴结柔软，有黄白色坏死灶。病料涂片抗酸染色可见红色细小杆菌；球虫病羔羊腹泻含血及大量卵囊，恶臭，体温40～41℃，剖检可见小肠有粟粒至豌豆大结节，大肠有溃疡。

2. 球虫病与羔羊痢疾的鉴别

［相似点］球虫病与羔羊痢疾均有传染性，羔羊多发，腹泻且粪含血、恶臭，委顿，食欲不振。

［不同点］羔羊痢疾的病原为B型魏氏梭菌。主要发生于7日龄内羔羊，衰弱卧地不起。剖检小肠常见溃疡，周围有出血带，从肠内容物中可获得B型魏氏梭菌。

3. 球虫病与羊大肠杆菌病（肠型）的鉴别

［相似点］球虫病与羊大肠杆菌病均有传染性，羔羊多病，体温

高（41.5～42℃），下痢含血，委顿，卧地。剖检可见肠黏膜充血。

[不同点] 羊大肠杆菌病的病原为大肠杆菌，下痢后体温下降，腹痛，粪含气泡，剖检可见肠系膜淋巴结红肿。已研究出牛、猪大肠杆菌克隆抗体诊断制剂，易于诊断。

4. 球虫病与羊沙门氏菌病(下痢型)的鉴别

[相似点] 球虫病与羊沙门氏菌病有传染性，体温高（40～41℃）减食，腹泻，粪含血、有恶臭，委顿，卧地不起。

[不同点] 羊沙门氏菌病的病原为沙门氏菌，粪中无卵囊。剖检可见真胃、肠道空虚，肠道胆囊黏膜充血，单克隆抗体技术能快速诊断。

5. 球虫病与前后盘吸虫病的鉴别

[相似点] 球虫病与前后盘吸虫病均有传染性，食减烦渴，腹泻，红细胞减少。

[不同点] 前后盘吸虫病的病原为前后盘吸虫，粪腥臭。粪检有虫卵，剖检真胃、小肠见童虫，瘤胃见成虫。

6. 球虫病与羔羊消化不良的鉴别

[相似点] 球虫病与羔羊消化不良均有羔羊多病，腹泻，呼吸迫促。剖检可见小肠充血。

[不同点] 羔羊消化不良为非传染病，粪灰绿色、混有气泡和凝乳块，酸臭。体温不高，脱水。剖检肝肿脆，心内外膜有出血点。

【防制】

1. 预防措施

羊圈每天打扫干净，并将粪污垫草集中消毒，地面用3%～5%热碱水、1%克辽林液消毒，羊栅、用具、水槽等每周消毒一次，饲料和饮水严防被粪污染，羔羊吃奶时用2%硼酸水洗乳头。

2. 发病后措施

处方1：磺胺甲基嘧啶（每千克体重0.1克）、磺胺二甲氧嘧啶（每千克体重0.1克），12小时1次，连用1～2周。大批羊可按每千克体重0.2克混于水或饲料中服用，比其他磺胺药为好。可减轻症状、抑制病的发展，但不能止痢（用药后尚有泻痢，用磺胺脒1份、次硝酸铋1份、硅炭银5份，按15千克体重用10克，每日2次内服，连用3～4日）。

处方 2：口服氨丙啉，每千克体重 25～50 毫克，连服 2～3 周（用药后尚有泻痢，用磺胺脒 1 份、次硝酸铋 1 份、硅炭银 5 份，按 15 千克体重用 10 克，每日 2 次内服，连用 3～4 日）。

处方 3：鱼石脂 20 克、乳酸 2 克、水 80 毫升，每只羊服用 5 毫升，12 小时 1 次。

二十、附红细胞体病

附红细胞体病是由绵羊附红细胞体引起的亚急性非接触性原虫病。以羔羊贫血、体质虚弱为特征。

【病原及生活史】绵羊附红细胞体在立克次体属内，形态为多形性（球形、杆形、环形、三角形、哑铃形），姬姆萨氏染色呈蓝色至粉红色，革兰氏阳性，栖息于红细胞表面和游离于血浆中，可通过昆虫传播（蜱可传播），生活史不详。

【临床症状】感染 2～3 天后即表现软弱，贫血，黏膜苍白，羔羊生长不良，有的轻度黄疸，体温升高，有时缓解。血检可见红细胞减少至正常的 25%。

【病理变化】脾肿大，血稀薄，组织黄染。

诊断要点：虚弱，贫血，黏膜苍白，轻度黄染。血检可见红细胞减少，红细胞周围有附红细胞体，使红细胞成方形，血浆中的附红细胞体多方向扭转运动。

【类症鉴别】

1. 附红细胞体病与无浆体病的鉴别

[相似点] 附红细胞体病与无浆体病均有感染性，体温高，贫血，衰弱，红细胞减少，血稀。

[不同点] 无浆体病的病原为无浆体，寄生于红细胞内。

2. 附红细胞体病与巴贝斯虫病的鉴别

[相似点] 附红细胞体病与巴贝斯虫病均有感染性，虚弱，黏膜苍白，红细胞减少，血稀。

[不同点] 巴贝斯虫病的病原为巴贝斯虫，有血红蛋白尿，明显黄疸，血片镜检可见红细胞内单个或成对虫体。

【防制】注意羊群清洁卫生，加强饲养管理，消灭昆虫（包括蜱），有助于预防本病的发生，对病羊的治疗参考巴贝斯虫病。

二十一、疥螨病

疥螨病又叫疥癣、疥疮、癞等，是由疥螨科疥螨属的疥螨寄生于家畜体表和皮内而引起的慢性寄生虫病。其特征是皮肤发生炎症、脱毛、奇痒，具有高度传染性。本病常发生于冬、春舍饲季节，夏季放牧时症状不明显。羔羊症状最为严重，尤其是绵羔羊，往往可导致死亡。

【病原及生活史】病原为疥螨，寄生在各种动物体表的疥螨形态相似。疥螨虫体小，呈龟形，浅黄色。卵呈椭圆形。

疥螨的全部发育过程均在动物体上渡过，包括卵、幼虫、若虫、成虫 4 个阶段。疥螨的口器为咀嚼式，在宿主的表皮内挖掘隧道，以角质层组织和渗出的淋巴液为食，在隧道内发育和繁殖，隧道有小孔与外界相连。雌螨在隧道内产卵，一生可产 40~50 个卵。卵经 3~8 天孵化出幼虫，幼虫 3 对足，蜕化变为若虫，若虫 4 对足，若虫的雄虫经一次蜕化、雌虫经 2 次蜕化变为成虫。雌雄虫交配后不久，雄虫即死亡，雌虫的寿命约为 4~5 周。疥螨的整个发育过程为 8~22 天，平均为 15 天。

【流行病学】多发于秋末、冬季、初春。日光照射不足，家畜被毛增厚，绒毛增多，皮肤温度增高，尤其是畜舍潮湿、阴暗、拥挤及卫生条件差的情况下极易造成疥螨病流行。传染途径为直接接触传播。

【临床症状】

1. 山羊

一般始发于被毛短且皮肤柔软的部位，如嘴唇、嘴角、鼻面、眼圈、耳根等处的皮肤。羊只表现奇痒，不断地在围墙、栏杆等处摩擦，皮肤发红增厚，随着病情的加重，病羊的痒感表现更为剧烈，继而皮肤出现丘疹、结节、水疱，甚至脓疱，以后形成痂皮，龟裂多出现于嘴唇、口角、耳根和四肢弯曲部。严重时消瘦，放牧时落后于羊群，虫体迅速蔓延至全身，食欲废绝，最终因衰竭而死亡。

2. 绵羊

患疥螨病时，开始通常发生于嘴唇上、口角附近、鼻边缘及耳根部，严重时蔓延至整个头、颈部，病变呈现干涸的石灰样，故有"石灰头"之称（有人称为干瘥）。初期有痒感，继而发生丘疹、水疱和脓疱，以后形成坚硬的灰白色橡皮样痂皮，嘴唇、口角附近或耳根部往往发生龟裂，可达皮下，裂隙常被污染而化脓。病灶扩散到眼睑时发生肿胀、羞明、流泪，甚至失明。

【病理变化】皮肤出现丘疹、结节、水疱，甚至脓疮，以后形成痂皮，龟裂多出现于嘴唇、口角、耳根和四肢弯曲部。

【实验室检查】疥螨大多寄生于羊的体表或皮内，应刮取皮屑，置于显微镜下，寻找虫体或虫卵。选择患病皮肤与健康皮肤交界处的皮屑，这里螨较多。刮取时先剪毛，取小刀，在酒精灯上消毒，然后使刀刃与皮肤表面垂直，刮取皮屑，直到皮肤轻微出血。然后将刮下的皮屑放于载玻片上，滴加煤油，覆以另一张载玻片。搓压玻片使病料散开，分开载玻片，置显微镜下检查，煤油有透明皮屑的作用，使其中虫体易被发现，但虫体在煤油中容易死亡，如欲观察活螨，可用10％氢氧化钠溶液、液体石蜡或甘油水溶液滴于病料上，在这些溶液中，虫体短期内不会死亡，可观察到其活动。

【类症鉴别】

1. 疥螨病与蠕形螨病的鉴别

[**相似点**] 疥螨病与蠕形螨病均有传染性，头、眼、耳、皮肤发炎、肿胀。

[**不同点**] 蠕形螨病的病原为蠕形螨，寄生于毛囊和皮脂腺。用脓液镜检可见虫体。

2. 疥螨病与虱病的鉴别

[**相似点**] 疥螨病与虱病均有传染性，皮肤发炎，瘙痒，啃咬摩擦脱毛。

[**不同点**] 虱病的病原为虱，可见到毛上的卵和毛中的虱。

3. 疥螨病与锌缺乏症的鉴别

[**相似点**] 疥螨病与锌缺乏症皮肤增厚、脱毛。

[**不同点**] 锌缺乏症因饲料中缺锌而发病，局部不痒，流涎，关节肿胀，蹄变形。血清锌低于正常。

4. 疥螨病与伪狂犬病的鉴别

[**相似点**] 疥螨病与伪狂犬病均有瘙痒、脱毛。

[**不同点**] 伪狂犬病的病原为狂犬病病毒，全身震颤，阵发痉挛，

口鼻流黏液，四肢麻痹而死。

【防制】

1. 预防措施

（1）加强管理　圈舍保持干燥，光线充足，通风良好，密度不宜过大。引进羊只时应进行严格临床检查，严禁病畜或带螨畜进场（必要时先进行药浴，并以7～10天的间隔连续皮下注射2次伊维菌素注射液），在羊群中发现疑似病畜时，应及早确诊，将病畜和可疑病畜隔离治疗，被污染的畜舍用具要杀螨处理（1%～2%敌百虫溶液喷洒）。

（2）药物预防　坚持"预防为主"的方针，有计划地进行药浴，保证每年2次以上，或皮下注射伊维菌素。

2. 发病后措施

治疗原则为正确诊断，杀除螨虫，斩草除根（关键是种羊除螨）。

处方1：伊维菌素注射液0.2毫克/千克体重，皮下注射，8～14日后再注射1次。

处方2：

① 0.5%～1%敌百虫液或0.05%双甲脒溶液，0.05%辛硫磷乳油水溶液，0.05%蝇毒磷乳剂水溶液，0.005%溴氰菊酯，0.025%～0.075%螨净，全群药浴或喷洒，第1次药浴后8～14日应进行第2次药浴。

② 1%～2%敌百虫液环境喷洒。

处方3：用百草霜、大枫子、白芷各6克，苦楝树根皮、当归、苦参各9克，狼毒12克，黄蜡60克，棉籽油500克，将各药与棉籽油炸成红色，滤去药渣，趁热加进黄蜡做成药膏涂擦。或用狼毒500克、硫黄9克（煅）、白胡椒（炒）45克，共为末，每30克加入烧开的植物油500克中，混合均匀后涂用，隔3～5日1次，如面积大时分片涂药。

二十二、痒螨病

羊痒螨病是由痒螨科痒螨属的痒螨寄生于动物体表而引起的慢性外寄生虫病。其临床特征为皮肤发生炎症、脱毛、奇痒。秋冬季多发，以绵羊受害最为严重。

【病原及生活史】病原为痒螨，痒螨属中寄生于各种动物体的痒螨形态极为相似，都被认为是马痒螨的变种。痒螨虫体呈长圆形，比疥螨大。虫卵灰白色，呈椭圆形。

痒螨为刺吸式口器，寄生与皮肤表面，以口器刺穿皮肤，以组织细胞和体液为食。整个发育过程都在体表进行。雌虫一生可产约 40 个卵，卵经 3~8 天孵化出幼虫，幼虫 3 对足，蜕化变为若虫，若虫 4 对足。若虫的雄虫经一次蜕化、雌虫经 2 次蜕化变为成虫。雌雄虫交配后不久，雄虫死亡，雌虫交配后采食 1~2 天开始产卵，寿命约 42 天，整个发育过程约需 10~12 天。

【流行病学】发于秋末、冬季、初春。日光照射不足，家畜被毛增厚，绒毛增多，皮肤温度增高。尤其是畜舍潮湿、阴暗、拥挤及卫生条件差的情况下极易造成痒螨病流行。

【临床症状】

1. 绵羊

病变先发生于长毛的部位，然后很快蔓延于体侧，病羊表现奇痒，常在槽柱、墙角蹭痒。皮肤先有针尖大小的结节，继而形成水疱和脓疱，患部渗出液增加，皮肤表面湿润（有人称之为水骚）。其后有黄色结痂，皮肤变得厚硬，形成龟裂。毛大批脱落，甚至全身脱光。病羊贫血，高度营养不良，在寒冬可大批死亡。

2. 山羊

多发于耳壳内面，患部形成硬而坚实，并且紧贴皮肤的黄白色痂皮块，炎症常蔓延到外耳道，病羊摇动耳朵，并经常摩擦，食欲减退，缺乏治疗甚至可引起死亡。

【实验室检查】确诊需要从健康皮肤与患病皮肤交界处刮取病料，查找虫体。

【类症鉴别】

痒螨病与疥螨病的鉴别

[相似点] 痒螨病与疥螨病均有绵羊皮肤生结节、水疱、脓疱，湿润结痂及山羊耳部奇痒、擦痒。

[不同点] 疥螨病的病原为疥螨，不寄生皮肤囊面，而在皮肤表层钻隧道。

【防制】

1. 预防措施

参照羊的疥螨病。

2. 发病后措施

治疗原则为正确诊断，杀除螨虫，斩草除根（关键是种羊除螨）。

处方 1：伊维菌素注射液 0.2 毫克/千克体重，皮下注射，8～14 日后再注射 1 次；1%～2% 敌百虫液少许，山羊痒螨病时除去耳中痂皮，滴入。

处方 2：

① 0.5%～1% 敌百虫液，或 0.05% 双甲脒溶液，或 0.05% 辛硫磷乳油水溶液，或 0.05% 蝇毒磷乳剂水溶液，或 0.005% 溴氰菊酯，或 0.025%～0.075% 螨净，全群药浴或喷洒，第 1 次药浴后 8～14 日应进行第 2 次药浴。

② 1%～2% 敌百虫液，环境喷洒。

二十三、羊鼻蝇蛆病

羊鼻蝇蛆病又称羊狂蝇蛆病，是由狂蝇科狂蝇属羊狂蝇的幼虫寄生在绵羊、山羊的鼻腔及其附近的腔窦内引起的疾病。临床主要呈慢性鼻炎症状。主要寄生于绵羊，也可寄生于山羊，人也有被寄生的报道。流行严重地区感染率可高达 80%。

【病原及生活史】成虫为羊狂蝇，是一种中型蝇类，比家蝇大，头大呈半圆形，黄棕色，无口器，触角第三节黑色，角芒黄色，基部膨大、光滑，胸部黄棕色并带有黑色纵纹，腹部有褐色及银色的斑点，翅透明，形如蜜蜂。

羊狂蝇出现于春季到秋季，以夏季最多，其既不采食也不营寄生生活。雌雄交配后，雄蝇即死亡。雌蝇生活至体内幼虫形成后，在炎热晴朗无风的白天活动，遇羊时即突然冲向羊鼻，将幼虫产于羊的鼻孔或鼻孔周围，一次能产下 20～40 个幼虫。每只雌蝇在数日内可产幼虫 500～600 个，产完幼虫后死亡。刚产下的 1 期幼虫以口钩固着于鼻黏膜上，爬入鼻腔，并渐向深部移行，在鼻腔、额窦或鼻窦内经 2 次蜕化变为 3 期幼虫。幼虫在鼻腔和鼻窦等处寄生 9～10 个月。到翌年春天，发育成熟的 3 期幼虫由深部向鼻孔开口部移行，当患羊打喷嚏时，幼虫被喷落地面，钻入土内化蛹。蛹期 1～2 个月，其后羽化为成蝇。成蝇寿命不超过 3 周。

【流行病学】发生于每年的 5～9 月，尤其 7～9 月间较多。

【临床症状】成虫产幼虫时，侵袭羊群，羊表现不安，骚动，互相拥挤，摇头，喷鼻，或低头或鼻端接着地面行走。有时羊只听到蝇声，则将头藏入其他羊只的腹下，因而影响羊只的采食和休息。最严重的危害是幼虫在鼻腔内移行会损伤鼻黏膜，使其肿胀、出血、发炎，鼻腔流出浆液性、黏液性或脓性鼻液，有时带血，鼻液在鼻孔周围干涸，形成鼻痂，堵塞鼻腔，造成呼吸困难，病羊打喷嚏，在地上磨鼻尖，摇头，逐渐消瘦。仔细观察，可以看到病羊喷出幼虫。个别幼虫可进入颅腔，损伤脑膜，或因鼻窦发炎而危及脑膜，引起神经症状，即"假旋回症"，患羊表现出运动失调，转圈，头弯向一侧，甚至导致死亡。

【病理变化】早期诊断时，可用药液喷入鼻腔，收集用药后的鼻腔喷出物，发现死亡幼虫，即可确诊。剖检时，可见鼻黏膜发生炎症和肿胀，严重时发生脑膜炎，在鼻腔、额窦或鼻窦等处发现幼虫。

【类症鉴别】

1. 羊鼻蝇蛆病与羊网尾线虫病的鉴别

［相似点］羊鼻蝇蛆病与羊网尾线虫病均有打喷嚏，咳嗽，流鼻液，鼻周围有干痂，体温不高。

［不同点］羊网尾线虫病的病原为网尾线虫，有阵发性痉咳，咳出的痰团内有成虫、幼虫、虫卵。剖检可见支气管有成虫。

2. 羊鼻蝇蛆病与鼻卡他的鉴别

［相似点］羊鼻蝇蛆病与鼻卡他均有鼻黏膜发炎，流鼻液，喷嚏，咳嗽，甩鼻。

［不同点］鼻卡他无传染性，滴药不喷虫。

【防制】

1. 预防措施

尽量避免在夏季中午放牧。夏季羊舍墙壁常有大批成虫，在初飞出时，翅膀软弱，可进行捕捉，消灭成虫。冬春季注意杀死从羊鼻内喷出的幼虫。羊舍场地硬化，羊舍经常打扫、消毒和杀虫，羊粪等污物集中进行生物热发酵。在成蝇活动季节，定期检查羊的鼻腔，用药物杀死幼虫（皮下注射伊维菌素等）。

2. 发病后措施

处方1：伊维菌素 0.2 毫克/千克体重，皮下注射。

处方 2：氯氰柳胺片 5 毫克/千克体重，内服；或氯氰柳胺注射液 2.5 毫克/千克体重，皮下注射，可杀死各期幼虫。

处方 3：敌百虫粉 75 毫克/千克体重，加水内服，或以 2%溶液喷入鼻腔。

二十四、虱蝇病

羊虱蝇是体表寄生虫，能引起慢性皮炎，以发痒性骚扰和季节性波动为特征。

【病原及生活史】羊虱蝇又名绵羊虱蝇或绵羊蜱蝇，褐灰色无翅，体长 4~6 毫米，体壁呈革质、遍生短毛，头部宽阔，撄有穿刺性口器，为绵羊体表永久性寄生虫。雌虫胎生，交配后 10~12 天产出成熟幼虫，每次产一个，隔 7~8 天产一次，一次生产 5~15 个幼虫。幼虫黏附于毛上，呈白色、圆形或椭圆形，不活动，不久变蛹（棕红色卵圆形，长 3~4 毫米），在夏季 2~3 周生羽毛为蝇，雌蝇可活 4~5 个月，一年繁殖 6~10 世代。

【临床症状】细毛羊很少受侵害，羊虱蝇在羊颈、胸、肩、腹部吸血，绵羊不安，擦痒，啃咬，皮毛受损。如皮肤创伤有蛆，毛常变枯，粗乱，易脱落。还能传播羊的锥蝇病。

【类症鉴别】

1. 虱蝇病与羊螨病的鉴别

［相似点］虱蝇病与羊螨病均有瘙痒，啃咬，擦痒，脱毛。

［不同点］羊螨病的病原为螨，在皮肉挖隧道，刮取健病交界处皮屑可见螨虫；虱蝇病皮肤可见无翅虱蝇和毛上不活动的幼虫。

2. 虱蝇病与虱病的鉴别

［相似点］虱蝇病与虱病均有皮肤发痒、啃咬、摩擦、脱毛。

［不同点］虱病的病原为虱，有卵黏附在毛上，虱体长（1.5~2 毫米）比虱蝇小。

【防制】参照疥螨病防制措施。如病羊数量不多，可用 0.025%蝇毒磷喷洒或药浴，或用 0.02%~0.03%氧硫磷喷洒或药浴。

二十五、蜱病

蜱是羊体表的一种寄生虫，可致皮炎、脓毒症、麻痹。

【病原及生活史】硬蜱（二棘血蜱、草原革蜱、残缘玻眼蜱、血红扇头蜱）、软蜱（拉合尔钝缘蜱、波斯锐缘蜱）是不完全变态，发育分为卵、幼虫、若虫、成虫阶段，在动物体上交配，然后落地产卵，一生产卵一次，产卵数达千或上万个，卵小、呈圆形褐色，自卵至成虫需 1～12 个月，吸血后离畜体隐蔽于洞穴或隙缝中，需吸血时再爬上畜体。

【临床症状】

1. 皮肤损害

蜱寄生多时贫血，皮肤损伤引来皮蝇、锥蝇在伤口产卵生蛆，刺耳蜱的若虫进入外耳道可引起烦躁不安，移耳感染。

2. 脓毒血症

吸血传入金黄色葡萄球菌，对成年羊引起孕羊流产，公羊不育。体温 40～41.5℃，持续 9～10 天。食欲缓少，精神委顿。羔羊关节、腱鞘、胁骨、脊柱发出脓肿。

3. 蜱传热

由蓖麻子蜱吸血传入单欧立希氏病体（潜伏期 2～6 天），体温 40～42℃（经 2～3 周减退），沉郁，消瘦，母羊肌肉强直、站立不稳。30％母羊流产，病死率 23％，羔羊很少临床症状。

4. 蜱麻痹

由安氏矩头蜱、钝眼蜱、全环硬蜱、蓖麻子蜱、外翻扇头蜱叮咬时注入毒素（4～6 天发病），后肢虚弱，共济失调，在几小时内变成麻痹，麻痹向前发展到前肢、颈和头。眼睛突出，表现机敏。寄生多时引起贫血，体温正常，病程 2～4 天。

【类症鉴别】

1. 蜱病（蜱麻痹）与山羊病毒性关节炎脑炎（脑脊髓炎型）的鉴别

［相似点］蜱病（蜱麻痹）与山羊病毒性关节炎脑炎（脑脊髓炎型）均有后躯软弱，运动失调，体温不高，反应灵敏，最后四肢麻痹。

［不同点］山羊病毒性关节炎脑炎的病原为山羊关节炎脑炎病毒，多发予 2～4 月羔羊，眼球震颤，角弓反张，头颈歪斜；蜱病羊体可见有蜱。

2. 蜱病（蜱麻痹）与羊土拉杆菌病的鉴别

［相似点］蜱病（蜱麻痹）与羊土拉杆菌病均有后肢软弱，步态摇晃，孕羊流产。

［不同点］羊土拉杆菌病的病原为土拉杆菌。体温高（41.5～42.5℃），体表淋巴结肿大。

3. 蜱病（蜱麻痹）与后躯麻痹的鉴别

［相似点］蜱病（蜱麻痹）与后躯麻痹均有后肢不能站立和走动，体温正常。

［不同点］后躯麻痹是因受寒淋雨而病，没有蜱寄生。

【防制】

1. 预防措施

避免在蜱活跃的地区放牧，如无法回避，则必须灭蜱。同时将羊舍所有隙缝、洞穴（包括附近的树上洞穴）喷洒马拉硫磷、倍硫磷、杀螟松等药物灭蜱。对有蜱性脓毒血问题的羊群，于羔羊出生不久进行药浴，隔2周1次。

2. 发病后措施

处方1：伊力佳，每千克体重0.2毫升，皮注，隔10天1次，既可预防也可杀死寄生羊体的蜱。或用含有阿维菌素的阿福丁，每10千克体重0.2毫升，也可灭蜱。

处方2：青霉素80万～160万单位，或土霉素每千克体重20～50毫克，肌内注射，连用5日（治疗蜱性脓血症）。

第三章　羊营养代谢病类症鉴别与防治

一、维生素 A 缺乏症

维生素 A 缺乏症是由于体内维生素 A 或胡萝卜素缺乏所引起的一种营养代谢性疾病。其临床特征为生长缓慢，上皮角化障碍，视觉异常，骨形成缺陷和繁殖机能障碍。多发生于羔羊、舍饲和妊娠绵羊。

【病因】

1. 饲料中缺乏或不足

长期饲喂胡萝卜素含量较低的草料，如劣质干草、棉籽饼、甜菜渣、谷物及其加工副产品（麸皮、米糠等）。

2. 破坏过多

如某些豆科牧草和大豆中含脂氧化酶可以破坏胡萝卜素，饲草中的硝酸盐能抑制胡萝卜素转变成维生素 A，收割的青草经日光长时间照射或存放过久，陈旧变质，或饲料受高温、高湿、高压作用，以及与矿物质混合等均可导致维生素 A 或胡萝卜素活性下降。

3. 相对性缺乏

羊处在特殊的生理时期，如妊娠、泌乳、快速生长发育，或饲养管理条件不良，过度拥挤，缺乏运动和光照，遭受风寒暑湿等不良因素的作用，可使机体对维生素 A 或胡萝卜素的需要量升高，饲喂不足就会导致缺乏。

4. 哺乳或饲喂不足

如母乳中维生素 A 含量不足，或羔羊断奶过早、吃奶不足，可导致本病。另外育肥羊配合饲料中的维生素 A 分解，造成维生素 A 缺乏，在 4～6 周就会出现症状。

5. 其他因素

如饲料中维生素 D 等脂溶性维生素过多，患肝脏或胃肠道疾病，中性脂肪、蛋白质、无机磷、钴、锰等缺乏或不足，都能影响胡萝卜素向维生素 A 的转化，以及维生素 A 的吸收和储存。

【临床症状】本病常引起视觉、消化、呼吸、繁殖力、生长发育的紊乱。羔羊易感性高，初期发生夜盲症，患羊表现为视觉异常，在黎明、傍晚或阴天撞东西，眼睛对光线过敏，角膜干燥，流泪，角膜逐渐增生发生混浊，青年羊还会由于细菌继发感染失明。易患肺炎、腹泻、皮肤病和尿石症，发育迟缓，被毛粗乱，骨组织发育异常，包裹软组织的头盖骨和脊髓腔特别明显，由于颅内压增高或变形骨的压迫而出现瞳孔扩大、失明、运动失调、惊厥发作和步态蹒跚等症状；育肥羊除出现上述症状外，还会出现全身性浮肿，特别是前躯和前腿，也可见到跛行和肌肉变性症状；妊娠母羊常发生流产、死产、产出体弱或先天性失明的羔羊，母羊受胎率下降。

【实验室检查】脑脊液压力升高，结膜涂片检查角化上皮细胞数目增多，肝脏和血清维生素 A 和胡萝卜素含量下降。补充维生素 A 或胡萝卜素后症状好转。

【防制】

1. 预防措施

查明病因，治疗原发病，加强饲养管理，减少应激因素，给予含维生素 A 和胡萝卜素较多的饲料（青绿饲料、青干草、青贮料和胡萝卜等），正确加工调制和保存饲料，防止维生素 A 和胡萝卜素破坏过多，在特殊的生理时期适当提高营养水平。每日供应胡萝卜素 0.1～0.4 毫克/千克体重。

2. 发病后措施

治疗原则是早期诊断，改善饲养，调制日粮，适当补充维生素 A 或胡萝卜素。

处方 1：维生素 A 胶囊 2.5 万～5 万单位，内服，每日 1 次，连用

3～5 日；或鱼肝油 10～30 毫升，内服，每日 1 次，连用 3～5 日。

处方 2：维生素 AD 滴剂，羔羊 0.5～1 毫升，成年羊 2～4 毫升，内服，每日 1 次，连用 3～5 日；或维生素 AD 注射液，羔羊 0.5～1 毫升，成年羊 2～4 毫升，肌内注射，每日 1 次，连用 3～5 日。

二、维生素 B 族缺乏症

维生素 B 族多为水溶性，包括维生素 B_1、维生素 B_2、维生素 B_6、维生素 B_{12}、烟酰胺、叶酸、泛酸、肌醇、胆碱及生物素等，如发生缺乏某种维生素时，即分别出现各自的特定症状。

【病因】

1. 缺乏青饲料

在青绿饲料、酵母、麸皮、米糠及发芽的种子中含量最高（只有玉米中缺乏烟酸），在喂饲中缺乏这些饲料。

2. 羔羊饲料中缺乏维生素 B

硫胺素、烟酸、核黄素、泛酸、吡多酸醇、生物素、叶酸等，可通过消化道微生物合成，2～3 月龄以下羔羊瘤胃还不活动，如供应不足即引起缺乏。

【临床症状】缺乏不同的维生素 B，其临床表现不同。缺维生素 B_1（硫胺素），表现体弱四肢无力，动作不协调，痉挛，角弓反张，食欲不振，消瘦，便秘或拉稀，有时可见水肿，严重时才发生多发性神经炎；缺维生素 B_2（核黄素），表现食饮不振，生长缓慢，易于疲劳，皮炎，脱毛，腹泻，贫血，眼炎，蹄壳易于龟裂；缺维生素 B_6（泛酸、遍多酸），表现脱毛，皮炎，拉稀，运动障碍；缺维生素 B_{12}，表现恶性贫血，虚弱，皮炎，食欲减退，生长缓慢；缺胆碱，表现衰弱，厌食，呼吸困难不能站立；缺叶酸，表现贫血，生长缓慢，泌乳量下降，红细胞减少，血红蛋白下降。

【类症鉴别】

维生素 B_1 缺乏症与蕨中毒的鉴别

[相似点] 维生素 B_1 缺乏症与蕨中毒均有痉挛，角弓反张，下痢。

[不同点] 蕨中毒因食蕨而发病，眼失明，前房积血，瞳孔散大。

羊类症鉴别诊断与防治

【防制】

1. 预防措施

饲料中注意给予青绿饲料、酵母、麸皮、米糠及发芽种子，以避免缺乏 B 族维生素，如发现缺乏，根据所缺分别用药。

2. 发病后措施

处方 1：维生素 B₁，每千克体重 0.25~0.5 毫克，皮下或肌内注射。

处方 2：维生素 B₂，每千克体重 1~2 毫克，皮注。

处方 3：

① 复合维生素 B 注射液 2~4 毫升，皮下或肌内注射，每日 1~2 次，连用 3~5 日。

② 复合维生素 B 粉、多种维生素粉等，按说明书添加。

三、硒和维生素 E 缺乏症

硒和维生素 E 缺乏症是由于硒和维生素 E 缺乏，导致动物骨骼肌、心肌及肝脏等组织发生以变性、坏死为特征的一种营养代谢病。羔羊易发生白肌病，种羊易发繁殖障碍。在缺硒地区，冬末春初季节多发。

【病因】

1. 饲料中维生素 E 缺乏

主要是由于维生素 E 含量不足和维生素 E 被破坏较多。前者主要是由于长期大量饲喂劣质干草、块根块茎类饲料引起的，后者是因为饲料遭受雨淋、暴晒、过久储存等原因造成的。

2. 饲料缺硒

其主要原因有饲料含硒量低于硒的低限营养需要量（0.1 毫克/千克饲料），土壤缺硒（小于 0.5 毫克/千克），以及条件性缺硒因素（如多雨灌溉）使硒流失，土壤呈酸性或中性时，硒不易被溶解吸收，土壤中硒拮抗元素硫、汞、镉、铅等过多影响硒的吸收，植物种类如三叶草等含硒量低，长期大量饲喂易导致缺乏。

3. 拮抗因素

饲料中亚油酸、花生四烯酸等不饱和脂肪酸过多，使维生素 E 的需要量升高。

4. 机体需要量增加

羊处在快速生长发育期、妊娠期、哺乳期等特殊的生理时期，对硒和维生素 E 的需要量升高，未及时补充，导致缺乏。

5. 其他因素

如含硫氨基酸缺乏、胃肠道疾病和肝胆疾病、饲料中维生素 A 含量等因素，使硒和维生素 E 的吸收减少。

【临床症状】羔羊主要发生白肌病，急性病例常因心肌变性坏死而突然死亡，慢性病例表现为食欲减退，发育受阻，步态强拘，喜卧，站立困难，臀背部肌肉僵硬，消化紊乱，常伴有顽固性腹泻，心率加快，节律不齐。成年羊主要表现为繁殖障碍，生产能力下降（妊娠率降低或不孕）。

【病理变化】主要表现为不同程度的白肌病，常见于运动剧烈的肌肉群，如背部、臀部和四肢的肌肉，呈白色煮肉状，有点状或条状的坏死灶，通常两侧对称发生。心肌上有针尖大小的白色坏死灶。

【实验室检查】饲料中缺乏硒（低于 0.02 毫克/千克）和维生素 E，或不饱和脂肪酸过多。全血含硒的谷胱甘肽过氧化物酶活性降低，血液硒（低于 0.05 毫克/升）、肝脏硒（低于 2 毫克/千克）、被毛硒（低于 0.25 毫克/千克）含量降低。用硒制剂治疗有效。

【类症鉴别】

1. 硒和维生素 E 缺乏症与传染性关节炎的鉴别

［相似点］硒和维生素 E 缺乏症与传染性关节炎均有肢体僵硬，行动不稳，易摔倒，喜卧。

［不同点］传染性关节炎的病原为葡萄球菌等，为手术感染。表现关节肿大，疼痛，关节腔有大量液体和脓液。

2. 硒和维生素 E 缺乏症与羊传染性浆膜炎的鉴别

［相似点］硒和维生素 E 缺乏症与羊传染性浆膜炎均有肢体僵硬，跛行。

［不同点］羊传染性浆膜炎有传染性，体温高（40～41.5℃），运动中僵硬和跛行能减轻或消失。

【防制】

1. 预防措施

加强饲养管理，合理加工、储存饲料，饲喂全价配合日粮、青草和优质干草。在缺硒地区，饲料中添加硒和维生素 E，亚硒酸钠 0.22~0.44 毫克/千克（即含硒 0.1~0.2 毫克/千克饲料），维生素 E 10~20 毫克/千克饲料或 0.5% 植物油。有条件的可投放缓释硒丸，改良土壤，施用硒肥，喷洒硒肥。

2. 发病后措施

治疗原则为早期诊断，改善饲养，调制日粮，及时补充硒和维生素 E。

处方 1：

① 0.1% 亚硒酸钠注射液，羔羊 2~3 毫升，成年羊 5 毫升，肌内注射，间隔 1~3 日注射 1 次，连用 2~4 次。

② 醋酸生育酚注射液（醋酸维生素 E 注射液），羔羊 0.1~0.5 克，成年羊 5~20 毫克/千克，肌内注射，间隔 1~3 日注射 1 次，连用 2~4 次。

处方 2：亚硒酸钠维生素 E 注射液，羔羊 1~2 毫升，肌内注射，或亚硒酸钠维生素 E 预混剂（亚硒酸钠 0.4 克，维生素 E 5 克，碳酸钙加至 1000 克），500~1000 克，加 1000 千克饲料混饲。

四、骨营养不良

骨营养不良是由于饲料中钙、磷、维生素 D 缺乏或钙、磷比例失调，造成钙、磷代谢障碍，而使幼龄动物骨骼钙化不全或使成年动物发生进行性脱钙的一种慢性骨病。骨营养不良是佝偻病、骨软病和纤维性骨营养三种慢性骨病的统称。其临床特征为消化紊乱，异嗜，跛行，骨质疏松，骨骼变形。

佝偻病是快速生长发育的幼龄动物（如羔羊）的骨营养不良，主要是由于缺乏维生素 D，也可以由钙、磷缺乏和钙、磷比例失调导致。其病理特征为生长骨的钙化作用不足（钙化不全），并伴有持久性软骨肥大和骨骺增大。临床特征为消化紊乱，异嗜，跛行，骨骼变形（关节肿胀，长骨弯曲，呈现 X 形或 O 形腿）。

骨软病主要发生于骨化作用完成后的牛和绵羊，主要是由于缺磷而导致的钙、磷代谢障碍。病理特征为骨质发生进行性脱钙，造成过剩未钙化的骨基质，使骨质软化和疏松。临床特征为消化紊乱，异嗜，跛行，骨质软化和疏松，易发骨折。

纤维性骨营养不良主要发生于成年的马属动物，山羊和猪，主要是由于缺钙而引发的钙、磷代谢障碍。病理特征为骨质发生进行性脱钙，并且骨基质被纤维结缔组织增生取代，使骨骼体积增大。临床特征为消化紊乱，异嗜，跛行，骨质软化和疏松，骨骼变形（拱背、凹背、面骨和四肢关节增大）。

【病因】

1. 维生素 D 缺乏或不足

如在冬、春季节，高纬度地区，长期圈养，光照不足等导致维生素 D 生成不足。动物快速生长发育和饲料中钙、磷比例失调时，机体对维生素 D 的需要量升高。饲料中维生素 A 过多和动物患有消化道疾病，影响维生素 D 的吸收。慢性肝病和肾功能衰竭时，使维生素 D 活化受阻。

2. 磷缺乏或不足

多见于土壤缺磷，干旱，水灾，过量补钙，长期饲喂含钙多的饲料（秸秆，干草），而含磷多的饲料饲喂较少。

3. 钙缺乏或不足

多见于干旱，水灾，长期饲喂高磷低钙饲料（麸皮、米糠、高粱），饲料中钙拮抗因子（如草酸、植酸、氟、脂肪）过多。

4. 其他因素

见于长期饲喂低磷、低钙的饲料，饲料中维生素 A 和维生素 C 缺乏，微量元素锌、铜、锰缺乏等。

【临床症状】

1. 佝偻病

羔羊多见，早期出现食欲减退，消化不良，异嗜，喜卧，不愿站立和运动。发育停滞，消瘦，下颌骨增厚和变软，出牙期延长，齿形不规则，齿质钙化不足，出现凹凸不平，有沟，有色素，常排列不整齐，齿面易磨损。严重的羔羊口腔不能闭合，舌突出，流涎，吃食困难，最后面骨和躯干、四肢骨骼发生变形，如胸廓狭窄，肋骨与肋软骨交界处有串珠状突起，脊柱变形，关节肿胀，长骨弯曲，呈现 X 形或 O 形腿，或伴有咳嗽、腹泻、呼吸困难和贫血。

2. 骨软病

见于绵羊，出现食欲减退，前胃弛缓，出现异嗜，如吃食被粪尿污染的垫草、舔墙壁、啃骨头、吃胎衣等，负重力差，跛行渐重，走路不稳，后驱摇摆，拱背或凹背，极易发生骨折。

3. 纤维性骨营养不良

见于山羊，表现为食欲减退，反刍减少，异嗜，跛行，头骨变形，上颌骨肿胀，硬腭突出，致使口腔闭合困难，影响采食和咀嚼，甚至鼻道狭窄，引发吸气性呼吸困难，易突发骨折。

【实验室检查】

1. 饲料分析

饲料中缺乏钙、磷、维生素D，或钙、磷比例失调。

2. 骨骼检查

X线检查骨密度下降，其中佝偻病时骨干末端膨大，呈现"羊毛状"或"蚕食状"外观；骨软病时骨皮质变薄，髓腔增宽，骨小梁结构紊乱，最后1～2尾椎骨愈着或椎体消失；纤维性骨营养不良时，尾椎骨的皮质变薄，皮质与髓质界限模糊，颅骨表面不光滑，骨质密度不均匀，掌骨发现骨赘和骨端愈着不良。另外，骨穿刺针容易刺入骨骼（额骨）。

3. 血液检查

血液中的钙、磷水平变化不大，一般处于正常水平的低限。但血液中碱性磷酸酶活性升高，游离羟脯氨酸含量升高，可作为早期诊断的指标。

【类症鉴别】

1. 骨软病与胃肠卡他的鉴别

[相似点] 骨软病与胃肠卡他均有体温正常，有异嗜，减食，体质弱。

[不同点] 胃肠卡他长时间排粪时稀时干，眼结膜苍白，运动不强拘、跛行。

2. 骨软病与风湿病的鉴别

[相似点] 骨软病与风湿病均有运动强拘，跛行，按压背腰敏感。

[不同点] 风湿病因风湿受寒而病，运动中强拘、跛行减轻或消失，休息后又现跛行。

【防制】

1. 预防措施

科学调配日粮，保证全价饲养的同时，还要注意饲料中钙、磷的比例要适当。多晒太阳。定期检测，对重点羊只每年定期做骨营养不良的检查，要早发现早治疗。注意补充添加微营养，饲料中注意对微量元素锌、铜、锰，以及维生素 A 和维生素 C 的补充。

2. 发病后措施

治疗原则为改善饲养管理，在供给全价日粮的基础上，补充钙、磷和维生素 D。

处方 1：

① 维丁胶性钙注射液 1 毫升，皮下或肌内注射，每日 1 次，连用3～5 次，或维生素 D_3 注射液 0.15 万～0.3 万单位/千克体重，肌内注射，每日 1 次，连用 3～5 次。

② 丙二醇 10 毫升或甘油 10 毫升，维生素 AD 丸 1 丸，维生素 D_2 磷酸氢钙片 1 片，干酵母片 10 片，加水内服，每日 1 次，连用 3～5 日。

③ 腿部变形严重的可用小夹板固定法纠正（用于佝偻病）。

处方 2：

① 20%磷酸二氢钠注射液 40～50 毫升，5%葡萄糖氯化钠注射液500 毫升，静脉注射，每日 1 次，连用 3～5 次。（用于骨软病）

② 10%葡萄糖酸钙注射液 50～150 毫升或 5%氯化钙注射液 20～100 毫升，5%葡萄糖氯化钠注射液 500 毫升，静脉注射，每日 1～2 次，连用 3～5 日（用于纤维性骨营养不良）。

③ 维丁胶性钙注射液 2～3 毫升，皮下或肌内注射，每日 1 次，连用 3～5 次。

④ 丙二醇 20～30 毫升（或丙酸钙 15～25 克，或甘油 20～30 毫升），维生素 D_2 磷酸氢钙片 30～60 片，干酵母片 30～60 克，健胃散30～60 克，加水内服，每日 2 次，连用 3～5 日。

五、低镁血症

低镁血症又称青草抽搐，牧草搐搦，麦草中毒，是反刍兽在采食了生长繁盛的幼嫩青草或谷苗后，突然发生的一种由镁缺乏引起镁、钙、磷比例失调而导致的营养代谢病。其临床特征为全身肌肉强直性或阵发性痉挛和抽搐。常出现在早春放牧的第 1～2 周和晚秋季节，施用了氮肥和钾肥的牧草危险性最高，其发病率虽低，但死亡率可超过 70%。

【病因】大量采食缺乏镁的幼嫩青草或谷物幼苗（含镁、钙和糖少，而含钾、磷多），或镁吸收不足（大量采食青草可使瘤胃 pH 值升高和肠道的矿物质形成不溶性化合物），导致血镁降低；土壤缺镁，或土壤高钾和偏酸，导致牧草缺镁，见于降低牧草对镁的吸收；在泌乳高峰期的羊对镁的需要量升高，如摄入不足，可导致缺乏；胃肠疾病，胆道疾病，或食入钙、蛋白质过多时，影响镁的吸收；气候变化，特别是当气温急剧下降或进入多雨季节时，也可诱发本病。

【临床症状】羊采食青草过程中，出现精神不振、食欲减退、步行不稳或呈轻瘫。

1. 急性型

出现口唇、四肢震颤，摇摆，磨牙，口流泡沫，伸颈仰头，呈角弓反张，眼球震颤，瞬膜突出，心音亢进，体温不高，四肢冰冷，频频排尿，感觉过敏，极易兴奋，常出现阵发性或强直性痉挛、抽搐和共济失调，最终病羊倒卧在地，呼吸衰竭死亡。

2. 慢性型

初无异常，多在数周或数月之后逐渐出现运动障碍，神经兴奋性增高，食欲及泌乳量减少，最后惊厥死亡。

【实验室检查】血钙、血镁和血磷降低。如绵羊的血钙下降到 1～1.7 毫摩尔/升，血镁下降到 0.19～0.29 毫摩尔/升，血磷下降到 0.3～0.4 毫摩尔/升。

【类症鉴别】

1. 低镁血症与山羊癫痫的鉴别

[相似点] 低镁血症与山羊癫痫的体温不高，突然倒地痉挛，肌肉抽搐，口吐白沫。

[不同点] 山羊癫痫的眼球抽动，瞳孔散大，几分钟即恢复正常；低镁血症雨后草地放牧容易出现。

2. 低镁血症与磷化锌中毒的鉴别

[相似点] 低镁血症与磷化锌中毒均有倒地痉挛，口吐白沫。

[不同点] 磷化锌中毒是因吃灭鼠磷化锌而病，口黏膜蓝紫、糜烂，胃内容物有蒜味。

【防制】

1. 预防措施

早春出牧前给予一定量的干草，在青草茂盛时节，不宜过度放牧或使羊只吃得过饱。在本病的危险期，在饮水中加入氧化镁每头每天7克。在缺镁地区，在牛羊放牧前或收割青贮牧草时，牧场喷洒硫酸镁，可预防本病的发生。

2. 发病后措施

治疗原则为正确诊断，对因治疗。

处方1：20%硫酸镁注射液40～60毫升，分点皮下注射。

处方2：

① 硼葡萄糖酸钙注射液0.21～0.43毫升/千克体重，10%葡萄糖注射液500毫升，20%硫酸镁注射液12毫升，缓慢静脉注射。

② 氯化镁3克，维生素 D_2 磷酸氢钙片30～60片，丙二醇20～30毫升，干酵母片30～60克，加水内服，每日2次，连用7日。

六、锌缺乏症

锌缺乏症是由于饲料中锌含量绝对或相对不足所引起的一种营养缺乏症。其临床特征为：生长发育受阻、皮肤角化不全、骨骼发育异常和繁殖机能障碍。本病有地区性，我国北京、河北、湖南、江西、江苏、新疆、四川等有30%～50%的土壤缺锌。

【病因】

1. 原发性缺乏

主要是由于饲喂锌含量低饲料（块根块茎类饲料、高粱、玉米）引起，或含锌多的饲料（酵母、糠麸、油饼及动物性饲料）饲喂过少，牧草及植物的含锌量与土壤含锌量有关，我国南方土壤的含锌量高于北方，特别是在土壤 pH 值大于6.5的石灰性土壤、黄土、黄河冲积物所形成的各种土壤、紫色土，以及过度施用磷肥或石灰等的草场含锌量极度减少。

2. 继发性缺乏

主要由于饲料中存在干扰锌吸收利用的因素，如含有过多的钙（钙、锌比例在100～150：1比较适宜）、镉、铜、铁、铬、锰、钼、磷、碘等元素均可干扰饲料中锌的吸收。饲料中过多的植酸和维生素也能干扰锌的吸收。

【病史】发生在缺锌地区，有饲喂低锌或高钙日粮的病史。

【临床症状】

1. 绵羊

羊毛变直、变细，容易脱落，皮肤增厚、皲裂（角化不全）。羔羊生长缓慢，发育不良，流涎，跗关节肿胀，四肢僵硬，乏力，步态强拘，眼、蹄冠皮肤肿胀、皲裂（角化不全）；公羔睾丸萎缩，精液量减少，精子生成完全停止，性功能减弱，如饲料中锌含量达到32.4毫克/千克时，可恢复精子生成功能；母羊缺锌时，繁殖发生机能紊乱，如发情延迟、不发情或屡配不孕。

2. 山羊

生长缓慢，食欲减退，睾丸萎缩，被毛粗乱，脱落，在后躯、阴囊、头、颈部等出现皮肤角质化增生，四肢下部出现裂隙和渗出。

【实验室检查】 饲料锌含量下降（家畜对锌的需要量为40毫克/千克饲料）或钙含量过高，血清碱性磷酸酶活性下降至正常时的一半。血清锌含量下降（绵羊由正常的12～18微摩尔/升，下降到2.8微摩尔/升），血液中白蛋白含量下降，球蛋白含量增加。

【类症鉴别】

1. 锌缺乏症与羊螨病的鉴别

［**相似点**］锌缺乏症与羊螨病均有皮肤增厚，脱毛。

［**不同点**］羊螨病的病原为螨。唇、鼻、眼、耳奇痒。刮取局部皮屑放于培养皿或黑纸上可见螨爬动。

2. 锌缺乏症与湿疹的鉴别

［**相似点**］锌缺乏症与湿疹均有皮肤增厚，瘙痒，脱毛。

［**不同点**］湿疹是因污湿环境、消化不良而发病。多发生在背、肩、臀部，有大量渗出，结痂块。

3. 锌缺乏症与皮霉菌病的鉴别

［**相似点**］锌缺乏症与皮霉菌病均有局部皮肤增厚，脱毛，表面有鳞片皮屑。

［**不同点**］皮霉菌病的病原为毛癣菌，绵羊有圆形癣斑，瘙痒，山羊有鳞屑结痂，无痒。取毛根镜检可见霉菌。

【防制】

1. 预防措施

根本措施是加强饲养管理，饲喂全价配合饲料。也可在饲喂新鲜的青绿牧草时，适量添加一些含不饱和脂肪酸的油类，如大豆油。必要时用碳酸锌或硫酸锌每吨添加 180 克，并保持适当的钙锌比例。低锌地区可施用锌肥，或放置舔砖，投喂缓释锌丸（有效期可达 6～47 周）。

2. 发病后措施

治疗原则为早期诊断，改善饲养，调制日粮，及时补锌。

处方：硫酸锌 1 克，或羔羊 0.1 克/千克体重，内服，每周 1 次，连用 3～4 周。

七、钴缺乏症

钴缺乏症（营养不良，地方性消瘦）是由于饲料和饮水中钴含量不足引起的一种慢性消耗性营养代谢病。其临床特征为食欲减退、生长缓慢、贫血和消瘦。该病仅发生于牛、羊等反刍兽，6～12 月龄的羔羊最易感，一年四季均可发病，但春季发病率高。

【病因】

1. 土壤和牧草缺钴

土壤缺钴（小于 3.0 毫克/千克）是引起本病的根本原因，如风沙堆积形成的草场，沙质土，碎石，花岗岩风化形成的土壤，灰化土、火山灰等土壤都严重缺钴。牧草缺钴是引起本病的主要原因，在缺钴土壤生长的牧草含钴量低，当牧草钴含量为 0.04～0.07 毫克/千克时，羊可表现为钴缺乏症。

2. 条件性缺钴

牧草中的钴含量与牧草的种类、生长阶段和排水条件有关。如春季牧场速生的禾本科牧草和排水不良牧地上的牧草含钴量较低，而豆科牧草、排水良好牧地上生长的牧草，以及植物的叶片和种子中钴含量较高。日粮中镍、锶、钡、铁含量较高，或钙、碘、铜含量过低时都可诱发本病。

【临床症状】饮食欲减退或废绝，异嗜，反刍、瘤胃蠕动减弱或停止，便秘，逐渐消瘦，黏膜苍白，发生贫血，被毛无光泽，换毛延迟，体表有鳞屑，被毛由黑色变为棕黄色，毛脆易断，易脱落，有明显痒感，羊毛、羊奶产量下降。后期腹泻，流泪，绵羊甚至因流泪而使面部被毛潮湿，繁殖功能障碍，如性周期延迟或不发情、屡配不孕，妊娠母羊流产或产出弱羔、死羔等。

【病理变化】尸体极度消瘦，皮下脂肪消失，躯体肌肉褪色，肝脂肪变性，肝脏、脾脏中含铁血黄素发生沉积，各个消化器官壁变薄，脏器萎缩、减轻，贫血，大脑皮质坏死等。

【实验室检查】血液检查红细胞数减少，血红蛋白含量减少，红细胞压积容量减少，红细胞大小不匀，异形红细胞增多。血液、肝脏中钴和维生素 B_{12} 含量减少。尿液中甲基丙二酸、亚胺甲基谷氨酸含量升高。

【类症鉴别】

1. 钴缺乏症与片形吸虫病的鉴别

［相似点］钴缺乏症与片形吸虫病均有减食，消瘦，贫血，黏膜苍白、下痢。

［不同点］片形吸虫病的病原为片形吸虫，病初体温升高，曾吃水生植物，胸腹下颌水肿，粪检有虫卵。剖检可见胆管有虫体。

2. 钴缺乏症与东毕吸虫病的鉴别

［相似点］钴缺乏症与东毕吸虫病均有减食，下痢，消瘦，结膜苍白。

［不同点］东毕吸虫病的病原为东毕吸虫，在有钉螺的水中通过皮肤感染，拉痢里急后重，粪含血液，腥臭。体温高，胸腹下、颌下水肿，取粪置三角瓶中室温孵化后可见毛蚴。

【防制】

1. 预防措施

加强饲养管理，供给全价配合饲料。也可在日粮中添加钴 $0.1\sim 0.3$ 毫克/千克，或用含钴舔砖，投服氯化钴缓释丸，有条件的草场可施用钴肥（每公顷用硫酸钴 $405\sim 600$ 克，或氯化钴 $1.2\sim 1.5$ 千克，每 $3\sim 4$ 年 1 次）。

2. 发病后措施

治疗原则为早期诊断，改善饲养，调制日粮，及时补充钴和维生素 B_{12}。

处方 1：氯化钴，内服，每日 1 毫克钴，连用 7 日，间隔 2 周后重复用药。或每次 2 毫克钴，每周 2 次，或每次 7 毫克钴，每周 1 次，内服。

处方 2：维生素 B$_{12}$ 注射液 100～300 微克，羔羊皮下注射，每周1 次。

八、绵羊妊娠毒血症

绵羊妊娠毒血症又名双羔病，是怀孕后期母羊由于碳水化合物和挥发性脂肪酸代谢障碍而发生的亚急性代谢病。以低血糖、高血脂、酮血、酮尿、虚弱和失明为主要特征，临床表现为精神沉郁、食欲减退或废绝、黏膜黄染、运动失调、呆滞凝视、卧地不起，甚至昏迷死亡。本病主要见于冬春季节，怀羔过多、体质瘦弱或怀孕早期过肥的母羊，以及杂交母羊和第二胎次及以后，本病的死亡率可达 70%～100%，山羊也可发生。

【病因】

1. 内因

主要见于母羊怀孕后期，特别是怀羔过多（如怀孕双羔、三羔、甚至三羔以上），胎儿过大，体质瘦弱或怀孕早期过肥的母羊。主要发生于妊娠最后一个月，多在分娩前 10～20 天，胎儿需要大量营养物质，而母羊不能满足营养需要而发病。

2. 饲养管理不当

如过度放牧，草场退化，冬草储备不足，草料单一、质地不良，缺乏谷物类精料、优质干草、维生素和矿物质饲料，或喂给精料过多，特别是在缺乏粗饲料的情况下而喂给含蛋白质和脂肪过多的精料，以及天气恶劣，气温过低，大群圈养，缺乏运动。

3. 继发因素

孕羊患病使食欲下降、营养消耗过多或肝脏功能降低，如前胃弛缓，瘤胃积食，消化道寄生虫病，肝炎。

【临床症状】发病早期，怀孕后期的母羊出现精神沉郁，食欲差，不喜走动，离群呆立，瞳孔散大，视力减退，角膜反射消失，出现意识紊乱。病羊精神极度沉郁，食欲减退或废绝，反刍停止，黏膜黄染，体温正常或下降，脉搏快而弱，呼吸浅而快，呼出气体有烂苹果味，粪便小而硬，被覆黏液，甚至带血，小便频繁，之后出现神经症状如运动失调，以头抵物，转圈运动，不断磨牙，视觉降低或消失，肌纤维震颤或痉挛，头向后仰或弯向侧方，卧地不起，常在 1～3 日内死亡，死前昏迷，全身痉挛，四肢泳动。

【病理变化】黏膜黄染，肝脏肿大变脆，色泽微黄，肝细胞发生明显的脂肪变性，有些区域呈颗粒变性及坏死，肾脏亦有类似病变，肾上腺肿大，皮质变脆，呈土黄色。

【实验室检查】出现低血糖（血糖可由正常的 3.33～4.99 毫摩尔/升，下降到 1.4 毫摩尔/升）、高血酮（血清酮体由正常的 5.85 毫摩尔/升，可升高到 547 毫摩尔/升或以上，β-羟丁酸由正常的 0.06 毫摩尔/升，可升高到 8.5 毫摩尔/升）、尿酮呈强阳性反应、血浆游离脂肪酸增多、血液总蛋白减少、淋巴细胞及嗜酸性白细胞减少。后期血清非蛋白氮升高，有时可发展为高血糖。

【类症鉴别】

1. 绵羊妊娠毒血症与羊土拉杆菌病的鉴别

［相似点］绵羊妊娠毒血症与羊土拉杆菌病的孕羊发病，委顿，反射机能降低，步态摇晃，昏睡。

［不同点］羊土拉杆菌病的病原为土拉杆菌，有传染性，体温 40.5～41℃，孕羊流产，体表淋巴结肿大，腹泻，后肢麻痹。用土拉杆菌素 0.2 毫升注入尾根皮内，24 小时局部肿胀（阳性）。

2. 绵羊妊娠毒血症与李氏杆菌病的鉴别

［相似点］绵羊妊娠毒血症与李氏杆菌病均有废食，不反刍，视力减退，卧地昏迷，四肢不随意运动，剖检可见肝有坏死灶。

［不同点］李氏杆菌病的病原为李氏杆菌，有传染性，一侧或两侧流鼻液，眼球突出，角弓反张，孕羊常流产。脑组织触片镜检可见 V 形排列的革兰氏阳性杆菌。

3. 绵羊妊娠毒血症与前胃弛缓的鉴别

［相似点］绵羊妊娠毒血症与前胃弛缓均有体温不高，减食或废食，反刍停止，瘤胃蠕动力弱，磨牙，粪球小而干、外附黏液。

［不同点］前胃弛缓不限于孕羊发病，不出现神经症状和视力障碍。

4. 绵羊妊娠毒血症与醋酮血症的鉴别

［相似点］绵羊妊娠毒血症与醋酮血症均有碳水化合物饲料不足，食欲、反刍减少，瘤胃蠕动力弱。

［不同点］醋酮血症多在产后发病，尿多、淡黄、有泡沫，尿、

乳有酮气。

【防制】

1. 预防措施

（1）加强饲养管理 保证母羊所必需的碳水化合物、蛋白质、矿物质、维生素和微量元素，在母羊怀孕的最后1～2个月，特别是多羔妊娠的母羊，应饲喂优质干草（如豆科干草），加喂精料，精料喂量根据体况而定，从产前2个月开始，每日喂给100～150克，以后逐渐增加，到临分娩之前达到0.5～1千克/日，肥羊应该减少喂料量。有条件的羊场可以饲喂全价配合饲料。加强羊舍建设，保障良好的环境条件。

（2）防止母羊妊娠早期过肥 刚配种以后，饲养条件不必太好，在怀孕的前2～3个月内，不要让其体重增加太多，2～3个月以后，可逐渐增加营养。每天应进行放牧或运动2小时左右，至少应强迫行走250米左右。

（3）药物预防 对多羔妊娠的易感母羊，从分娩前10～20日开始饲喂丙二醇，用量为每日20～30毫升。

2. 发病后措施

治疗原则为补糖抗酮保肝，纠正酸中毒，对症治疗，必要时引产。

处方1：

① 10%葡萄糖注射液100～500毫升，维生素C注射液0.5～1.5克，10%安钠咖注射液5～20毫升，10%葡萄糖酸钙注射液50～150毫升，静脉注射，每日1～2次，连用3～5日。

② 胰岛素注射液10～50单位，静脉补糖后皮下或肌内注射。

处方2：丙二醇20～30毫升（或丙酸钠15～25克，或丙酸钙15～25克，或甘油20～30毫升），维生素D_2磷酸氢钙片30～60片，干酵母片30～60克，健胃散30～60克，加水灌服，每日2次，连用3～5日。

处方3：5%碳酸氢钠注射液50～100毫升，静脉注射，每日1次，连用3～5次。

处方4：必要时进行人工引产（用开膣器打开阴道，在子宫颈口或阴道前部放置纱布块，也可用地塞米松注射液10毫克，或氯前列烯醇0.2毫克，肌内注射）或实施剖腹产手术，娩出胎儿，可减轻症状。

九、羔羊低血糖症

羔羊低血糖症又叫初生羔羊体温过低，或新生羔羊发抖，是新生羔羊由于血糖浓度降低而引起的中枢神经系统机能障碍为特征的营养代谢病。其临床特征为低血糖，体温下降，软弱无力，全身发抖，精神过度兴奋或严重抑制。该病常见于冬、春季节，绵羊多发。

【病因】

1. 母羊缺乳或拒绝喂乳

主要是由于哺乳母羊的营养状况较差，泌乳量不足，乳汁营养成分不全，母羊母性差，拒绝羔羊吃奶，或产羔过多，初生羔羊吃奶过迟，天气寒冷，使羔羊缺乳，过度饥饿，能量消耗过多。

2. 羔羊吃不到乳或患病

如羔羊发育不良，体质虚弱，吮乳困难，或患有羔羊痢疾、消化不良、肝脏疾病（影响糖异生）等。

【临床症状】羔羊精神沉郁，不活泼，体温下降，皮温降低，黏膜苍白，呼吸微弱，但呼吸次数增加，肌肉紧张性降低，行走无力，侧卧着地，脱水，消瘦。严重时空口咀嚼，口流清涎，角弓反张，眼球震颤，四肢挛缩，嗜睡，甚至昏迷死亡。

【实验室检查】血糖水平下降，血糖水平由正常的（2.8～3.9毫摩尔/升），下降到（1.7毫摩尔/升）以下。血中非蛋白氮通常升高。

【防制】

1. 预防措施

加强饲养管理，在母羊妊娠后期和哺乳时，供给全价配合饲料，补充优质干草，产房注意保暖，防止羔羊受冻，吃足初乳，提前补饲精料，防止羔羊发生消化不良、肺炎、肝病、脐带炎和羔羊痢疾等疾病。

2. 发病后措施

治疗原则为补糖，保暖，加强营养。

处方1：辅助羔羊吃奶，早期补料，必要时进行寄养或人工哺乳。

10%～20%葡萄糖注射液20毫升，静脉注射、腹腔注射或经口，每日2次。

十、醋酮血症

醋酮血症（又称酮病、酮血病、酮尿病）是由于蛋白质、脂肪和糖的代谢紊乱，致酮蓄积而发生的疾病。多见于舍饲的奶山羊和高产母羊泌乳第一个月。

【病因】喂大量高脂高蛋白饲料而碳水化合物不足；瘤胃弛缓、真胃炎、妊娠肥胖、运动不足，缺乏维生素A。

【临床症状】食欲、反刍减少，异嗜，喜吃污染的饲草，拒食精料，瘤胃蠕动弱，粪球干小，外附黏液，恶臭。有时便秘、腹泻交替。排尿减少，尿黄，初中性后酸性、有泡沫和特异酸酮气，乳也有酮味，肝区叩诊疼痛。

【病理变化】肝脂肪变性，比正常大2～3倍，其他实质器官也有脂肪变性。

诊断要点：饲料中蛋白质、脂肪较多，碳水化合物少或缺，食欲、反刍减少，异嗜，便秘下痢交替发生，有恶臭。尿少，初中性后酸性，有黄色泡沫和酸酮气。肝区压痛，血酮、尿酮阳性。剖检可见肝脂肪变性，比正常大2～3倍。

【类症鉴别】

1. 醋酮血症与羊妊娠毒血症的鉴别

[相似点] 醋酮血症与羊妊娠毒血症均有碳水化合物类饲料不足，食欲、反刍减少，瘤胃蠕动弱。

[不同点] 羊妊娠毒血症的妊娠末期发病，瞳孔放大，角膜反射消失，有意识障碍。

2. 醋酮血症与前胃弛缓的鉴别

[相似点] 醋酮血症与前胃弛缓均有吃草、反刍减少，瘤胃蠕动弱，粪球有时干小有时稀软。

[不同点] 前胃弛缓的病羊尿、乳无酮气。

3. 醋酮血症与胃肠卡他的鉴别

[相似点] 醋酮血症与胃肠卡他均有食欲、反刍减少，有异嗜，便秘下痢交替发生。

[不同点] 胃肠卡他病羊的尿、乳无酮气。

【防制】

1. 预防措施

分娩后的母羊，特别是高产奶山羊，在饲料配合时必须注意碳水化合物的供给量，避免发生低血糖及肝糖原水平降低，致使体脂肪和蛋白质加速糖原异生，产生大量酮体。

2. 发病后措施

对病羊药物治疗，并供给维生素 A、复合维生素 B、维生素 D 及钙、磷、食盐。

处方 1：50% 葡萄糖 50～100 毫升静注，每日 2 次，连用 3～4 日。条件许可加胰岛素 5～8 单位。

处方 2：发病后立即肌注可的松 0.2～0.3 克，或促肾上皮质激素（ACTH）20～40 单位，每日 1 次，连用 4～6 次。丙酸钠 250 克混饲料喂，连用 10 日。还可内服丙二醇 100～120 毫升，每日 2 次，连用 7～10 日。

处方 3：内服甘油 20 毫升，每日 2 次，连用 7 日。

处方 4：口服柠檬酸钠或醋酸钠（每千克体重 300 毫克），连服 4～5 日。或次亚硫酸钠 2 克、葡萄糖 20～40 克，加蒸馏水 100 毫升制成注射剂，每次静注 30～80 毫升（有利于恢复氧化-还原过程和新陈代谢）。

第四章　羊中毒病的类症鉴别与防治

一、硝酸盐和亚硝酸盐中毒

硝酸盐和亚硝酸盐中毒是由于动物采食了富含硝酸盐或亚硝酸盐的饲料或饮水引起的高铁血红蛋白血症，而导致血液输氧功能障碍和组织缺氧的一种急性、亚急性中毒病。其临床特征为黏膜发绀，血液褐变，呼吸困难和胃肠道炎症。

【病因】

1. 摄入富含硝酸盐的饲料

植物中硝酸盐的含量与植物的种类（青菜类、青绿饲料和干草中含量较高）、部位（硝酸盐含量根、茎＞叶＞花、种子）和耕作环境有关（干旱、旱后降雨、重施氮肥、喷洒除草剂可使硝酸盐含量升高）。

2. 硝酸盐还原酶活力增强

植物和硝酸盐还原菌体内含有硝酸盐还原酶，在一定条件下（20～40℃，一定的湿度，pH6.3～7.0）硝酸盐还原酶活力增强，可以将硝酸盐转化成亚硝酸盐。在动物体外，如饲料遭受雨淋、堆放、文火闷煮等可使硝酸盐还原酶活力增强，反刍兽瘤胃内含有大量的硝酸盐还原菌，并有适宜的温度和湿度，可以把硝酸盐还原为亚硝酸盐，其转化的量决定于瘤胃的pH值，饲料中含糖（碳水化合物）量少时，瘤胃pH值升高至7.0以上，可使亚硝酸盐产生增多，如饲料中含糖量多，则瘤胃 pH 值下降，可使硝酸盐产生氨。

3. 饮用高硝酸盐的饮水或其他途径

如田水、深井水和污水等；注射或摄入大量亚硝酸盐的危险性比硝酸盐更大。

【临床症状】

1. 急性中毒

有些病羊没有任何症状，突然死亡。大部分病羊精神沉郁，流涎，腹痛，腹泻，粪便中偶有带血，黏膜发绀，眼球下陷，呼吸极度困难，心跳加快，肌肉震颤，步态蹒跚，很快卧地，四肢泳动，全身痉挛，挣扎死亡。

2. 慢性中毒

病羊增重缓慢，泌乳减少，发生前胃弛缓，腹泻，跛行，体质下降，甲状腺肿，母羊流产，不孕。

【病理变化】 可视黏膜、肌肉呈蓝紫色或紫褐色，血液凝固不良，呈酱油色，在空气中长期暴露也不变红，并伴有肺充血、出血、水肿，胃肠黏膜充血、出血，易脱落，胃内容物有硝酸盐气味。

【实验室检验】 采集可疑的饲料、饮水和胃肠内容物，进行亚硝酸盐的定性或定量分析。采集血液进行变性血红蛋白试验。或治疗性诊断，中毒早期用小剂量美蓝治疗有良好效果。

【类症鉴别】

1. 硝酸盐和亚硝酸盐中毒与氢氰酸中毒的鉴别

[相似点] 硝酸盐和亚硝酸盐中毒与氢氰酸中毒均因食物引起，流涎，腹痛，气胀，呼吸困难，抽搐。剖检可见血液凝固不良，胃肠黏膜充血、出血，肺水肿。

[不同点] 氢氰酸中毒是吃了含氰苷的新苗叶、核仁而发病。结膜鲜红，瞳孔散大。剖检可见气管充血、出血，口腔有血色泡沫。将检材置三角瓶中，在加中盖瓶口的硫酸亚铁-氢氧化钠滤纸显蓝绿或蓝色。

2. 硝酸盐和亚硝酸盐中毒与马铃薯中毒的鉴别

[相似点] 硝酸盐和亚硝酸盐中毒与马铃薯中毒均有减食，流涎，呕吐，腹泻。

［**不同点**］马铃薯中毒是因吃发芽、腐烂或其茎叶发病。腹胀疝痛，黏膜苍白，贫血，血尿。将残渣经处理后呈赤或橙黄色。

3. 硝酸盐和亚硝酸盐中毒与水蓬中毒的鉴别

［**相似点**］硝酸盐和亚硝酸盐中毒与水蓬中毒均有流涎，震颤，卧地不起，四肢乱动。

［**不同点**］水蓬中毒是因吃水蓬而引起的，神经型突发抽搐，头歪向一侧，不断眨眼。最急性 4～5 小时死亡。水肿型下颌起水疱，逐渐增大、随后头肿，腹水，腹膨大。

【**防制**】

1. 预防措施

科学存放和调制饲料，防止亚硝酸盐产生。青绿饲料在近收获期禁施氮肥。实施检测，对可疑饲料和饮水进行亚硝酸盐的检验。

2. 发病后措施

治疗原则为排除毒物，解毒和对症治疗。

处方 1：温水洗胃，尽早进行。

① 石蜡油 300～500 毫升，内服。

② 10% 葡萄糖注射液 500 毫升，1% 美蓝注射液 8 毫克/千克体重，静脉注射，2 小时不见好转再用 1 次，好转后 4 小时再用 1 次。

③ 樟脑磺酸钠注射液 0.25～1 克，呼吸困难时皮下或肌内注射，必要时间隔 2 小时重复 1 次。

处方 2：洗胃、泻下后。

① 10% 葡萄糖注射液 500 毫升，维生素 C 注射液 0.5～1.5 克，静脉注射，每日 2 次，连用 3 日。或 5% 甲苯胺蓝注射液 5 毫克/千克体重，肌内注射，也可配合葡萄糖注射液，静脉注射。

② 尼可刹米注射液 0.25～1 克，呼吸困难时皮下或肌内注射，必要时间隔 2 小时重复 1 次。

③ 有条件的可进行吸氧，或用新鲜抗凝血 200～400 毫升，静脉注射。

二、氢氰酸中毒

氢氰酸中毒是由于动物采食了富含氰苷的植物或被氰化物污染的饲料、饮水后，在体内产生氢氰酸，导致组织呼吸窒息的一种急剧性中毒病。其临床特征为发病急促，黏膜潮红，呼吸困难，肌肉震颤和惊厥。

【病因】

1. 采食了富含氰苷的植物

如高粱和玉米的幼苗，尤其是再生幼苗，亚麻（主要是亚麻叶、亚麻籽和亚麻饼），木薯的嫩叶和根皮，蒙古扁桃的幼苗，桃、李、杏、梅、枇杷、樱桃的叶和核仁（入药时用量过大），各种豆类如蚕豆、豌豆和海南刀豆，牧草如苏丹草、甜苇草、约翰逊草和三叶草等。

2. 采食被氰化物污染的饲料或饮水

如被氰化钾、钙氰酰胺，或冶金厂、电镀厂、化工厂等排出的工业三废污染的饲料或饮水。

【临床症状】 采食含有氰苷的饲料后约 15～20 分钟，表现腹痛不安，呼吸加快，可视黏膜鲜红，呼吸极度困难，甚至张口喘气，口、鼻中流出白色泡沫，肌肉痉挛，角弓反张或后弓反张，很快死亡。有的先兴奋，然后很快转入沉郁状态，随之出现极度衰弱，步态不稳或倒地，体温下降，后肢麻痹，肌肉痉挛，瞳孔散大，全身反射减弱或消失，心动徐缓，脉搏细弱，呼吸浅表，直至昏迷死亡。病程一般不超过 1～2 小时，严重者数分钟即可致死。

【病理变化】 尸体营养良好，黏膜鲜红，血液鲜红色，凝固不良，尸僵缓慢，体腔有浆液性渗出液，胃肠道黏膜和浆膜出血，实质器官变性，肺水肿，气管和支气管内有大量泡沫液体，或呈粉红色，胃内容物充满，有苦杏仁味。

【实验室检查】 必要时在死后 4 小时内采取剩余饲料、饮水，胃内容物、肝脏、肌肉等进行氢氰酸的定性或定量检验。该病发病迅速，有采食含氰苷或氰化物的饲料、饮水的病史。

【防制】

1. 预防措施

禁止在生长有氰苷作物的地方放牧；用含有氰苷的饲料喂羊时，宜先加工调制，如流水浸渍 24 小时。

2. 发病后措施

治疗原则为立即解毒，排除毒物和对症治疗。

处方：温水洗胃。

① 硫代硫酸钠 3 克，加水内服或瘤胃注射，1 小时后重复 1 次。

② 芒硝或硫酸镁 1 克/千克体重，配成 5% 溶液内服。

③ 5%～10% 葡萄糖注射液 500 毫升，3% 亚硝酸钠注射液 0.1～0.2 克，注射用硫代硫酸钠 1～3 克，静脉注射；或 10% 对二甲氨基苯酚注射液 10 毫克/千克体重，静脉注射。

三、食盐中毒

食盐中毒是动物对食盐或含钠物质摄入过多，特别是在限制饮水时所引起的以消化机能紊乱和神经症状为特征的中毒性疾病。其病理特征为脑组织水肿、变性、坏死和消化道炎症。有人用碳酸氢钠、乳酸钠等也复制出所谓的食盐中毒，故食盐中毒的实质是钠离子中毒。

【病因】食盐摄入过多是引起本病的主要原因。如饲料中食盐添加过多或搅拌不匀，饲喂含食盐较高的泔水、酱渣、咸菜及腌咸菜水，用 10% 氯化钠注射液治疗前胃弛缓或用食盐作泻剂时用量过大，有的地区用含食盐多的咸水作饮水等，均可导致中毒；饮水不足是引起本病的决定性因素。

【临床症状】主要表现为口渴贪饮，同时多伴有腹泻和神经症状。急性中毒时，病羊出现食欲减退或停止，饮欲增加，反刍减少或停止，瘤胃蠕动消失，常伴有瘤胃臌气，口腔流出大量泡沫，结膜发绀，瞳孔散大或失明，腹痛，腹泻，甚至便中含血，严重时兴奋不安，磨牙，肌肉震颤，盲目行走，转圈，之后后肢拖地，行走困难，倒地，痉挛，头向后仰，四肢泳动，发作后转为沉郁，甚至发生昏迷、窒息死亡。慢性中毒多由饮用咸水导致，表现为食欲减退，体重减轻，体温下降，衰弱，腹泻，多因衰竭死亡。

【病理变化】胃肠黏膜充血、出血、脱落，心内外膜及心肌有出血点，肝脏肿大，质脆，胆囊扩张，肺水肿，肾脏肿大，皮质和髓质界限不清楚，有时也可见到嗜酸细胞性脑膜脑炎。

【实验室检查】血清中钠离子含量升高，胃肠内容物、肝脏中钠离子含量升高。

【类症鉴别】

1. 食盐中毒与山羊病毒性关节炎-脑炎（脑脊髓炎型）的鉴别

[相似点] 食盐中毒与山羊病毒性关节炎-脑炎（脑脊髓炎型）均

为体温一般正常，共济失调，转圈，卧地四肢划动。

［不同点］山羊病毒性关节炎-脑炎的病原为山羊关节炎-脑炎病毒。多发于2～4月龄羔羊，有传染性。病初即后躯衰弱，而后一肢或数肢麻痹，剖检可见脑白质有棕色区。

2. 食盐中毒与博尔纳病的鉴别

［相似点］食盐中毒与博尔纳病均有兴奋不安，视力障碍，流涎、磨牙，卧地时四肢划动。

［不同点］博尔纳病的病原为博尔纳病毒，有传染性，体温升高而持续。反复惊厥，结膜潮红。剖检可见皮下、肌肉水肿，心包积水。海马神经元含有包涵体。

3. 食盐中毒与脑软化的鉴别

［相似点］食盐中毒与脑软化均有失明，盲目前进，转圈，卧地时四肢划动。

［不同点］脑软化的病原虽还不清楚，但由于一些梭菌导致硫胺缺乏所致。急性发现时即死亡。亚急性，眼反射正常。剖检可见脑灰质有黄色柔软坏死灶。

4. 食盐中毒与山羊癫痫的鉴别

［相似点］食盐中毒与山羊癫痫均有口流泡沫，磨牙，瞳乳散大，转圈，卧地。

［不同点］山羊癫痫突然发病，眼球转动，卧地强直性痉挛，几分钟即恢复正常。

5. 食盐中毒与尿素及含氮化肥中毒的鉴别

［相似点］食盐中毒与尿素及含氮化肥中毒均有兴奋不安，呼吸困难，口流泡沫，阵发痉挛，腹痛，瞳孔散大，最后昏迷死亡。剖检可见胃肠黏膜充血、出血。

［不同点］含氮化肥中毒是因吃尿素及含氮化肥而发病。口腔发炎糜烂，皮温不齐。剖检可见胃肠内容物呈白色或红褐色、带有氨味。

6. 食盐中毒与萱草根中毒的鉴别

［相似点］食盐中毒与萱草根中毒均有瞳孔散大，后肢不能站立。剖检可见心内外膜出血，胆囊肿大。

［不同点］萱草根中毒因多吃萱草根而病。尿频量少，色浅黄、

黄褐，呻吟，眼底血管怒张。剖检可见膀胱膨大、呈紫红色，充满橙红色尿。

7. 食盐中毒与蕨中毒的鉴别

[相似点] 食盐中毒与蕨中毒均有瞳孔散大，盲目行走，阵发痉挛，角弓反张，下痢。

[不同点] 蕨中毒因多食蕨而发病。眼前房出血。剖检可见膀胱有大小不同的肿瘤。

8. 食盐中毒与水蓬中毒的鉴别

[相似点] 食盐中毒与水蓬中毒均有口流大量黏液，磨牙，转圈，四肢乱动。

[不同点] 水蓬中毒因多吃水蓬而发病。突发颤抖，不断眨眼，头弯向一侧，沉郁而死。

9. 食盐中毒与硒中毒的鉴别

[相似点] 食盐中毒与硒中毒均有结膜发绀，腹痛，呼吸困难，心跳增快。

[不同点] 硒中毒因食物中含硒量过高而发病。急性不显现神经症状。

【防制】

1. 预防措施

加强饲养管理，正确调配饲料，应用含食盐多的饲料时应提高警惕，防止食盐摄入过多，应用含有氯化钠的药物时，应防止过量或超量应用，不饮用咸水，并提供充足优质的饮水。

2. 发病后措施

治疗原则是停喂多盐饲料，严格控制饮水，促进食盐排出，恢复阳离子平衡，对症治疗。

处方：

① 饮水。发病早期，立即提供充足的饮水，以降低消化道内食盐的浓度。但出现症状时应少量多次的提供饮水，防止食盐吸收过多。

② 石蜡油 100～300 毫升，灌服。

③ 5%葡萄糖注射液 500～1000 毫升，10%葡萄糖酸钙注射液 10～50 毫升，25%硫酸镁注射液 10～20 毫升，10%葡萄糖注射液 500 毫升，静脉注射，每日 1～2 次，连用 2～3 日。

④ 呋塞米注射液（速尿针）0.5～1 毫克/千克体重，肌内注射，每日 1 次，连用 3 日。

⑤ 25%甘露醇注射液 100～250 毫升，极度兴奋时，静脉注射。

⑥ 5%葡萄糖氯化钠注射液 500 毫升，10%氯化钾注射液 10 毫升，10%安钠咖注射液 5～10 毫升，在治疗的后期，静脉注射。

四、尿素及含氮化肥中毒

反刍动物瘤胃微生物可利用尿素转化为蛋白质，应用不当即引起中毒。

【病因】用尿素化水饮用或拌料过多；误食尿素及含氮化肥。

【临床症状】

1. 尿素中毒

食后 15～45 分钟即现症状。不安，眼耳颤抖，后肢抽搐，呻吟，步态不稳，卧地。严重时角弓反张，反复发作，强直性痉挛。结膜充血，眼球颤动，鼻翼扇动，呼吸困难。脉快而弱，多汗，皮温不齐，随后口吐白沫，磨牙，臌胀，最后肛门松弛，瞳孔散大，窒息而死。

2. 硝酸铵中毒

初腹痛、呻吟，流涎，口腔发炎和黏膜脱落，糜烂，咽喉肿胀，吞咽困难，胀气多尿，步态蹒跚，全身颤抖，最后衰竭，体温下降，昏睡至死。

3. 硫酸铵中毒

与硝酸铵中毒相同，有水泻，体温升至 40℃左右。

【病理变化】胃肠黏膜充血、出血、糜烂，内容物白色或红褐色、有氨味。心外膜小点出血，内脏严重出血。

【类症鉴别】

1. 尿素及含氮化肥中毒与食盐中毒的鉴别

[相似点] 尿素及含氮化肥中毒与食盐中毒均有兴奋不安，呼吸困难，口流泡沫液体，阵发痉挛，瞳孔放大，最后昏睡至死。剖检可见胃肠黏膜充血、出血。

[不同点] 食盐中毒因吃食腌菜水而病。盲目行走，后肢拖地，血检氯化钠超过正常标准；尿素及含氮化肥中毒腹胀、腹痛，剖检可见胃肠内容物有氨味。

2. 尿素及含氮化肥中毒与绵羊氢氰酸中毒的鉴别

[相似点] 尿素及含氮化肥中毒与绵羊氢氰酸中毒均有不安、步态不稳，流涎，腹痛、气胀，呼吸困难，瞳孔散大，衰弱。剖检可见胃肠黏膜充血、出血。

[不同点] 绵羊氢氰酸中毒是因吃含氰苷食物而发病，倒地抽搐而死，结膜鲜红。剖检可见血液鲜红，凝固不良，试验滤纸呈现蓝或蓝绿色。

【防制】

1. 预防措施

尿素必须按比例与麦秸混合后喂羊，绵羊每日每千克体重不超过0.5克（不习惯的绵羊10～15克即中毒），不应超过全饲料中干物质的1%或精料的3%，不能加入水中饮用，也不能与生大豆和豆饼混合，以免其中尿素酶分解成氨而中毒。含氮化肥（包括尿素）开启包装的要加锁保管，防羊误食。

2. 发病后措施

对病羊抓紧治疗。

处方 1：食醋 200～500 毫升或 1% 醋酸 200 毫升，或酸牛奶 500～700 毫升灌服。严重时隔 30 分钟一次，连用 3～4 次。或用糖 20～100 克加水 300 毫升灌服，有良效（初期）。

处方 2：液体石蜡 50～100 毫升，加水 100～200 毫升灌服，以保护胃肠黏膜（铵盐中毒）。如痉挛，用戊巴比妥钠，每千克体重 5～10 毫克，肌注。

处方 3：樟脑磺酸钠 5～10 毫升、维生素 C 2～4 毫升、复合维生素 B 2～4 毫升皮注。

五、棉籽饼粕中毒

棉籽饼粕中毒是由于家畜长期连续或超量饲喂棉籽饼粕，致使摄入过量的棉酚而引起的中毒性疾病。主要见于膘情较好的妊娠母羊和羔羊。成年羊和采食高蛋白日粮的羊有抵抗力。

【病因】主要是因为动物过量采食棉酚含量较高的棉籽饼粕，而棉酚在动物体内稳定，不易破坏，同时排除缓慢，有蓄积作用，因此长期连续饲喂会发生中毒。棉籽饼是一种高磷低钙、缺乏维生素 A

和赖氨酸的饲料，长期饲喂容易导致代谢病。

有长期连续饲喂或超量饲喂棉籽饼粕或棉叶的病史。

【临床症状】

1. 急性型

病羊偶见气喘，常在进圈或产羔时突然死亡，妊娠母羊常发生流产或死胎。

2. 慢性型

羔羊食欲下降，腹泻，发生佝偻病症状，甚至引发黄疸、夜盲症和尿石症。成年羊消化紊乱，饮欲增加，眼结膜充血，视力减退，羞明，公羊发生尿道结石，精子生成减少。之后精神沉郁，呆立不动，伸腰弓背，心搏动前期亢进，后期衰弱，心跳加快，心律不齐，流鼻液，咳嗽，呼吸急促，腹式呼吸，每分钟 25～55 次，肺部听诊有湿性啰音，腹痛，粪便被覆黏液或血液，排尿困难，排血尿或血红蛋白尿，最后四肢肌肉痉挛，行走无力，后驱摇摆，常在放牧或饮水时突然死亡。

【病理变化】肝脏肿大，质脆，呈灰黄或土黄色，有带状出血，肺脏充血，水肿，胃肠黏膜出血，心肌松软，心内外膜有出血点，肾盂和肾实质水肿，肾乳头出血，膀胱壁水肿，黏膜出血。

【实验室检查】可测定棉仔饼粕及血清中游离棉酚的含量。

【类症鉴别】

棉籽饼粕中毒与巴贝斯焦虫病的鉴别

[相似点] 棉籽饼粕中毒与巴贝斯焦虫病均有呼吸心跳增多、虚弱、血尿。

[不同点] 巴贝斯焦虫病的病原为巴贝斯焦虫，由蜱传播，体温高（41～42℃），黏膜苍白，黄疸。血检可见红细胞内焦虫。

【防制】

1. 预防措施

（1）去毒后饲喂 方法有：用 0.1%～0.2% 硫酸亚铁液浸泡 24 小时后，用水冲洗；在棉籽饼粕中加入 0.3%～0.4% 硫酸亚铁；将棉籽饼粕蒸煮（100～110℃，30 分钟）或炒熟；2% 碳酸氢钠液浸泡 24 小时，用水冲洗；微生物发酵法等，可根据具体情况选用。

（2）限时限量饲喂 日粮中棉仔饼粕含量应小于 8%，连续饲喂半个月，应停喂半个月，种羊和羔羊最好不用。

（3）注意日粮搭配　增加日粮中蛋白质（可加入等量的豆粕）、维生素、矿物质和青绿饲料的含量，可预防本病的发生。

（4）选用低棉酚或无棉酚的棉籽饼粕。

2. 发病后措施

本病尚无特效解毒药，重在预防。发现中毒，立即停止饲喂棉籽饼粕，给予青绿多汁饲料，并供给充足的饮水。

处方：

① 0.02%双氧水或0.03%高锰酸钾液、3%碳酸氢钠液适量，急性中毒时进行洗胃（采食后4小时内）或灌肠（采食较久，毒物以及入肠道）。

② 芒硝或硫酸镁1克/千克体重，配成5%溶液，急性中毒时内服。

③ 10%～25%葡萄糖注射液100～500毫升，10%安钠咖注射液5～10毫升，10%葡萄糖酸钙注射液10～50毫升，静脉注射，每日1～2次，连用2～3日。

④ 多种维生素拌料或饮水。

六、黑斑病甘薯毒素中毒

黑斑病甘薯毒素中毒（黑斑病甘薯中毒或霉烂甘薯中毒）是由于家畜采食了大量的黑斑病甘薯而引起的一种中毒性疾病。羊黑斑病甘薯毒素中毒的临床特征为急性肺水肿、间质性肺泡气肿和气喘。常见于春末夏初和晚冬时节。

【病因】食入大量的黑斑病甘薯导致中毒。有时则因饲喂甘薯的副产品如甘薯粉渣、甘薯酒糟时发病。甘薯储藏时由于温度和湿度比较适宜，某些霉菌（已知的霉菌有三种，即甘薯黑斑病真菌、茄病镰刀菌和爪哇镰刀菌）就会大量增殖，产生甘薯毒素（已知的毒素有四种，即甘薯酮、甘薯醇、甘薯二醇和甘薯宁），这些毒素经煮、蒸、烤等高温处理，毒性不被破坏。当羊食进了大量的黑斑病甘薯后，其毒素对中枢神经系统、心血管系统，以及胃肠道、肝、肺、胰脏等器官会产生刺激和损伤，导致呼吸系统和代谢机能紊乱，引发本病。

【临床症状】精神沉郁，结膜充血或发绀，食欲减退或废绝，反刍减少，瘤胃蠕动减弱或消失，脉搏增数达90～150次/分钟，心脏机能衰弱，心音增强或减弱，脉率不齐，呼吸困难，发生呼吸性呼吸困难（有时呼气时间为吸气时间的 4～5 倍），呼出的气体带有臭味，肺部听诊支气管呼吸音粗厉，有湿性啰音。粪便变软，含有黏液或血丝，最终衰竭、窒息死亡。

【病理变化】心腔积血，心室出血。肺脏体积增大，高度充血、瘀血及出血，发生肺水肿和间质性肺气肿，切开肺脏和气管有白色泡沫状液体，胸前积有大量黄色液体。肝脏肿大，严重出血，胆囊呈金黄色，充满黄绿色胆汁，脾脏轻度肿大，边缘有出血点。肾脏出血。胃内有黑斑病甘薯残渣，皱胃和小肠黏膜充血、出血，结肠黏膜有条纹状出血，肠系膜淋巴结肿大。

【实验室检查】必要时可应用黑斑病甘薯或其酒精、乙醚的浸出液进行人工复制发病试验。

【类症鉴别】

黑斑病甘薯毒素中毒与草酸盐中毒的鉴别

［相似点］黑斑病甘薯毒素中毒与草酸盐中毒均有心跳、呼吸增快，呼吸浅表而困难，口有泡沫。

［不同点］草酸盐中毒是因吃了过多的盐生草或油树而发病；剖检可见瘤胃有盐生草或油树叶，黏膜水肿、出血、坏死；肾和尿道积聚有草酸结晶。黑斑病甘薯毒素中毒有采食大量黑斑病甘薯的病史。

【防制】

1. 预防措施

（1）加强饲养管理　严禁将霉烂的甘薯喂羊，或彻底切去烂斑以后再喂。在饲喂甘薯粉渣、甘薯酒糟时应慎重，可先进行小群试验，确认无毒后，再全群饲喂。

（2）防止甘薯发霉　用甲基托布津溶液浸泡种薯和幼苗，储存甘薯前要将甘薯表皮晒干，并防止薯皮破损，用 70% 甲基托布津液 800 倍稀释液或 50% 多菌灵胶悬剂 500～800 倍液喷洒消毒薯块和储藏窖，并做好对储藏窖温度（11～15℃）和湿度的控制。

2. 发病后措施

治疗原则为排除毒物，解毒和对症治疗。

处方：

① 1%～2% 双氧水洗胃。

② 1% 高锰酸钾液 100～200 毫升，内服。

③ 芒硝或硫酸镁 50 克，氧化镁 10～15 克，加水 1000 毫升，灌服。

④ 吸氧。

⑤ 10%葡萄糖注射液 250～500 毫升，注射用硫代硫酸钠 1～3 克，维生素 C 注射液 0.5～1.5 克，盐酸山莨菪碱注射液（654-2 注射液）5～10 毫克，地塞米松注射液 4～12 毫克，静脉注射，每日 1～2 次，连用 2～3 日。

⑥ 5%碳酸氢钠注射液 100 毫升，静脉注射，每日 1 次，连用 3 日。

七、瘤胃酸中毒

瘤胃酸中毒又称瘤胃乳酸中毒、中毒性消化不良、反刍动物急性碳水化合物过食症等，是由于反刍兽采食大量谷类或其他富含碳水化合物的饲料后，导致瘤胃内产生大量乳酸而引起的一种急性代谢性酸中毒。其临床特征为消化障碍，瘤胃运动停滞，严重脱水，毒血症，运动失调，衰弱，神志昏迷和高死亡率。

【病因】

1. 过量食入富含碳水化合物的饲料

多在母羊产后补料时任其自由采食，或羊偷食导致。常见的饲料有玉米、大麦、高粱、马铃薯、甘薯及加工副产品，以及酸度过高的青贮料、糖渣等，特别是加工成粉状的饲料危险性较高。

2. 应激因素

饲料突然改变，由以饲喂牧草为主，突然改喂含碳水化合物较多的饲料，另外在气候突变、动物处于应激状态、消化机能紊乱时，草料任其采食也可以导致。

【临床症状】一般在采食谷物类精料后 24 小时内发病，病情急剧。病羊精神沉郁，食欲废绝，反刍停止，瘤胃蠕动停止，体温正常或偏低，少数羊体温升高，心跳加快，黏膜发绀，眼球下陷，目光呆滞，粪便稀软，酸臭，排尿减少，腹部触诊瘤胃充满，黏硬或稀软，冲击式触诊，有时有振水音，严重病羊极度痛苦，呻吟，卧地不起，昏迷死亡。有的出现蹄叶炎，发生跛行，采食较少的可以耐过，采食较多的，常于 4～6 小时内死亡。

【病理变化】尸体脱水，血液黏稠，颜色发暗，甚至呈黑红色，瘤胃内容物充满，有时稀薄呈粥状，有明显酸臭味，瘤胃和网胃黏膜脱落、出血，甚至呈黑色，皱胃和小肠黏膜出血，心肌扩张柔软。肝脏瘀血，质脆，有时有坏死灶。

【实验室检查】红细胞数升高，红细胞压积容量升高，血液 pH 值下降，尿液 pH 值下降，血液中乳酸含量增加，血浆二氧化碳结合力下降，瘤胃 pH 值下降，瘤胃液检查无纤毛虫，正常瘤胃中的革兰氏阴性细菌丛（细菌构成的群落）被革兰氏阳性细菌丛所替代。

【类症鉴别】

1. 瘤胃酸中毒与前胃弛缓的鉴别

[相似点] 瘤胃酸中毒与前胃弛缓均有瘤胃内容物少、蠕动弱，粪稀软，吃草、反刍减少或废绝。

[不同点] 前胃弛缓的体温正常或偏低，尿 pH 值一般变化不大，磨牙。

2. 瘤胃酸中毒与皱胃溃疡的鉴别

[相似点] 瘤胃酸中毒与皱胃溃疡均有体温稍高，吃草、反刍减少或废绝，瘤胃内容物少、蠕动弱。

[不同点] 皱胃溃疡右肋后或软肋下按压敏感，粪黑色。剖检可见皱胃有溃疡。

【防制】

1. 预防措施

加强饲养管理，补充精料时应给予全价配合饲料，饲喂时由少到多，逐渐过渡，禁止随意给予精料，加强管理，防止偷食精料。病羊食欲减退、不吃粗料、只吃精料时，应及时请兽医诊治。

2. 发病后措施

治疗原则是彻底清除有毒的瘤胃内容物，及时纠正脱水和酸中毒，逐步恢复胃肠功能，加强护理和对症治疗。

处方 1：

① 护理。防止病羊群再次接近谷物。初期禁止饮水，可给予少量青草，勤检查，多运动，一般每小时 1 次，治疗后如果羊能吃干草，瘤胃稍动，则病情好转，如精神明显沉郁，无力躺卧，瘤胃内充满液体，预示病情恶化。

② 洗胃。用于急救，常立竿见影。用 1% 碳酸氢钠液或 1∶5 石灰水上清液进行，将粗胃管经口投入，先导出瘤胃液，再灌入配好的液体，

直至左侧肷窝部变大（灌到八成饱），利用虹吸法导出液体，不让瘤胃内的液体流完，再次灌入和导出，反复多次，直到瘤胃液变清，呈碱性，无酸臭味为止。

③ 石蜡油 100～300 毫升，鱼石脂 4 克，酒精 20 毫升，1：5 石灰水上清液 500～1000 毫升，灌服。1：5 石灰水上清液也可以用氧化镁或氢氧化镁、碳酸氢钠 50 克，水 500～1000 毫升代替。

④ 5%葡萄糖氯化钠注射液 500～1000 毫升，10%安钠咖注射液 5～10 毫升；5%碳酸氢钠注射液 250～500 毫升，静脉注射，每日 1～2 次，连用 3 日。

⑤ 健胃散 50 克，在恢复期加水内服。

处方 2：瘤胃切开术。

主要用于严重病例，早期进行效果较好，瘤胃切开后，把内容物全部清除，用 1%碳酸氢钠液或 1：5 石灰水上清液冲洗，放入铡碎的干草或健康羊的瘤胃内容物。术后注意补液补碱（参考处方 1），抗菌消炎（用庆大霉素或氨苄青霉素）和对症治疗。

八、疯草中毒

疯草中毒是动物长期采食了棘豆属和黄芪属中的有毒植物（统称疯草）所引起的以神经功能紊乱为主的慢性中毒疾病。其临床特征为头部震颤，后肢麻痹。主要发生于冬春季节，山羊、绵羊和马多发。

【病因】

1. 饲养管理不当

疯草在我国主要分布于西北、华北、东北及西南的高山地带，其毒性成分主要是苦马豆素和氧化氮苦马豆素等。疯草在结籽期相对适口性较好，如果羊大量采食疯草如黄花棘豆、甘肃棘豆、小花棘豆、冰川棘豆、急弯棘豆、茎直黄芪和变异黄芪等，可造成慢性中毒。

2. 牧草缺乏

疯草抗逆性强、抗干旱、耐寒等特性强，适于生长在植被破坏的地方，在牧草充足时，牲畜并不采食，但当可食牧草耗尽时会被羊采食。因此，常在每年春、冬发生中毒，干旱年份有暴发的倾向。

【临床症状】

1. 山羊

病初食欲减退，精神沉郁，目光呆滞，反应迟钝，呆立不动。中期，头呈水平震颤或摇动，呆立时仰头缩颈，步态蹒跚，后驱摇摆，被毛逆立，没有光泽，放牧掉队，追赶时极易摔倒。后期出现腹泻，脱水，被毛粗乱，腹下被毛极易脱落，后驱麻痹，起立困难，多伴有心律不齐和心杂音，最后衰竭死亡。

2. 绵羊

症状与山羊相似，但出现较晚，中毒羊在安静状态下可能看不出症状，但在应激时，如用手提耳便立即出现摇头，转圈，突然倒地等典型中毒症状。妊娠母羊易流产，产下畸形羔羊，或羔羊弱小。公羊性欲降低，或无交配能力。

【病理变化】羊尸极度消瘦，血液稀薄，腹腔内有多量清亮液体，口腔及咽部有溃疡灶，皮下及小肠黏膜有出血点，胃与脾于横膈膜粘连，肾脏呈土黄、灰白相间，有些病例心脏扩张，心肌柔软。病理组织变化为神经及内脏组织细胞泡沫样空泡变性。

【实验室检查】红细胞数减少，呈现大红细胞性贫血，血清谷草转氨酶和碱性磷酸酶活性明显升高，血清 α-甘露糖苷酶活性降低，尿液低聚糖含量增加，尿低聚糖中的甘露糖含量也明显升高。

【类症鉴别】

1. 疯草中毒与山羊病毒性关节炎-脑炎（脑脊髓炎型）的鉴别

[**相似点**]疯草中毒与山羊病毒性关节炎-脑炎（脑脊髓炎型）均有后肢衰弱，共济失调，四肢麻痹，卧地不起。

[**不同点**]山羊病毒性关节炎-脑炎的病原为山羊关节炎-脑炎病毒。有传染性，头颈歪斜，角弓反张。剖检可见脑自质有棕色区。

2. 疯草中毒与后肢麻痹的鉴别

[**相似点**]疯草中毒与后肢麻痹均有后肢麻痹，不能站立走动。

[**不同点**]后肢麻痹因受寒或断尾感染而病。

【防制】

1. 预防措施

（1）合理轮牧　即在有疯草的草场上放牧 10 天，或在观察到第一头牲畜轻度中毒，立即转移到无疯草的草场放牧 10～12 天或更长一段时间，以利毒素排泄和畜体恢复。或在棘豆生长茂密的牧地，限制放牧易感的山羊、绵羊和马，而改为放牧或饲养对棘豆反应迟钝的动物如牛和家兔。

（2）日粮控制　疯草中毒主要发生在冬季枯草季节，所以冬季应备足草料，加强补饲，可以减少本病的发生，或在冬季采用饲草加40％疯草饲喂，每喂疯草15天，再停15天。

（3）化学防除　对疯草污染严重的草场，在保证不使生态退化的前提下，可用2,4-D丁酯、G-520等除草剂选择性的杀除棘豆。

（4）药物预防　有人用0.29％工业盐酸对小花棘豆进行集中脱毒后搭配饲喂，有人研究出提高α-甘露糖苷酶活性及可破坏苦马豆素结构的药物"棘防E号"，均对本病的预防取得了较好效果。

2. 发病后措施

目前，本病尚无有效治疗方法。对轻度中毒羊，及时转移到无疯草的草场放牧，调配日粮，加强补饲，一般可不治而愈。

处方：5％～10％葡萄糖注射液500毫升，注射用硫代硫酸钠0.1克/千克体重，静脉注射。

九、有机磷农药中毒

有机磷农药中毒是由于接触、吸入或误食某种有机磷农药所引起的，以体内胆碱酯酶活性受到抑制和乙酰胆碱蓄积，导致胆碱能神经效应增强为特征的中毒病。

【病因】羊采食喷洒过有机磷农药的植物，且在残效期内，或误食了拌过有机磷农药的种子，饮用了被有机磷农药污染的水；有时为恶意投毒；用有机磷制剂内服或药浴治疗体表寄生虫病时，剂量过大、疗程过程或浓度过高，导致中毒。

【临床症状】

1. 轻度中毒

主要以毒蕈碱样症状（M样症状）为主。主要使分布于内脏平滑肌、腺体、虹膜括约肌和一部分汗腺的胆碱能神经纤维发生兴奋，引起胃肠道、支气管、胆道、泌尿道的平滑肌收缩，唾液腺、支气管腺、汗腺分泌增多，故病羊临床表现为流涎（或口角流出白色泡沫），出汗，排尿失禁，肠音增强，腹痛，腹泻，瞳孔缩小如线状，黏膜苍白，心跳迟缓，呼吸困难，严重时可引发肺水肿（呼吸困难，鼻孔流出粉红色泡沫状鼻液，肺部听诊有湿性啰音），导致死亡。

2. 中度中毒

除有毒蕈碱样症状外，还会出现烟碱样症状。此时主要使分布于横纹肌的胆碱能神经纤维发生兴奋，兴奋过度则转为麻痹。病羊表现为肌纤维痉挛和颤动，轻者震颤，重者发生抽搐，严重时发生呼吸肌麻痹，窒息死亡。

3. 重度中毒

往往以中枢神经中毒症状为主。主要表现为兴奋不安，盲目奔跑，抽搐，全身震颤，精神高度沉郁，甚至倒地昏睡，严重时发热，大小便失禁，心跳加快，最后因呼吸中枢麻痹和循环衰竭死亡。

4. 迟发性神经中毒综合征

有些有机磷农药如马拉硫磷，在急性中毒 8～15 天后，可以再出现中毒症状，主要表现为后肢软弱无力，共济失调，最后发展为后肢麻痹。其病理变化为神经脱髓鞘。此病变与胆碱酯酶活性无关，用阿托品治疗无效，在诊疗中应引起足够的重视。

【实验室检查】血液、组织中胆碱酯酶活性降低，指标是其活性小于 50%（此法对诊断所有的有机磷农药中毒都适用）。也可采取胃内容物，可疑的饲料、饮水等，做有机磷农药的检验（一定要结合病史调查等内容进行，多用于事后检验）。羊在 48 小时内有接触过量有机磷农药的病史。

【防制】

1. 预防措施

防止羊误食各种有机磷农药；用有机磷制剂治疗疾病时，注意用量、浓度等，防止中毒。

2. 发病后措施

急救原则为立即注射特效解毒剂，尽快除去未吸收的毒物和对症治疗。

处方：

① 肥皂水适量，经皮肤中毒时，清洗皮肤。

② 温水适量，洗胃，经消化道食入时，要尽早进行，并且一定要彻底。

③ 芒硝或硫酸镁 1 克/千克体重，配成 5% 溶液内服。

④ 阿托品注射液 5～10 毫克/次，皮下或肌内注射，也可以稀释后

静脉注射，经 1～2 小时未见好转，可减量重用，直到出现"阿托品化"，并一直维持"阿托品化"。

⑤ 解磷定注射液 15～30 毫克/千克体重（或氯磷定注射液 5～10 毫克/千克体重），5%～10% 葡萄糖注射液 500 毫升，静脉注射，3～4 小时 1 次，中毒过久无效。或双复磷注射液 0.4～0.8 克，5%～10% 葡萄糖注射液 500 毫升，静脉注射（对中枢神经中毒症状有效，5% 双复磷注射液也可肌内注射），以后每 2 小时重复用药 1 次，剂量减半。

⑥ 阿托品化。用阿托品在治疗急性有机磷农药中毒的过程中，大剂量应用阿托品，但又不至于导致阿托品中毒，其指标为大（瞳孔散大到边缘不再缩小）、红（颜面或黏膜潮红）、快（心率加快）、干（口干，皮肤干燥）、净（肺部湿啰音减少或消失）。

十、慢性无机氟化物中毒

慢性无机氟化物中毒又称氟病，是指动物长期连续摄入超过安全限量的无机氟化合物，所引起的一种以骨骼、牙齿病变（氟骨症和氟斑牙）为特征的中毒病。多呈地方性群发，主要危害反刍动物。

【病因】

1. 工业氟污染

主要见于大量应用含氟矿石作原料或催化剂的工厂（如磷肥厂、钢铁厂、陶瓷厂、玻璃厂和氟化物厂等）周围，未采取防氟措施，随工业"三废"排出的氟化物（氢氟酸和四氟化硅）污染空气、水域、土壤等。工业氟污染区的高氟牧草（氟含量大于 30～40 毫克/千克，枯草期氟含量高）是家畜氟病的主要毒源。

2. 地方性高氟

主要分布在我国的西北、东北和华北，特别是在干旱、半干旱、荒漠、盆地、萤石矿区、火山、温泉附近，水、土、植物的含氟量较高，动物长期采食高氟区的牧草和饮水（水中氟含量大于 3～5 毫克/升）是地方性氟病的主要毒源。

3. 饲养管理不当

长期饲喂未脱氟的矿物质添加剂如骨粉、磷酸氢钙、过磷酸钙、天然磷灰石、石粉（一般不进行脱氟，只用低氟石粉）。

【临床症状】哺乳羔羊一般不发病，断奶羔羊在乳齿为脱落时，

羊类症鉴别诊断与防治

表现为生长发育不良，下颌骨增厚肥大。成年羊出现氟斑牙和氟骨症，表现为门齿蛀烂，甚至完全磨灭，门齿和臼齿外观无光泽，呈黄色或白色，珐琅质蚀脱，甚至出现黄褐色或黑褐色的斑点或斑纹，臼齿磨灭不整齐，下颌骨增大，牙齿容易断裂和脱落，牙齿和骨骼的变化有对称性。在下颌骨外侧、四肢长骨和肋骨与肋软骨的连接处常有骨瘤（骨赘）形成。病羊表现为咀嚼困难，不愿吃食，常吐草团，被毛粗乱，消瘦，出现无外科原因的跛行。

【病理变化】 尸体消瘦，贫血，有氟斑牙和氟骨症，骨骼表面粗糙，呈白垩状，骨质疏松，容易折断，断面骨密质变薄，下颌骨粗糙、肿大，在下颌骨外侧、四肢长骨和肋骨与肋软骨的连接处出现骨赘。

【实验室检查】 病羊的血液、尿液（尿氟正常时为 8 毫克/升，10 毫克/升为可疑，高于 15 毫克/升即可能发生中毒）、骨（正常时低于 500 毫克/千克，超过 1000 毫克/千克时即为异常，到达 3000 毫克/千克以上即可出现中毒症状）中的含氟量升高。血清钙水平降低，血清及骨骼中碱性磷酸酶活性明显升高。

【防制】

1. 预防措施

（1）加强饲养管理　饲喂低氟的矿物质添加剂。饲料中补充充足的蛋白质、钙、磷、硒和维生素等。避免在高氟区放牧，或在低氟牧场和高氟牧场轮换放牧。

（2）在工业氟污染区　最根本的措施是治理污染源，也可以从安全区（牧草氟含量小于 30 毫克/千克）引入 2.5 岁以上的母羊进行繁殖，所产的羔羊在第 1～2 个枯草期转移到安全区放牧，或采用低氟牧草饲喂。

（3）在地方性高氟区　主要是引入低氟水，打深井，或化学除氟（用熟石灰、明矾、活性氧化铝等）。

（4）采用肌内注射亚硒酸钠注射液和投服长效硒缓释丸，预防山羊氟中毒取得了满意的效果。

2. 发病后措施

慢性氟中毒至今尚无较好的治疗方法。发生中毒后应停止摄入含高氟的牧草或饮水，转移到安全地区进行放牧，补充蛋白质、钙、磷、硒和维生素等营养物质，严重的予以淘汰处理。

第五章　羊普通病的类症鉴别与防治

一、口炎

口炎又称口膜炎、口疮、烂嘴等，是口腔黏膜炎症的总称。口炎按病变部位可分为舌炎、腭炎、唇炎和齿龈炎，按炎症性质可分为卡他性、水疱性、溃疡性、脓疱性、蜂窝织炎性和丘疹性口炎。其临床特征为流涎，采食、咀嚼障碍，口臭，口黏膜红、肿、热、痛，甚至出血、糜烂、溃疡和坏死。

【病因】

1. 理化性损伤

如尖锐牙齿、口腔检查粗暴、佩戴劣质开口器、采食粗硬饲料、异物、热水与熟食，以及稀酸、稀碱和高浓度的盐类等均可损伤口腔黏膜。

2. 继发因素

继发于舌体损伤、咽炎、维生素 A 缺乏症、维生素 B_2 缺乏症、维生素 B_5 缺乏症、维生素 C 缺乏症、锌缺乏症、汞中毒、铅中毒，或采食锈病菌、黑穗病菌等污染的霉败饲料等，也常继发于某些传染病，如口蹄疫、传染性脓疱、羊痘、坏死杆菌病、蓝舌病等。

【临床症状】口炎的共同症状为流涎（口腔周围有白色泡沫，严重时口中流出牵丝状液体），采食、咀嚼障碍，口臭，有舌苔，吐草团；体温、脉搏和呼吸数等全身症状一般不明显。口腔检查口黏膜出现炎症变化，如口黏膜潮红、肿胀，有的出现水疱或溃疡，口中不洁，口温高。

1. 卡他性口炎

最初症状为口干，口黏膜感觉敏感，采食咀嚼缓慢。轻症病羊口腔干燥，发热敏感，口黏膜充血，有灰白舌苔，吐草团；重症病羊唇、齿龈、腭部黏膜充血、肿胀，甚至糜烂、流涎。

2. 水疱性口炎

特征是黏膜下层有透明的浆液潴留而形成水疱。口黏膜发生散在或密集的水疱，一般 3～4 天水疱破溃，露出鲜红色糜烂面，病羊食欲减退，体温升高，5～6 天痊愈。

3. 溃疡性口炎

是口黏膜发生以坏死和溃疡为特征的炎症。主要表现为齿龈肿胀、出血、坏死、溃疡，口腔恶臭，并流出恶臭唾液，严重时牙齿松动或脱落，常发生败血症，病羊脱水，腹泻，甚至衰竭死亡。

【类症鉴别】

1. 口炎与羊口疮（传染性脓疱性皮炎）的鉴别

[相似点] 口炎与羊口疮均有口腔、舌有溃疡、流涎口臭。

[不同点] 羊口疮的病原为羊口疮病毒；有传染性。唇、口角皮肤有红疹、水疱、脓疱、结痂过程。口炎无传染性。

2. 口炎与口蹄疫、传染性脓疱、羊痘、坏死杆菌病、蓝舌病引起的口炎鉴别

[相似点] 口蹄疫、传染性脓疱、羊痘、坏死杆菌病、蓝舌病等也可引起口炎。

[不同点] 口蹄疫、传染性脓疱、羊痘、坏死杆菌病、蓝舌病具有较强的传染性，发病数量多；口炎无传染性，个体发病。

【防制】

1. 预防措施

加强饲养管理，供给青绿多汁饲料，防止营养缺乏，防止理化因素或有毒物质的刺激，口腔检查时禁止粗暴操作，正确预防和治疗传染病引起的口炎。

2. 发病后措施

治疗原则为消除病因，加强护理，净化口腔，收敛和消炎。

处方 1：0.1% 高锰酸钾液（或 1% 食盐水、1% 明矾液、2%～3% 硼酸、0.5% 双氧水）50～100 毫升，冲洗口腔，每日 1～2 次，连用 3～5 日。

处方 2：碘甘油（或 2% 碘酊、碘蜂蜜、紫药水、1% 磺胺甘油混悬液）10～20 毫升，涂抹口腔患处，每日 1～2 次，连用 3～5 日。

碘甘油：碘片 5 克，碘化钾 10 克，甘油 200 毫升，蒸馏水加至 1000 毫升。

处方 3：

① 5% 葡萄糖氯化钠注射液 500 毫升，氨苄青霉素 50～100 毫克/千克体重，地塞米松注射液 4～12 毫克，静脉注射，每日 1～2 次，连用 2～3 日。

② 10% 葡萄糖注射液 500 毫升，1% 三磷酸腺苷二钠注射液（ATP 注射液）2～6 毫升，注射用辅酶 A 50～100 单位，维生素 C 注射液 0.5～1.5 克，10% 安钠咖注射液 10 毫升，静脉注射，每日 1～2 次，连用 2～3 日。

③ 甲硝唑注射液每千克体重 10～20 毫克，静脉注射，每日 1 次，连用 2～3 日。

处方 4：青黛 15 克，黄连 10 克，黄柏 10 克，薄荷 5 克，桔梗 10 克，儿茶 10 克。共为细末（青黛散），装入布袋，热水湿润，口内衔之，每日 1 次，连用 3～5 日。

处方 5：冰片 50 克，朱砂 60 克，硼砂 500 克，元明粉 500 克，共为细末（冰硼散），在患处撒布，每次适量，1～2 次/日，连用 3～5 日。

二、食道阻塞

食道阻塞又称食道梗阻，中兽医称"草噎"，是由于咽下的食物或异物过于粗大或咽下机能障碍，导致食道梗阻的一种疾病，临床特征为发病突然，大量流涎，咽下机能障碍。

【病因】常见于饥饿，抢食，采食受惊时，将块根块茎类饲料、棉籽饼或异物等匆忙吞咽，阻塞于食道中；常继发于异嗜癖，脑部肿瘤，食道炎，食道麻痹，食道狭窄，食道痉挛等。

【临床症状】羊在采食过程中，突然停止采食，骚动不安，头颈伸展，频频试图吞咽，张口伸舌，大量流涎，食物、饮水从口鼻流出，并有痉挛性咳嗽，完全阻塞时妨碍反刍和嗳气，引起急性瘤胃臌气，甚至死亡。颈部食道阻塞时，外部触诊有时可感知阻塞物，食道探诊，胃管插入受阻。

【病理剖检】在颈部、胸部或腹部食道发现阻塞物，如阻塞时间过长或阻塞物过于粗大，可引起阻塞部发炎、出血和坏死。X线检查阻塞部位有密部的块状阴影物，钡餐不能通过阻塞部位。

【类症鉴别】

1. 食道阻塞与食道癌的鉴别

[相似点] 食道阻塞与食道癌均有不能吞咽食物，导管入胃有阻碍，如病在颈部可触摸到梗塞物。

[不同点] 食道癌的吞咽障碍是逐渐加重的，一般饮水不从鼻流出，剖检可见食道中有肿瘤。

2. 食道阻塞与咽炎的鉴别

[相似点] 食道阻塞与咽炎均有头颈伸直，吞咽障碍，口流涎，饮水从鼻流出。

[不同点] 咽炎的咽部红肿，触捏时有痛感。

【防制】

1. 预防措施

设置足够的料槽，草料铡碎或做成颗粒，块根块茎类饲料切碎后饲喂，并防止偷食，饲喂时先粗后精，防止惊吓，治疗原发病。

2. 发病后措施

治疗原则是缓解痉挛，润滑食道，清除阻塞物和预防并发症的发生。

处方1：

① 水合氯醛，每次2～4克，配成1%～5%溶液，灌肠。

② 0.5%～1%普鲁卡因注射液10毫升，石蜡油50～100毫升，经口灌服。

③ 挤压法排除颈部食道的阻塞物，如为块状阻塞物，可用双手放于阻塞物两侧，向前推进至咽部后掏出，如为饼粕等粉状阻塞物，可压碎压扁咽下。

④ 疏导法排除胸部或腹部食道的阻塞物，用胃管或食道探子将阻塞物徐徐推入胃内。推入困难时可打气加压，扩张食道，再推入，或注水

洗出或软化、润下，打水法主要适用于饼粕等粉状阻塞物的排除。

处方2：瘤胃穿刺放气。

处方3：颈部食道切开术。

颈部食道阻塞，保守治疗无效，应及时进行手术，取出阻塞物。病羊侧位保定，局部剃毛，常规消毒和浸润麻醉，在颈静脉的上缘或下缘（用于食道严重损伤，不便缝合时，利于排除创液），并与颈静脉平行切开皮肤，分离筋膜和食道周围组织，暴露食道，在阻塞部或阻塞部的稍后方（用于阻塞时间较长，食道色泽明显改变的病例）纵向切开食道，谨慎取出阻塞物，用铬制肠线全层连续缝合食道壁，用间断伦勃特氏缝合纤维膜及肌肉层，不可内翻组织过多，以免造成食道狭窄。若有坏死倾向，食道不得缝合，保持开放，皮肤可部分缝合，用浸消毒液的纱布填塞。术后应用抗菌药物防止食道炎症，并注意强心，补液，给予流质食物，增强机体营养，促进康复。

三、前胃弛缓

前胃弛缓是由各种病因导致前胃神经兴奋性降低、肌肉收缩力减弱、前胃内容物停滞，引起消化机能障碍，甚至全身机能紊乱的一种疾病。其临床表现为食欲下降，瘤胃蠕动减弱或停止，缺乏反刍和嗳气。前胃弛缓并非是一个独立的疾病，而是一组综合症状。多见于冬末春初和舍饲羊群，山羊比绵羊多发。

【病因】如草料单一，缺乏营养，突然换料，精料过多，饲料过粗、过细、冰冻、发霉，饮用污水等饲养不当；见于过度拥挤，长途运输，遭受风寒暑湿侵袭，吞食异物（如塑料袋）等；用药不当。多见于长期大量服用广谱抗菌药物，造成瘤胃菌群紊乱。资料报道链霉素、磺胺类药物对瘤胃菌群影响小；继发于消化器官疾病（如瘤胃积食、创伤性网胃腹膜炎、瓣胃阻塞、皱胃阻塞、肠便秘、肠炎），营养代谢病（如骨软病、妊娠毒血症、生产瘫痪），传染病（如羊痘、口蹄疫、巴氏杆菌病）、寄生虫病（梨形虫病、捻转血矛线虫病、肝片吸虫病、球虫病），以及感冒，热性病等全身性疾病。

【临床症状】病羊食欲下降，瘤胃蠕动减弱或停止，缺乏反刍和嗳气，瘤胃内容物黏硬，间歇性臌气，便秘或腹泻，粪便内含未消化饲料。由于缺乏典型的临床症状，应排除瘤胃积食、瘤胃臌气、瓣胃阻塞、创伤性网胃腹膜炎等前胃病之后才可确诊。

1. 急性前胃弛缓

病羊多呈急性消化不良，病羊精神沉郁、食欲减少或废绝，反刍减少或停止，时而嗳气，但气味酸臭，瘤胃收缩力减弱，瘤胃蠕动音低沉，蠕动次数减少，瘤胃内容物充满、黏硬或呈粥状，粪球粗糙，附有黏液，全身症状一般较轻。由变质饲料引起者，还可发生瘤胃臌气和腹泻。

2. 继发症状

如果引发前胃炎、肠炎或自体中毒时，症状较重，精神高度沉郁，体温下降，食欲废绝，反刍停止，排出大量褐色糊状粪便，有时为水样，气味恶臭，眼球下陷，黏膜发绀，不久死亡。

3. 慢性前胃弛缓

病羊多呈现食欲减退，异嗜（异嗜的原因为长期营养缺乏，或由营养代谢病、寄生虫病导致），反刍、嗳气减少，瘤胃触诊时内容物黏硬，但不过度充满，瘤胃蠕动音减弱，发生间歇性臌气。病情时好时坏，体质衰弱，日渐消瘦，常因严重贫血和衰竭死亡。

【瘤胃液检查】瘤胃液 pH 值下降，瘤胃纤毛虫数量减少，活力减弱，糖发酵能力降低。

【类症鉴别】

1. 前胃弛缓与瘤胃酸中毒的鉴别

［相似点］前胃弛缓与瘤胃酸中毒均有吃草、反刍减少或废绝，瘤胃内容物少蠕动弱，病重磨牙。

［不同点］瘤胃酸中毒是因多吃了富含碳水化合物的精料而发病，瘤胃液体多，尿的 pH 值低于 8，粪稀酸臭。

2. 前胃弛缓与瘤胃积食的鉴别

［相似点］前胃弛缓与瘤胃积食均有瘤胃蠕动减少，吃草、反刍减少或废绝，体温不高，粪干量少。

［不同点］瘤胃积食时瘤胃内容物充满而较硬，呼吸困难。

3. 前胃弛缓与妊娠毒血症的鉴别

［相似点］前胃弛缓与妊娠毒血症均有体温不高，吃草、反刍减少或废绝，瘤胃蠕动弱，磨牙。

［不同点］妊娠毒血症孕羊后期发病，有意识障碍，转圈，瞳孔散大，反射消失。血检可见蛋白和血糖减少，血酮增多，尿丙酮阳性。

4. 前胃弛缓与瓣胃阻塞的鉴别

［相似点］前胃弛缓与瓣胃阻塞均有吃草、反刍减少或废绝，瘤胃蠕动弱，内容物中液体多。粪球干而小。

［不同点］瓣胃阻塞右肋弓向里向前可触及球形瓣胃。

5. 前胃弛缓与皱胃溃疡的鉴别

［相似点］前胃弛缓与皱胃溃疡均有吃草、反刍减少，瘤胃蠕动弱。

［不同点］皱胃溃疡右肋弓后或软肋下有压痛，粪黑色。

6. 前胃弛缓与醋酮血病的鉴别

［相似点］前胃弛缓与醋酮血病均有吃食、反刍减少或废绝，瘤胃蠕动弱，粪干小或稀软。

［不同点］醋酮血病是因饲料中蛋白质脂肪多、碳水化合物少而发病，尿、乳有酮气，血检、尿检酮量超过正常，剖检可见脂肪肝，并增大 2～3 倍。

7. 前胃弛缓与羊妊娠毒血症的鉴别

［相似点］前胃弛缓与羊妊娠毒血症均有食欲、反刍减少或废绝，瘤胃蠕动弱，磨牙，粪干而小。

［不同点］羊妊娠毒血症多发生于妊娠后期营养不足时，有意识障碍，步态不稳，转圈，瞳孔散大，角膜反射消失，血检可见血酮增高，尿丙酮阳性。

【防制】

1. 预防措施

加强饲养管理，提供充足的蛋白质、碳水化合物、矿物质、维生素和微量元素，备足全年草料，合理调配饲料，不喂给过粗、过细、冰冻或发霉的饲料，提供良好的环境条件，加强运动，积极治疗原发病。

2. 发病后措施

治疗原则是除去病因，防腐制酵，兴奋瘤胃蠕动，调整前胃机能。

处方1：

① 病初禁食1～2天，按摩瘤胃。

② 氯化氨甲酰胆碱注射液（比赛可灵）0.05～0.08毫克/千克体重，或甲基硫酸新斯的明注射液2～5毫克/次，或毛果芸香碱注射液5～10毫克，皮下注射，每日1～3次，连用2～3日，患羊心力衰竭和妊娠时不用。

处方2：

① 石蜡油50～100毫升，或芒硝（也可用硫酸镁或人工盐，反刍兽泻下一般不用盐类泻剂）1克/千克体重，加水配成5%溶液，灌服。

② 10%氯化钠液注射液30毫升，5%氯化钙注射液20毫升，10%安钠咖注射液10毫升，静脉注射。

处方3：吃精料过多病羊。

① 温水5～10升，洗胃。

② 鱼石脂酒精溶液（鱼石脂1～5克，75%酒精2～10毫升，温水加至500～1000毫升），500～1000毫升，灌服。

③ 氧化镁2～5克，或小苏打5～15克，加水500～1000毫升，灌服。

④ 健康羊瘤胃液400～800毫升，灌服。

⑤ 盐酸胃复安注射液0.1～0.3毫克/千克体重，皮下或肌内注射，每日1～2次，连用3日。

处方4：慢性病羊。

① 生理盐水1500～1900毫升，灌服。

② 甘油20～30毫升，维生素D_2磷酸氢钙片30～60片，干酵母片30～60克，健胃散30～60克，加水灌服，每日2次，连用3～5日。

③ 10%葡萄糖注射液500毫升，10%安钠咖注射液10毫升，5%维生素B_1注射液2～5毫升，静脉注射，每日1～2次，连用3日。

处方5：党参100克，白术75克，茯苓75克，甘草（炙）25克，陈皮40克，黄芪50克，当归50克，大枣200克，每次60～90克（四君子汤加减），共末开水冲服，每日1次，连用2～3剂。

处方6：白术、茯苓、甘草各45～60克，木香、槟榔各30～45克，山楂、生麦芽、生六曲各60～90克。研末后分成5～10份（健脾理气散加减），开水冲服，每次 1 份，每日 1～2 次，连用 3～5 日。

四、瘤胃臌气

瘤胃臌气又称瘤胃臌胀、瘤胃气胀，是由于前胃神经反应性降低、肌肉收缩力减弱，采食了大量易发酵的饲料，在瘤胃内微生物的作用下异常发酵，产生大量气体，引起瘤胃和网胃急剧膨胀，导致呼吸与循环障碍，发生窒息现象的一种疾病。临床上以呼吸极度困难，反刍、嗳气障碍，腹围急剧增大，腹痛等症状为特征。多发生于牧草生长旺盛的季节，或采食较多谷物类饲料的羊群。

【病因】

1. 泡沫性瘤胃臌气

羊采食了大量幼嫩多汁的豆科植物，如苜蓿、三叶草、紫云英、花生蔓叶，或采食较多的谷物类饲料如玉米粉、小麦粉等。

2. 非泡沫性瘤胃臌气

羊采食了幼嫩多汁的青草，堆积发热的青草，或采食了被雨淋、水泡、冰冻以及发霉的饲料。

3. 继发性瘤胃臌气

见于食道阻塞，食道狭窄，前胃弛缓，创伤性网胃腹膜炎，瓣胃阻塞，迷走神经性消化不良，某些中毒等病程中，使瘤胃气体排出障碍引发。

【临床症状】

1. 急性瘤胃臌气

羊发病快而急，在采食易发酵饲料过程中或采食后不久发生。病羊不安，回头顾腹，发呻声；腹围明显增大，左肷部凸出，严重时右肷部也凸出，甚至高过背中线，腹部触诊瘤胃壁扩张，腹壁紧张有弹性，偶有肩背部皮下气肿，按压有捻发音，瘤胃内容物不粘硬，腹部叩诊呈鼓音，腹痛明显，病羊频繁起卧，甚至打滚，吼叫，最后倒地呻吟。后期精神极度沉郁，不断排尿，运动失调，倒地，呻吟，全身痉挛，甚至死亡；饮食欲废绝，反刍、嗳气、瘤胃蠕动次数病初暂时性增加，之后减少或停止；口中喷出粥状瘤胃内容物。呼吸和循环障碍症状出现呼吸极度困难，张口呼吸，伸舌流涎，头颈伸展，前肢开张，眼球震颤或突出，结膜充血，而后发绀，心率亢进，脉搏增数，静脉怒张、淤滞。

2. 慢性瘤胃臌气

一般发生缓慢，发作时食欲减退，腹部膨大，左肷部凸出，但程度较轻，有时出现周期性瘤胃臌气（多在采食后发作，然后缓解），反刍、嗳气减少、正常或停止，瘤胃蠕动一般减弱，便秘或腹泻，逐渐消瘦、衰弱。

【病理变化】瘤胃壁过度紧张，充满大量气体，有时含有泡沫状内容物（如剖检时间过晚，泡沫将消失），肺脏充血，肝脏和脾脏由于受压而呈贫血状态。有时可见瘤胃和膈肌破裂，瘤胃黏膜瘀血。

【类症鉴别】

1. 瘤胃臌气与前胃弛缓的鉴别

[相似点] 瘤胃臌气与前胃弛缓均有吃草、反刍废绝，瘤胃臌胀、有气体。

[不同点] 前胃弛缓的病程中虽有时出现臌胀，但不在采食之后发生，也不表现呼吸困难。

2. 瘤胃臌气与瘤胃积食的鉴别

[相似点] 瘤胃臌气与瘤胃积食均有瘤胃臌满，吃草、反刍废绝，出现呼吸困难。

[不同点] 瘤胃积食叩诊左肷不出现鼓音，按压内容物呈坚硬。

【防制】

1. 预防措施

（1）限制饲喂易发酵牧草　在牧草丰盛的夏季，可在放牧前先喂给适量青干草或稻草，以免放牧时过食青料，特别是大量易发酵的青绿饲料易引发病。

（2）积极治疗食道阻塞等原发病。

（3）药物抗泡　可用油和聚氧化乙烯或聚氧化丙烯（为非离子性的表面活性剂），在放牧前内服或混饮，预防泡沫性瘤胃臌气。

2. 发病后措施

治疗原则是排气减压，止酵消沫，健胃消导，对症治疗。

处方1：适用于早期轻度、非泡沫性瘤胃臌气。

① 石蜡油 100～200 毫升（或植物油 50～100 毫升），胃复安片

0.1～0.3 毫克/千克体重，来苏尔 2～5 毫升，加水 200～400 毫升，灌服。

② 瘤胃按摩：在瘤胃部反复进行徐缓而深入按压，使气泡融合而排出。

③ 诱发嗳气：口衔椿棍，上坡运动。

处方 2：

① 胃管疗法：羊站立保定，保持前高后低姿势，佩戴开口器，经口插入胃管，放出气体，若放不出气体，可调整胃管深浅。主要用于非泡沫性的瘤胃臌气。

② 消胀片 20～30 片，鱼石脂酒精溶液（鱼石脂 1～5 克，75% 酒精 2～10 毫升），温水加至 200～400 毫升，胃管灌服。

③ 氯化氨甲酰胆碱注射液（比赛可灵）0.05～0.08 毫克/千克体重，或甲基硫酸新斯的明注射液 2～5 毫克/次，或毛果芸香碱注射液 5～10 毫克，皮下注射，每日 1～3 次。

处方 3：瘤胃穿刺放气。

① 病羊站立或右侧横卧保定，在左侧肷窝中央或髋结节到最后肋骨连线中点进行穿刺和间歇性放气。由于本法对腹壁及瘤胃壁有极大损伤，应在情况危急时采用。

② 二甲硅油 1～2 毫升（或松节油 3～10 毫升），氧化镁或氢氧化镁 5～10 克，福尔马林液 1～5 毫升，常水 100～150 毫升，瘤胃注入。

处方 4：手术疗法。上述方法无效，可进行瘤胃切开术，彻底清除瘤胃内容物，并接种健康羊的瘤胃内容物（切忌不可使腹压下降过快）。

处方 5：莱菔子（炒）90 克，枳壳 30 克，大黄 60 克，芒硝 120 克，香附 24 克，川朴 24 克，青皮 30 克，木通 18 克，滑石 45 克，共末（顺气散），分成 6 份，每次 1 份，加水灌服，每日 1～2 次，连用 3～6 日。

处方 6：党参、白术、茯苓、青皮、陈皮、木香、砂仁、莱菔子、甘草各 30～45 克，共末（香砂六君子汤加减），分成 6 份，每次 1 份，加水灌服，每日 1～2 次，连用 3～6 日。

五、瘤胃积食

羊瘤胃积食又称急性瘤胃扩张，是反刍动物贪食大量粗纤维饲料或容易膨胀的饲料引起瘤胃扩张，瘤胃容积增大，内容物停滞和阻塞，以及整个前胃机能障碍，形成脱水和毒血症的一种严重疾病。临床特征为瘤胃体积增大，触诊坚硬，发生腹痛，反刍和嗳气停止，瘤胃蠕动减弱或停止。多见于舍饲和体质瘦弱的老龄母羊。在兽医临床上，通常把由于过量粗饲料引起的称为瘤胃积食，把由过量采食碳水化合物类精料引起的称为瘤胃酸中毒。

【病因】长期饲喂过量干硬粗饲料、蔓藤类青饲料，及食入塑料袋等异物，或过度饥饿，一次采食过多，饮水不足，饮用冷水，饱食后立即运动、运输，长期舍饲、羊过肥、在妊娠后期等，均可引发本病；可继发于前胃弛缓、瓣胃阻塞、创伤性网胃炎、皱胃阻塞等疾病。

【临床症状】患羊精神沉郁，食欲减退或废绝，反刍迟缓或停止，眼结膜充血、发绀，背腰拱起，顾腹踢腹，摇尾呻吟，下腹部轻度膨大，触诊瘤胃内容物充满而黏硬，按压呈捏粉状，抗拒检查，叩诊呈浊音，呼吸迫促，排粪迟滞，干燥色暗，有时排少量恶臭的粪便，偶尔可见继发肠鼓胀。严重的病羊脱水明显，红细胞压积增高，步样不稳，四肢颤抖，心律不齐，全身衰竭，卧地不起。

【病理变化】瘤胃过度扩张，内含有气体和大量腐败内容物，胃黏膜潮红，有散在出血斑点，瓣胃叶片坏死，实质脏器瘀血。

【类症鉴别】

1. 瘤胃积食与前胃弛缓的鉴别

[相似点] 瘤胃积食与前胃弛缓瘤均有胃蠕动弱，吃草、反刍减少或废绝，粪干量少。

[不同点] 前胃弛缓仅部分病例为吃多反刍少时瘤积食较多，大部分内容物较少，而且病程长；瘤胃积食有采食大量不消化饲料或贪食大量蔓藤类青饲料的病史。

2. 瘤胃积食与瘤胃臌气的鉴别

[相似点] 瘤胃积食与瘤胃臌气均有瘤胃臌满，吃草、反刍废绝，出现呼吸困难。

[不同点] 瘤胃臌气叩诊左肷出现鼓音，按压内容物不坚硬；用针穿瘤胃排出大量气体。瘤胃积食有采食大量不消化饲料或贪食大量蔓藤类青饲料的病史。

【防制】

1. 预防措施

加强饲养管理，防止饥饿过食，避免骤然更换饲料，粗饲料和蔓藤类青饲料应加工后再喂，注意饮水和适当运动。

2. 发病后措施

处方1：禁食1~2天，瘤胃按摩。

① 石蜡油300~500毫升，鱼石脂4克，酒精20毫升，苦味酊60毫升，温水500毫升，1次灌服，每日1次，连用数2~3日。

② 氯化氨甲酰胆碱注射液（比赛可灵）0.05~0.08毫克/千克体重，或甲基硫酸新斯的明注射液2~5毫克/次，或毛果芸香碱注射液5~10毫克，皮下注射，每日1~3次，连用2~3日，患羊心力衰竭和妊娠时不用。

处方2：瘤胃内容物腐败发酵，可插入粗胃管，用0.1%高锰酸钾液或1%碳酸氢钠液进行洗胃，异物冲出后投服健羊的新鲜瘤胃液或反刍食团。排出瘤胃内容物，可用按摩、口内横衔木棒、内服泻剂等方法，促进反刍、嗳气和瘤胃蠕动。

处方3：10%葡萄糖注射液500毫升，10%葡萄糖酸钙注射液10~50毫升，10%安钠咖注射液10毫升；5%葡萄糖生理盐水500~1000毫升，维生素B₁注射液5~10毫克/千克体重；5%碳酸氢钠100~200毫升，每日1次，连用2~3日。

重症而顽固的病例，经上述措施无效时，可实行瘤胃切开术，取出瘤胃积滞的内容物，术后注意加强护理，抗菌消炎等。

处方4：健胃散加减。陈皮9克，枳实9克，枳壳6克，神曲9克，厚朴6克，山楂9克，槟榔3克，莱菔子9克，水煎去渣，候温灌服，每日2次，连用3日。

处方5：大承气汤加减。大黄9克，枳实6克，厚朴6克，芒硝12克，神曲9克，山楂9克，麦芽6克，陈皮9克，草果6克，槟榔3克，水煎去渣，候温灌服，每日2次，连用3日。

六、创伤性网胃腹膜炎

创伤性网胃腹膜炎又称金属器具病或创伤性消化不良，是由于金属异物混杂在饲料内，被误食后，导致网胃和腹膜发生损伤以及炎症的一种疾病。临床特征是顽固性前胃弛缓和网胃区敏感疼痛。多见于奶山羊，也可发生于绵羊。

【病因】

1. 饲养管理因素

如饲料混入金属异物、饲料过于坚硬（如豆秸）等。另外采食粗糙、采食快速、抢食等也可导致钉、针、铁丝等尖锐异物被羊食入胃中。

2. 生理因素

网胃位置低，体积小，收缩力强，黏膜成蜂窝状结构，金属或异物的密度一般较大，容易沉积到网胃，并使其受伤。

【临床症状】 病羊精神沉郁，食欲、反刍突然减少或消失，胃肠蠕动显著减弱或消失，发生间歇性瘤胃臌气，应用瘤胃兴奋药病情加重，应用普鲁卡因注射液腹腔注射，症状减轻。网胃区疼痛造成运动异常，如行动谨慎小心、不愿急转弯、不喜欢走下坡路，姿势异常如头颈伸直、拱背，肌肉震颤，轻度症状时无变化或仅有轻微的全身症状，严重时体温升高、心跳加快、呼吸迫促、白细胞显著增数等。强力触诊网胃区（剑状软骨部）病羊发生躲闪、疼痛和呻吟。

【实验室检查】 必要时进行金属探测仪和 X 线检查。

【防制】

1. 预防措施

精心调制饲料，挑去金属等异物，使用磁铁筛、磁铁拌料棍等避免羊吃入金属异物；定期用金属探测仪对羊进行检查。

2. 发病后措施

治疗原则是瘤胃取铁，抗菌消炎。

处方 1：

① 用羊瘤胃取铁器取出瘤胃中金异物（刺入胃壁内的金属异物难以取出）。

② 青霉素 320 万单位，注射用水 10 毫升，肌内注射，每日 2 次，连用 3～5 日。或生理盐水 500 毫升，青霉素 320 万单位，链霉素 100 万单位，2% 普鲁卡因注射液 10 毫升，右侧肷窝部腹腔注射，2 次/日，连用 7 日，一般 3 日见效。

处方 2：手术疗法，实施瘤胃切开术，摘除金属异物，并注意加强术后护理，抗菌消炎。

七、瓣胃阻塞

瓣胃阻塞又称瓣胃秘结，在中兽医称为"百叶干"，是由于羊瓣胃收缩力量减弱，食物排出不充分，通过瓣胃的食糜积聚，充满于瓣叶之间，水分被吸收、内容物变干而导致的疾病。其临床特征为瓣胃容积增大、坚硬，腹部胀满，不排粪便。

【病因】长期饲喂过多粗硬饲料，以及刺激性小或缺乏刺激性小的饲料，如谷糠、麸皮、酒糟、粉渣，而饮水不足，缺乏运动所引起。或饲料和饮水中混有过多泥沙，导致泥沙沉积于瓣胃发病；继发于前胃弛缓、瘤胃积食、皱胃阻塞等疾病。

【临床症状】主要表现为病羊不排粪，瓣胃区敏感，瓣胃区扩大、坚硬。病初与前胃弛缓症状相似，瘤胃蠕动音减弱，瓣胃蠕动音消失，可继发瘤胃臌气和瘤胃积食，排粪干少，色泽暗黑，后期排粪停止，触压（或冲击式触诊）病羊右侧 7～9 肋间与肩关节水平线相交处，羊表现痛苦不安，有时可以在右肋骨弓下摸到阻塞的瓣胃。严重的可继发瓣胃炎和败血症，使病羊体温升高，呼吸和脉搏加快，全身衰弱，卧地不起，最后死亡。

【病理变化】瓣胃扩张，充满内容物，甚至水分吸收变干，瓣胃小叶发炎或坏死。

【剖腹探查】确诊需要进行剖腹探查。

【类症鉴别】

1. 瓣胃阻塞与前胃弛缓的鉴别

［相似点］瓣胃阻塞与前胃弛缓均有吃草、反刍减少或废绝，瘤胃蠕动弱、液体多，粪干而小。

［不同点］前胃弛缓无腹痛，摸不到球状瓣胃，粪不发黑，有时稀软。

2. 瓣胃阻塞与皱胃阻塞的鉴别

［相似点］瓣胃阻塞与皱胃阻塞均有吃草、反刍减少或废绝，粪少而干黑色，瘤胃蠕动弱、液体多。

［不同点］皱胃阻塞从右肋下方可摸到硬块（皱胃）并有疼痛，粪球内外均为黑色，或排黑色稀粪。剖检可见皱胃充满食物，黏膜有

坏死和溃疡。

【防制】

1. 预防措施

避免给羊过多饲喂秕糠和坚韧的粗纤维饲料，防止导致前胃弛缓的各种不良因素。注意运动和饮水，增进消化机能，防止本病的发生。积极治疗原发病。

2. 发病后措施

处方 1：初期。

① 石蜡油 500～1000 毫升，或芒硝 80～100 克，常水 1500～2000 毫升，一次灌服。

② 氯化氨甲酰胆碱注射液（比赛可灵）0.05～0.08 毫克/千克体重，或甲基硫酸新斯的明注射液 2～5 毫克/次，或毛果芸香碱注射液 5～10 毫升，皮下注射，每日 1～3 次，连用 2～3 日，患羊心力衰竭和妊娠时不用。

处方 2：顽固性瓣胃阻塞。

① 瓣胃注射疗法：病羊站立保定，术部剪毛消毒，在羊右侧第 8～9 肋间与肩关节水平线交界处下方 2 厘米处，用 12 号 7 厘米长的注射针头，向对侧肩关节方向刺入 4～5 厘米深。可先注入生理盐水 20～30 毫升，感到有较大压力并有草渣流出，表明已刺入瓣胃，然后注入 25%硫酸镁溶液 30～40 毫升，石蜡油 100 毫升（交替注入瓣胃），注完后，拔出针头，局部消毒。于第二日再重复注射 1 次。

② 10%葡萄糖注射液 500 毫升，10%葡萄糖酸钙注射液 10～50 毫升，10%安钠咖注射液 10 毫升，5%葡萄糖氯化钠注射液 150～300 毫升，庆大霉素注射液 20 万单位，地塞米松注射液 4～12 毫克，静脉注射。

③ 氯化氨甲酰胆碱注射液（比赛可灵）0.05～0.08 毫克/千克体重，皮下注射。

处方 3：瓣胃冲洗疗法。确诊后，施行瘤胃切开术，用胃管插入网瓣孔，用水冲洗瓣胃，可用手在瓣胃外部进行捏压，效果较好。

处方 4：大黄 9 克、枳壳 6 克、二丑 9 克、玉片 3 克、当归 12 克、白芍 2.5 克、番泻叶 6 克、千金子 3 克、山栀 2 克，煎水 1 次灌服。

八、皱胃阻塞

皱胃阻塞又称皱胃积食，是由于迷走神经调节机能紊乱或受损，导致皱胃弛缓，内容物停滞，胃壁扩张而形成阻塞的一种疾病。其临床特征为前胃弛缓，皱胃扩张，在右侧下腹部触诊可感到坚硬的皱胃。

【病因】长期饲喂粗硬或细碎草料，或采食大量干草、过食谷物类精料后，饮水不足，以及长期舍饲，运动不足等，使羊消化机能紊乱，胃肠分泌、蠕动机能降低造成；可继发于迷走神经分支损伤，创伤性网胃炎使肠与皱胃粘连，幽门痉挛，幽门被异物（塑料袋、地膜、破布、麻线）或毛球阻塞等。

【临床症状】该病发展较缓慢，初期似前胃弛缓症状，病羊表现为食欲减退，反刍减少或停止，有时饮欲增加，瘤胃蠕动音减弱，瓣胃蠕动音低沉，腹围无明显变化，尿量减少，排粪量少，粪便干燥，其上附有多量黏液或血丝。随着病情发展，病羊精神沉郁，食欲废绝，反刍停止，腹围显著增大，瘤胃内容物充满或积有大量液体（特别是用盐类泻剂治疗后积液较重，冲击触诊瘤胃呈振水音），瘤胃与瓣胃蠕动音消失，肠音微弱，排粪停止，发生脱水，触诊皱胃区可感到皱胃扩张、坚硬，有痛感。

羔羊皱胃阻塞表现为食欲废绝，腹部膨胀、疼痛，持续下痢，体质虚弱，结膜发绀，严重脱水，触诊瘤胃、皱胃膨胀。

【实验室检查】红细胞数升高，血清氯、钾含量下降，血浆二氧化碳结合力升高（发生代谢性碱中毒）。

【类症鉴别】

1. 皱胃阻塞与瓣胃阻塞的鉴别

［相似点］皱胃阻塞与瓣胃阻塞均有吃草、反刍减少或废绝，粪少而干，附有黏液，瘤胃积液多、蠕动弱。

［不同点］瓣胃阻塞听诊蠕动音弱或无，右肋弓向前向里可摸到球状瓣胃，粪球外表黑褐、内部黄色；皱胃阻塞有长期饲喂粗硬或细碎草料，以及采食异物的病史，剖腹探查发现阻塞的皱胃。

2. 皱胃阻塞与前胃弛缓的鉴别

［相似点］皱胃阻塞与前胃弛缓均有吃草减少或废绝，瘤胃蠕动

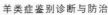

弱，粪少而干。

[**不同点**] 前胃弛缓按压瘤胃呈捏粉样，粪不发黑，右肋下无硬块。

【**防制**】

1. 预防措施

加强饲养管理，去除致病因素，定时定量饲喂，供给优质饲料和清洁饮水。科学搭配日粮，给予全价饲料，防止因营养物质缺乏而发生异嗜，同时保证羊舍、运动场及饲草、饲料的干净卫生，严防异物混入草料中。放牧时精力集中，不去塑料袋污染严重的地方放牧。积极治疗原发病。

2. 发病后措施

处方 1：初期。

① 石蜡油　500 毫升或芒硝或硫酸镁 80～100 克，鱼石脂 5 克，酒精 20 毫升，常水 3000 毫升，一次灌服。

② 氯化氨甲酰胆碱注射液（比赛可灵）0.05～0.08 毫克/千克体重，或甲基硫酸新斯的明注射液 2～5 毫克/次，或毛果芸香碱注射液 5～10 毫克，皮下注射，每日 1～3 次，连用 2～3 日，患羊心力衰竭和妊娠时不用。

处方 2：

① 芒硝 12 克，植物油 50 毫升，甘油 30 毫升，生理盐水 100 毫升，皱胃内注射，后期防脱水，忌用盐类泻药。

② 5% 葡萄糖氯化钠注射液 1000 毫升，庆大霉素注射液 20 万单位，10% 葡萄糖酸钙注射液 10～50 毫升，维生素 C 注射液 0.5～1.5 克；10% 葡萄糖注射液 500 毫升，10% 氯化钾注射液 10 毫升，10% 安钠咖注射液 10 毫升，静脉注射，每日 1～2 次，连用 3 日。

③ 维生素 B_1 注射液 5～10 毫克/千克体重，肌内注射。

处方 3：手术疗法。皱胃阻塞药物治疗多数效果不好，确诊后要及时施行瘤胃切开术，取出内容物，冲洗瓣胃和邹胃，达到疏通。并注意加强术后护理，抗菌消炎。

九、羔羊皱胃毛球阻塞

羔羊皱胃毛球阻塞是因异嗜吞食羊毛形成毛球而在幽门部阻塞的

一种疾病。

【病因】日粮中缺乏硫，或母羊奶汁不足，舔食羊毛。

【临床症状】不完全阻塞食欲减退，经常下痢，消瘦，贫血；完全阻塞食欲废绝，肚胀，不排粪，排褐色黏液，磨牙，口流涎，气喘。有时腹痛（咩叫，回顾腹部，弯腿而行），用手揉右腹可听到前下方有晃水音。右软肋下方膨胀，触诊有波动。

【类症鉴别】

1. 羔羊皱胃毛球阻塞与羔羊肠痉挛的鉴别

［相似点］羔羊皱胃毛球阻塞与羔羊肠痉挛均有减食或废食，腹痛，回顾腹部，弯腿而行，下痢。

［不同点］羔羊肠痉挛是因受冻或喝冷水、吃冰冻饲料而发病，安静和腹痛反复发生，安静时仍有食欲。

2. 羔羊皱胃毛球阻塞与肠阻塞的鉴别

［相似点］羔羊皱胃毛球阻塞与肠阻塞均有食毛癖，废食，不排粪，有疝痛。揉右腹有晃水音。

［不同点］肠阻塞排白色黏液。

【防制】羔羊在非哺乳时与母羊分开，给予全价饲料，随时清除散落的羊毛，以免羊吞食。用食盐 40 份、骨粉 25 份、碳酸钙 35 份，或骨粉 10 份、氯化钴 1 份、食盐 1 份混合后掺少量麸皮内，置于饲槽中任羊舔食。对瘦弱羊还应补充维生素 AD 粉、家畜生长素。按 10 只羔羊用 1 只鸡蛋拌食喂服，连喂 5 日，间歇 5 日后再连喂 5 日，可制止食毛癖的发生和发展。对病羊在腹侧（偏前下方）切开腹壁，在皱胃近幽门部切开取出毛球，再缝合皱胃（黏膜、肌层），进而依次缝合腹膜、腹肌、皮肤。每 12 小时注射一次青霉素。

十、皱胃溃疡

皱胃溃疡为皱胃黏膜发生溃疡，奶山羊多发。

【病因】泌乳早期喂富含碳水化合物导致慢性酸中毒；粗硬饲草（豆荚皮、千甘薯秧）刺激；皱胃阻塞压迫，黏膜发生坏死溃疡。

【临床症状】周期性食欲不好，粪发黏、呈绿色或黑色，常混有黏液和血丝，有时排黑色粪球、内部也是黑色，在右肋弓后或软肋下按压皱胃有疼痛。如胃穿孔，则体温升高（40℃以上），腹壁广泛敏感，心跳、呼吸增数。

【病理变化】皱胃有大小不等的溃疡，如有穿孔，腹腔可见粪沫。

【类症鉴别】

1. 皱胃溃疡与前胃弛缓的鉴别

［相似点］皱胃溃疡与前胃弛缓均有吃草、反刍减少或废食，瘤胃蠕动弱，粪时稀时干。

［不同点］前胃弛缓粪不发黑，皱胃无溃疡；皱胃溃疡粪球内外均为黑色或排黑色稀粪，右肋弓后或软肋下按压敏感，如穿孔则体温升高。

2. 皱胃溃疡与皱胃阻塞的鉴别

［相似点］皱胃溃疡与皱胃阻塞均有吃草、反刍减少或废食，粪软发黑，粪球内外均黑。

［不同点］皱胃阻塞右肋后或右肋下可摸到敏感的皱胃硬块。

3. 皱胃溃疡与瘤胃酸中毒的鉴别

［相似点］皱胃溃疡与瘤胃酸中毒均有体温稍高，吃草、反刍减少或废绝，瘤胃蠕动弱。

［不同点］瘤胃酸中毒因多吃富含碳水化合物精料而发病，瘤胃液体多，粪酸臭，尿 pH 值在 7 以下。

【防制】注意饲料的加工和配合，不要喂过细或粗硬的饲草，避免引起皱胃溃疡，对病羊抓紧治疗。

十一、羔羊肠痉挛

羔羊肠痉挛是因不良因素刺激引起肠平滑肌痉挛性收缩而发生的疝痛，哺乳羔羊多发。

【病因】风雪、寒潮、雨淋、冰雹侵袭；吃了酸败的奶或霉变冷冻的饲草、饲料。

【临床症状】体温正常或偏低，耳鼻冷，拱背，卧地蜷曲，突然表现腹痛，回顾腹部，后肢蹴腹，常做排尿姿势。严重时急起急卧，或前肢跪地，匍匐而行。有的突然跳起，落地后靠墙疾行，咩叫不停，约持续十几分钟后又趋安静，安静时仍有食欲；有的表现腹胀、下痢。

【类症鉴别】

1. 羔羊肠痉挛与皱胃阻塞的鉴别

［相似点］羔羊肠痉挛与皱胃阻塞均有体温不高，腹痛，回顾腹部，屈腿而行，下痢。

［不同点］皱胃阻塞有食毛癖，右肋下方膨大、有液体，触诊有波动，排褐色稀粪；羔羊肠痉挛在气候骤冷或淋雨、吃冰冻饲料后发病。

2. 羔羊肠痉挛与肠阻塞的鉴别

［相似点］羔羊肠痉挛与肠阻塞均反复出现疝痛，起卧不安，咩叫。

［不同点］肠阻塞不排粪，排白色黏液，搅右腹有晃水音。

【防制】

1. 预防措施

对妊娠母羊应加强管理，注意补给养分和维生素、矿物质，以便产出健壮的羔羊。同时注意羊舍保暖，放牧时防止雨淋。不让羔羊吃冰冻饲料和饮水，避免发生本病。

2. 发病后措施

对病羔应放置于温暖的房屋，并给予治疗。

处方1：白酒或姜酊10～20毫升口服。

处方2：热水袋放于右腹侧。

十二、羔羊消化不良

羔羊消化不良是羔胃肠消化机能障碍，系哺乳幼畜的常见病，以腹泻为特征。

【病因】母羊营养不良，影响羔羊正常发育，母乳中养分不足，初乳分泌较晚而停泌又较早；羊舍寒冷、潮湿，用具不清洁，母羊乳头不洁；在消化不良时喝不洁水或霉败饲料，而又未及时治疗，引起中毒性消化不良。

【临床症状】

1. 单纯消化不良

食减或废食，委顿，喜卧，腹泻，粪呈灰绿色、混有气泡和白色

221

小凝乳块，有酸臭味。一般体温不高，呼吸、心跳增数。持续腹泻时，眼球凹陷、毛失光泽、皮肤失去弹性，严重时站立不稳，全身战栗。

2. 中毒性消化不良

减食或废绝，委顿，可视黏膜苍白，稍有黄染，鼻和四肢发凉，对周围事物反应迟钝。有时发生痉挛，后期瘫痪；初期正常，胃肠发炎时升高（40.5～41℃），心音微弱，呼吸增数、粪水样、呈灰色，有时绿色带有黏液和血液，恶臭。濒临死亡时体温下降。

【病理变化】胃肠有卡他性炎，黏膜潮红、轻度肿胀、肝轻度肿胀、质脆。心肌弛缓，心内外膜有出血点。脾、肠系膜淋巴结肿胀。

【类症鉴别】

1. 羔羊消化不良与羔羊痢疾（B 型肠毒血症）的鉴别

［相似点］羔羊消化不良与羔羊痢疾均有初生羔羊发病，腹泻，严重时站立不稳，卧地。

［不同点］羔羊痢疾的病原为 B 型魏氏梭菌，有传染性，2～3 日龄最多，7 日龄以上很少发生；粪如糊状或稀如水，1～2 日内死亡；剖检可见真胃有凝乳块、黏膜有溃疡，肠内容物呈血色，可获得 B 型魏氏梭菌。羔羊消化不良为羔羊出生不久即腹泻，排灰绿色稀粪、含有气泡和白色凝乳块、有酸臭。

2. 羔羊消化不良与羊大肠杆菌病（肠型）的鉴别

［相似点］羔羊消化不良与羊大肠杆菌病均是 7 日龄内羔羊发病，腹泻、粪有气泡，虚弱卧地。

［不同点］羊大肠杆菌病的病原为大肠杆菌，体温高（40～41℃），粪由灰黄变灰，腹痛拱脊。剖检可见大小肠黏膜充血。用大肠杆菌单克隆诊断制剂可诊断。

3. 羔羊消化不良与羊球虫病的鉴别

［相似点］羔羊消化不良与羊球虫病均是羔羊多病，腹泻，呼吸迫促，剖检可见小肠充血。

［不同点］羊球虫病病原为球虫，吃含有卵囊的饲料发病，体温高（40～41℃），可视黏膜苍白，粪中有血液、恶臭、并含有大量卵囊。

【防制】

1. 预防措施

搞好羊舍和羊体的清洁卫生，改善饲养管理，给妊娠母羊全价饲料。或用氯化钴 11.5 克、硫酸铜 1.62 克、氯化锰 2.85 克、硫酸亚铁 1.625 克、水 1000 毫升，每天用 15～20 毫升拌料喂母羊，有较好效果。对于幼羔，应在产后 1 小时内吃到初乳，母乳不足时人工哺乳。羔羊所居的羊舍要保暖、卫生，用具经常保持清洁，定期消毒，避免本病的发生。

2. 发病后措施

对病羔及时治疗，不可延误。

处方 1：乳酶生 5～10 片 1 次服用，8～14 小时 1 次（压碎后用蜜调涂于舌根）。如有肠炎，用磺胺脒（SG）0.2～0.5 克、硅炭银 0.15～0.3 克口服，8～12 小时 1 次，中间可服乳酶生。多给予饮水。用 ORS 液（氯化钠 3.5 克、碳酸氢钠 2.5 克、氯化钾 1.5 克、葡萄糖 30 克、凉开水 1000 毫升）任饮。为缓解代谢障碍和酸中毒，用含糖盐水 50 毫升、10% 安钠咖 2 毫升、2% 碳酸氢钠 20 毫升、母羊血浆 25 毫升，分 2 次静注，每日 1 次。

处方 2：樟脑磺酸钠 0.5～1 毫升、维生素 C 0.5～1 毫升、复合维生素 B 0.5～1 毫升皮下注射。其他见处方 1。

十三、肠便秘

肠便秘（又称肠阻塞、肠梗阻）是由于肠管运动机能和分泌机理紊乱，粪便停滞，水分被吸收而干燥，某段肠管发生完全或不完全阻塞的一种急性腹痛病。羊肠便秘的临床症状为突然发病，不同程度的腹痛，饮食欲减退或废绝，肠音减弱或消失，排粪停止，腹部检查感到有粪便秘结。

【病因】

1. 饲养管理不当

由于饲料粗糙干硬，不易消化，如豆秸、玉米秆、稻草、小麦秆、花生藤等，或饲料过细，精料过多。饲喂不定时，饲料或饲养方法突变，饥饿抢食，咀嚼不充分，喂盐不足，饮水减少，运动不足，天气骤变等因素引发该病。

2. 继发因素

可继发于慢性胃肠病，急性热性传染病，寄生虫病，异食癖等疾病，以及因用药不当，肠道狭窄，妊娠后期或分娩后不久母畜，直肠管麻痹等引发肠便秘。

【临床症状】早期病羊精神、食欲正常，但放牧或饲喂前病羊欹窝不见塌陷。之后腹围逐渐增大，回头顾腹，不时做伸腰动作，腹痛严重时不断起卧。食欲减退，反刍次数减少或消失，眼窝深陷，眼结膜发绀，口腔干燥，舌色呈灰色或淡黄色；排粪减少或停止，粪便被覆黏液，听诊时瘤胃蠕动音减弱或停止，肠音不整、减弱或消失，用手感触腹部可触摸到肠内充满多量粪便，按压呈捏粉状。初生羔羊发病时，时常伏卧，后腿伸直，哀叫，甚至不安起卧，显示疯狂状态。

【类症鉴别】

1. 肠便秘与羔羊皱胃毛球阻塞的鉴别

［相似点］肠便秘与羔羊皱胃毛球阻塞均有不排粪，有疝痛，揉右腹侧有晃水音。

［不同点］羔羊皱胃毛球阻塞排黄褐色黏液；肠便秘排白色黏液。

2. 肠便秘与羔羊肠痉挛的鉴别

［相似点］肠便秘与羔羊肠痉挛均有疝痛，起卧不安，鸣叫。

［不同点］羔羊肠痉挛因吃冰冻饲料、饮水而发病，肠蠕动亢进、下痢，安静时有食欲。

3. 肠便秘与肠变位的鉴别

［相似点］肠便秘与肠变位均有不排粪、排黏液，有疝痛，揉右腹有晃水音。

［不同点］肠变位右腹可摸到套叠或缠结的肠管，捏之有痛感。

【防制】

1. 预防措施

加强饲养管理，按时定量饲喂，防止过饥过饱，合理搭配饲料，防止饲料单一，禁止喂粗硬、不易消化的饲料，提供充足的饮水，注意运动。及时治疗原发病。如发病较多，可在饲料中加入健胃散预防。

2. 发病后措施

治疗原则为静（镇静、止痛），通（疏通），减（减压），补（补液、强心、解毒），护（护理）。

处方 1：初期。

① 温肥皂水 5000 毫升，深部灌肠。

② 石蜡油 300～500 毫升，或芒硝 50～100 克，常水 1000～2000 毫升，一次灌服。

③ 氯化氨甲酰胆碱注射液（比赛可灵）0.05～0.08 毫克/千克体重，或甲基硫酸新斯的明注射液 2～5 毫克/次，或毛果芸香碱注射液 5～10 毫克，皮下注射，每日 1～3 次，连用 2～3 日，患羊心力衰竭和妊娠时不用。

处方 2：

① 25% 硫酸镁溶液 30～40 毫升，石蜡油 100 毫升，瓣胃注射，第二日再重复注射 1 次。

② 30% 安乃近注射液 3～10 毫升，腹痛时肌内注射。

③ 温生理盐水 5000 毫升，瘤胃内充满多量液体时洗胃。

④ 5% 葡萄糖氯化钠注射液 1000 毫升，庆大霉素注射液 20 万单位，10% 葡萄糖酸钙注射液 10～50 毫升，维生素 C 注射液 0.5～1.5 克；10% 葡萄糖注射液 500 毫升，10% 氯化钾注射液 10 毫升，10% 安钠咖注射液 10 毫升，静脉注射，每日 1～2 次，连用 3 日。

处方 3：手术疗法。

病羊侧卧保定，局部剃毛消毒，0.25%～0.5% 盐酸普鲁卡因注射液浸润麻醉，右侧腋部打开腹腔，然后找到秘结的肠管，实施隔肠按压或侧切取粪，肠管坏死应将其切除，然后施行断端吻合术。术后加强护理，润肠通便，抗菌消炎，补液解毒。手术应及早进行，如发病时间过长，阻塞肠管过多，不一定取得满意效果。

十四、胃肠卡他

胃肠卡他（卡他性肠炎）是指胃肠黏膜表层的轻度炎症，以消化不良、排粪时干时稀为特征。

【病因】饲草饲料品质不良，牙齿磨灭不正；钙磷不足，有异嗜，继发于传染病、寄生虫感染。

【临床症状】体温不高，减食，排粪时干时稀，反复干稀交替，消瘦，体质较弱，眼结膜苍白，常有异嗜（啃土）。

【类症鉴别】

1. 胃肠卡他与绵羊肝炎的鉴别

［相似点］胃肠卡他与绵羊肝炎均有体温正常，厌食，便秘或下痢。

［不同点］绵羊肝炎痉挛或抽搐或昏睡，OCT试验，谷丙转氨酶高于谷草转氨酶、乳酸脱氨酶。

2. 胃肠卡他与骨软症的鉴别

［相似点］胃肠卡他与骨软症均有体温不高，有异嗜、食欲减退、体质弱。

［不同点］骨软症的食量时多时少，吃草慢，咀嚼无声，按压脊柱敏感，关节增大、运动强拘；胃肠卡他排粪时干时稀、反复交替。

【防制】

1. 预防措施

平时加强饲养管理，不喂霉变草料和粗硬尖锐饲草，如需改变饲草应逐渐更换。

2. 发病后措施

如已发病，给予易消化的草料，并抓紧治疗。

处方1：先用硫酸钠（或硫酸镁）50克、酒精20毫升、鱼石脂5克一次灌服。磺胺脒（每千克体重0.1克）、硅炭银2~6克一次灌服，8~12小时1次，连用5日（羔羊用磺胺脒、硅炭银3~5片、食母生5~10片一次服用，8~12小时1次）。

处方2：先用硫酸钠（或硫酸镁）50克、酒精20毫升、鱼石脂5克一次灌服。用苍术、龙胆各10克，厚朴、枳壳、茯苓、陈皮各6克，甘草5克水煎去渣服用。或用茯苓、泽泻、滑石各10克，赤芍、建曲各15克，白术12克，桂皮5克水煎去渣服用。

十五、肠变位

肠变位是肠管改变原来位置和形态而发生的疾病。

【病因】猛烈运动、冰冷刺激；脐疝、鼠蹊疝、网膜穿孔。

【临床症状】不论何种变位均产生疝痛、发抖、摇尾踢腹，起卧、犬坐，后腿弯曲、前腿下跪，或卧地不起。食欲、反刍废绝，磨牙，呻吟，心跳增数，体温正常或稍升高，不排粪而排褐色黏液，病程延长时疝痛减轻，精神沉郁、重症 3～4 天死亡。

肠套叠：左侧卧时，右腹侧可摸到一段如香肠、较硬、按压有疼的肠段。

肠缠结、肠扭转：右腹侧可摸到鸡蛋大小的疙瘩，按压有痛。

肠嵌顿：有脐疝、阴囊疝的病羊，局部皮肤疼痛、发紫，疝内容物比平时大而坚实，不能还纳腹腔。

【类症鉴别】

肠变位与肠阻塞的鉴别

［相似点］肠变位与肠阻塞均有不排粪而排白色黏液，废食，有疝痛，揉右腹时有晃水音（肠嵌顿不明显）。

［不同点］肠阻塞有异嗜，右腹难摸到阻塞块。

【防制】

预防措施

防止羊有剧烈运动，不让吃冰冻饲草饲料和饮水。脐、阴囊有疝，及早手术可避免嵌顿。对病羊用剖腹术进行治疗。

十六、支气管炎

支气管炎是由各种原因引起的动物支气管黏膜表层或深层组织的炎症。其临床特征为咳嗽，流鼻液，呼吸啰音和不定型热。多发生于早春、晚秋等气候变换季节。

【病因】主要是由于受寒感冒、应激，以及吸入刺激性气体、尘埃、花粉等，使条件致病菌大量繁殖引起；继发于喉炎、肺炎、胸膜炎、羊痘、传染性胸膜肺炎、肺线虫病等。

【临床症状】

1. 急性支气管炎

主要症状是咳嗽。病初呈短、干、痛的咳嗽，从两侧鼻孔流出浆液性、黏液性或黏脓性鼻液。肺部听诊，肺泡呼吸音增强，有干性或湿性啰音，人工诱咳阳性，叩诊时无明显变化，体温升高或正常，呼吸加快，或出现吸气性呼吸困难。

2. 慢性支气管炎

以长期顽固性咳嗽为特征。全身症状轻微，肺部听诊有啰音，肺泡呼吸音强盛，叩诊时无异常，发生肺气肿时叩诊有过清音，肺叩诊界后移，听诊肺泡呼吸音减弱或消失，严重时呼吸困难，动物逐渐消瘦。

【X射线检查】慢性支气管炎时发现支气管纹理增厚而延长。

【类症鉴别】

1. 支气管炎与羊支原体肺炎的鉴别

［相似点］支气管炎与羊支原体肺炎均有急性体温升高（41～42℃），咳嗽，流鼻液，慢性咳嗽持久。

［不同点］羊支原体肺炎的病原为丝状支原体，有传染性，体温较高，胸部叩诊敏感，听诊有捻发音，眼肿有眵。孕羊流产。慢性体温较高，还腹泻。剖检可见肺有纤维蛋白，胸膜粘连，水肿液涂片镜检可见丝状支原体。

2. 支气管炎与羊巴氏杆菌病的鉴别

［相似点］支气管炎与羊巴氏杆菌病均有体温升高（41～42℃），咳嗽，呼吸急促，流鼻液。

［不同点］羊巴氏杆菌病的病原为巴氏杆菌，有传染性，眼结膜潮红有眵，初便秘后下痢，颈部水肿。剖检可见胸腔有黄色渗出物，肺瘀血，肝变，渗出液涂片镜检可见两极着色的卵圆形杆菌。

3. 支气管炎与羊网尾线虫病的鉴别

［相似点］支气管炎与羊网尾线虫病均有咳嗽，呼吸迫促并显痛苦。剖检可见支气管肿胀、充血。

［不同点］羊网尾线虫病的病原为网尾线虫，阵发性痉咳，呼吸如拉风箱，消瘦，贫血，胸下水肿，咳出的痰团内有成虫、幼虫、虫卵。剖检可见支气管有虫体。

4. 支气管炎与原圆线虫病的鉴别

［相似点］支气管炎与原圆线虫病均有咳嗽。

［不同点］原圆线虫病的病原为原圆线虫。感染虫少时不显症状，严重时虚弱无力，粪检有幼虫。剖检可见胸膜上有虫体和虫卵引起的很多结节。

5. 支气管炎与支气管肺炎的鉴别

[相似点] 支气管炎与支气管肺炎均有咳嗽初干短后湿长，体温升高（40～41℃），听诊肺有干、湿啰音，流鼻液，X 射线纹理较粗。

[不同点] 支气管肺炎的体温较高，心跳、呼吸增数，严重时呼吸困难。叩诊局部浊音，听诊肺泡音消失，而健康部则亢进。剖检可见肺下部孤立的不同病灶，病灶是一个或几个肺小叶红色或暗红（病久变灰黄或灰白），周围有气肿。

6. 支气管炎与羔羊肺炎的鉴别

[相似点] 支气管炎与羔羊肺炎均有体温高（40～41℃），咳嗽，流鼻液，听诊肺有啰音。

[不同点] 羔羊肺炎多为羔羊，心跳、呼吸每分钟 100 次以上。剖检可见心扩张，心尖有凹陷，胸腔、心包积液，真胃、小肠黏膜水肿。

【防制】

1. 预防措施

加强饲养管理，供给优质草料，提供温暖舒适、通风透光的环境，多晒太阳，多运动。积极治疗原发病。

2. 发病后措施

治疗原则为除去病因，消除炎症，祛痰止咳。

处方 1：

① 长效土霉素注射液 10～20 毫克/千克体重，或 5% 氟苯尼考注射液肌内注射 5～20 毫克/千克体重，每日 1 次，连用 3 日。

② 氯化铵片 2～5 克，甘草片 3～4 片，咳必清片 50～100 毫克，每日 2～3 次，连用 3～5 日。

处方 2：

① 5% 葡萄糖注射液 250～500 毫升，50% 葡萄糖注射液 20 毫升，氧氟沙星注射液 2.5～5 毫克/千克体重，盐酸山莨菪碱注射液（654-2 注射液）5～10 毫克，地塞米松注射液 4～12 毫克，静脉注射，每日 1～2 次，连用 3 日。

② 复方咳必清止咳糖浆（100 毫升含咳必清 0.2 克，氯化铵 3 克，薄荷油 0.008 毫升）20～30 毫升，每日 2～3 次，连用 3～5 日。

处方 3：款冬花散加减。款冬花 50 克，知母 50 克，贝母 30 克，斗铃 30 克，桔梗 35 克，杏仁 30 克，双花 50 克，桑皮 35 克，黄药子 35 克，郁金 30 克，共末，分成 5～6 份，每次 1 份，开水冲候温灌服，每日 2 次，连用 3 日（病重时用）。

处方 4：百合固金散加减。百合 50 克，生地 40 克，熟地 35 克，元参 40 克，麦冬 50 克，贝母 30 克，白芍 30 克，当归 50 克，甘草 25 克，桔梗 30 克，杏仁 35 克，瓜蒌 50 克，共末，分成 5～6 份，每次 1 份，开水冲候温灌服，每日 2 次，连用 3 日（慢性支气管炎）。

十七、支气管肺炎

支气管肺炎系个别或几个肺小叶发生炎症，又称小叶性肺炎，因肺泡内充满卡他性炎症渗出物，故又称卡他性肺炎。以弛张热、咳嗽痛苦、呼吸增数为特征。

【病因】因感冒抵抗力降低；继发于寄生虫和某些传染病吸入异物。

【临床症状】常发干而短的咳嗽且带痛。继之长而湿咳，痛苦减轻。精神迟钝，食欲、反刍减少或废绝，体温 40～42℃，每分钟心跳 60～100 次，呼吸 40～100 次，眼、鼻发红。胸部叩诊在病灶于肺表面处有小浊音，肺音粗厉，病初可听到捻发音，以后肺泡音消失，可听到支气管呼吸音，而健康的肺部则肺泡音亢进。

【病理变化】支气管、气管充满泡沫，肺有肝变、呈黑红色，常有坚硬的灰白色病灶，限于一侧也有两侧的，胸腔有淡红或稻草色液体。

诊断要点体温高（40～41℃），减食或绝食，咳嗽初干后湿，心跳、呼吸均增数。叩诊在病灶于肺表面处有浊音，听诊肺音粗厉，以后肺泡音消失，周围肺音亢进。剖检可见肺有肝变、呈黑红色，气管、支气管充满泡沫。

【类症鉴别】

1. 支气管肺炎与支气管炎的鉴别

［相似点］支气管肺炎与支气管炎均有咳嗽，初干短后湿长，体温高（39.5～40℃），肺部听诊有干、湿啰音，X 射线纹理较粗。

［不同点］体温较低，肺泡音增高。慢性时，饮食、进出羊舍、运动时剧烈咳嗽，肺气肿时肺音界后移。

2. 支气管肺炎与羊支原体性肺炎的鉴别

［相似点］支气管肺炎与羊支原体性肺炎均有体温高（41～42℃），咳嗽，有干咳、湿咳，叩诊肺部有浊音。

［不同点］羊支原体性肺炎的病原为丝状支原体，有传染性，先湿咳后干咳，叩诊胸部敏感，鼻液黏性、脓性、呈铁锈色。孕羊流产。剖检可见胸腔液经空气成纤维蛋白凝块，胸膜粗糙、附有纤维蛋白，与肋膜、心包粘连。取心血涂片镜检可见支原体。

3. 支气管肺炎与羊巴氏杆菌病的鉴别

［相似点］支气管肺炎与羊巴氏杆菌病均有体温高（41～42℃），呼吸急促，咳嗽。

［不同点］羊巴氏杆菌病的病原为巴氏杆菌，有传染性。鼻常流血，眼潮红、有脓胲。先便秘后下痢，颈胸下水肿。剖检可见皮下液体浸润和小出血点。胸腔有黄液。肝有出血点坏死灶。病料涂片镜检可见两极着色的卵圆形杆菌。

4. 支气管肺炎与羊网尾线虫病的鉴别

［相似点］支气管肺炎与羊网尾线虫病均有咳嗽，呼吸迫促，有时痛苦。

［不同点］羊网尾线虫病的病原为网尾线虫，常阵发性痉咳，咳出的痰团可见成虫、幼虫和虫卵。消瘦，贫血，胸部、四肢水肿。剖检可见气管、支气管有幼虫、成虫。

5. 支气管肺炎与羔羊肺炎的鉴别

［相似点］支气管肺炎与羔羊肺炎均无传染性，体温高（40～41℃），咳嗽，心跳、呼吸增数，听诊有啰音。

［不同点］羔羊肺炎多发于羔羊（山羊1～3月龄，绵羊3～4月龄）。剖检可见肺肝变区可挤出泡沫，心扩张，心壁薄，心尖有凹陷，心包、胸腔有积液。

【防制】

1. 预防措施

注意饲养管理，饲料中要供给足够的蛋白质、矿物质、维生素。搞好清洁卫生，羊舍不能过冷过热，既要保暖又要通风，傍晚或气候不好时不要药浴。远道运回的羊只不要急于喂精料，只宜给予青草或青贮料。如需灌药时应注意勿灌入气管，以免发生吸入性肺炎。发现呼吸道有病时应及早治疗，以免炎症向肺蔓延。

2. 发病后措施

处方 1：青霉素 80 万～160 万单位、链霉素 25 万～50 万单位、病毒唑 100～300 毫克肌注，或用丁胺卡那霉索 60 万～120 万单位肌注，12 小时 1 次。体温高时，用地塞米松 10～20 毫克皮注，随着体温下降，用量也逐渐减少。止咳用药参照支气管炎。

处方 2：成年羊用四环素 50 万单位、含糖盐水 250～500 毫升、樟脑磺酸钠 2～5 毫升、维生素 C 2～4 毫升静注，12 小时 1 次。体温高时，用地塞米松 10～20 毫克皮注，随着体温下降，用量也逐渐减少。止咳用药参照支气管炎。

十八、肾炎

肾炎通常是指肾小球、肾小管或间质组织发生炎症性病理变化的总称。主要以肾区敏感疼痛、尿量减少，尿液含有病理产物为特征。

【病因】继发于一些传染病，或由病毒或细菌引起；一些内源性中毒（代谢分解产物、胃肠道炎症、皮肤疾病、大面积烧伤所产毒素），一些外源性中毒（有毒植物、霉败饲料、有强力刺激的药物如松节油、斑蝥、石炭酸以及汞、砷、磷等化学物质）；天候骤变、营养不良，抵抗力减弱为发病诱因。

【临床症状】

急性体温 40℃左右，食欲与反刍减少或停止。按压肾区敏感疼痛，拱腰，步态强拘，排尿每次量少而次数增多，尿黄色甚至含血，或全部尿均红色，比重增加，尿中有白细胞、红细胞、肾上皮细胞，如由化脓棒状杆菌所引起的，尿中还有脓液。

慢性全身衰弱乏力、食欲不定，尿量不定，尿中蛋白质含量增加，含有大量肾上皮细胞、少量白细胞和红细胞。眼睑、四肢下端现水肿。

【病理变化】急性肾稍肿，被膜易剥离，表面及切面淡红色，皮质略显增宽，切面有半透明白色小颗粒。慢性肾显皱缩、表面凹凸不平，质较硬。化脓时肾表面有灰色病灶和小脓肿。

诊断要点：急性为体温升高，排尿次数增多，每次尿量不多，尿中含红细胞、白细胞、肾上皮细胞。肾区按压敏感疼痛。慢性为尿量不定，眼睑和四肢下端水肿。剖检：急性肾稍肿，切面淡红色，有半透明白色小颗粒；慢性肾皱缩较硬，表面凹凸不平，有灰色病灶或小脓肿。

【类症鉴别】

1. 肾炎与尿结石的鉴别

[相似点] 肾炎与尿结石均有尿次增加，尿少，有时有血。

[不同点] 尿结石常翘尾做排尿姿势，自龟头至S状弯曲可摸到阻塞尿道的结石。

2. 肾炎与膀胱炎的鉴别

[相似点] 肾炎与膀胱炎均有尿频次多而量少，尿液沉渣有红细胞，行走强拘，减食，体温升高。

[不同点] 膀胱炎按压肾区无疼痛，双手按压后腹显疼痛，很少体温超过40℃。尿中有膀胱上皮，尿时在尿末尾才见血。

3. 肾炎与尿道炎的鉴别

[相似点] 肾炎与尿道炎均有排尿次多而泡小，有血。

[不同点] 尿道炎排尿时常跺脚，膀胱膨大，按压时有尿滴出。如尿有血则在开始尿时见血，公羊可在龟头至S状弯曲发炎部位肿痛。

【防制】

1. 预防措施

平时加强饲养管理，防止羊受寒感冒、降低抵抗力，防止偷吃或误食化学物质、有毒植物及消化道或皮肤严重的有毒分解产物产生的毒素，对一些细菌或病毒引起的疾病及早治疗，防止侵害肾脏致病。

2. 发病后措施

处方：用青霉素80万～160万单位、链霉素50万～100万单位肌注，12小时1次。温度高时，用地塞米松5～15毫克肌注。乌洛托品5～10克内服，或40%乌洛托品10～40毫升静注。有明显水肿时，用双氢克尿塞（每片25毫克）0.05～0.2克内服，或用醋酸钾2～5克内服，或用25%氨茶碱0.5～3毫升肌注，12小时1次。如有尿毒症时，用5%碳酸氢钠50～200毫升、5%葡萄糖400～600毫升（使碳酸氢钠含量不超过 1.3%）静注。第二次再用碳酸氢钠时用量减半。有出血时，用维生素 K₃ 2～5 毫升、止血敏 4～10 毫升、安络血 4～10 毫升肌注。

十九、膀胱炎

膀胱黏膜或黏膜下层的炎症称膀胱炎。

【病因】 由于感染微生物（如化脓菌、葡萄球菌、铜绿假单胞杆菌、大肠杆菌、变形杆菌等）引起发炎；邻近器官（肾、输尿管、阴道、子宫）发炎蔓延；有强烈刺激或有毒物质刺激膀胱黏膜（结石、松节油、斑蝥、甲醛等）。

【临床症状】 急性排尿次多而量少，有时尿闭，排尿时有痛苦、不安，行走强拘。母羊阴门频频开张做排尿姿势，公羊阴茎勃起；后躯摇摆。卡他性炎时，尿液混浊，含有大量黏液和蛋白质；化脓性炎时含有脓液；出血性炎时，有大量血液或凝血块（在尿的末尾出现）；纤维蛋白性炎时，含有纤维蛋白或组织碎片，有氨臭味。尿沉渣中有白细胞、红细胞、膀胱上皮、组织碎片和病原体，全身症状不明显，体温稍升高，食欲减退。双手按后腹触诊膀胱敏感、有疼痛。

慢性与急性基本相似，唯程度较轻，病程较长，如发生膀胱乳头状瘤（息肉）。不时尿血，如发生坏死，尿中有坏死组织碎片并有臭气。

【类症鉴别】

1. **膀胱炎与肾炎的鉴别**

［相似点］ 膀胱炎与肾炎均有尿频量少，尿渣有红白细胞，行走强拘，排尿痛苦。

［不同点］ 肾炎的腰区按压敏感疼痛，尿中有肾上皮细胞。如尿血，整泡尿自始至终有血。

2. **膀胱炎与尿结石的鉴别**

［相似点］ 膀胱炎与尿结石均有常作排尿姿势，尿少而频。

［不同点］ 尿结石自龟头至 S 状弯曲可摸到结石。完全阻塞时，持久不尿则膀胱破裂。

3. **膀胱炎与尿道炎的鉴别**

［相似点］ 膀胱炎与尿道炎均有尿频而量少，常做排尿姿势，有时尿中有血。

[**不同点**] 尿道炎尿时常跺脚，膀胱膨大，按压无痛而滴尿，尿中开始有血。

【**防制**】

1. 预防措施

注意清洁卫生，给予清洁饮水，防止感染微生物。泌尿生殖器官有病时，及时治疗，防止向膀胱蔓延。

2. 发病后措施

对病羊应抓紧治疗。

处方 1：磺胺-6-甲氧嘧啶，每千克体重 0.7～0.14 毫克，肌注或静注，24 小时 1 次。或用青霉素 80 万～160 万单位肌注，12 小时 1 次，连用 3～5 日。乌洛托品 2～5 克内服，或用 40% 乌洛托品 10～40 毫升静注，每日 1 次。樟脑磺酸钠 5～10 毫升、维生素 C 2～5 毫升、复合维生素 B 2～5 毫升肌注，每日 2 次。如母羊有膀胱炎，用导尿管放出膀胱积尿，并用 0.1% 雷佛奴耳液冲洗，冲洗后用青霉素 80 万～160 万单位（先用蒸馏水 5～10 毫升稀释）加 2% 普鲁卡因 10 毫升注入膀胱，隔日 1 次。若有出血，用维生素 K_3 2～5 毫升、止血敏 2～5 毫升、安络血 2～5 毫升肌注，12 小时 1 次。如有肿瘤，手术治疗。

处方 2：当归、赤芍、炒蒲黄、瞿麦、地榆炭、牛膝、知母、黄柏各 12 克，栀子、陈皮、枳壳各 9 克，灯芯、甘草各 6 克水煎服，每日 1 次，连服 3～5 剂。

二十、尿石症

尿路中析出矿物质盐类结晶，并凝结成大小不均、数量不等的矿物质凝结物，称为尿石。尿石症是由于尿石对尿路黏膜的刺激，从而发生出血和炎症，甚至造成尿路阻塞的一种泌尿器官疾病。其临床特征为排尿障碍，腹痛和血尿。

【**病因**】

1. 饲料与饮水因素

如给羊饲喂高钙、高磷、高硅的饲料，缺乏维生素 A 或胡萝卜素的饲料，以及精料过多，应用雌激素育肥，饮水不足等都可引发尿石症。

2. 继发因素

如肾及尿路损伤、发炎时，尿中含有上皮细胞、管型、脓汁、纤维蛋白等时，均可作为尿石的核心物质，诱发矿物质盐类沉着，形成尿石。甲状旁腺机能亢进时，骨盐大量溶解，血钙含量增高，尿液中钙盐、磷酸盐含量增多产生尿石，另外尿液偏碱或偏酸时都易形成尿石。

3. 其他因素

如过量服用维生素 D 和应用某些磺胺类药物，可促进尿石的形成。

【临床症状】

（1）排尿障碍　排尿障碍，尿量减少，频频做排尿动作，但尿液呈细流状或点滴状排出，有时混有血液或砂粒样物质。

（2）腹痛　精神沉郁，姿势异常，站立时弓背缩腹，呻吟，磨牙，踢腹起卧，运步高抬腿，轻落蹄，小心谨慎。

（3）继发症状　尿闭后，腹围增大，腹痛明显，外部触诊有时可以摸到膨大的膀胱。膀胱破裂后，动物安静，排尿动作停止，腹部向下向外侧膨大（抬起前躯依然如此），冲击式触诊有振水音，腹腔穿刺时有大量淡黄或黄红色液体流出，有尿臭味，或有砂粒样物质。有些病例还在后躯皮下发生尿液性水肿。发病较久，不得救治，常发生尿毒症，呼出气体有尿臭味，肌肉震颤，精神沉郁，甚至发生嗜睡和昏迷。

【辅助检查】通过 X 线或 B 超检查有时可在尿路中发现尿石。采集尿液，进行尿沉渣检查，确定尿石的种类。

【病理变化】在肾盂、输尿管、膀胱或尿道内发现尿石，大小不一，数量不等，有时固定在黏膜上，有时游离在尿道中，阻塞部位黏膜发生损伤、炎症、出血、溃疡等。

【鉴别诊断】注意与肾结石、输尿管结石、膀胱结石区别。

1. 尿石症与肾炎的鉴别

[相似点] 尿石症与肾炎均有尿频而量少，有时含血。

[不同点] 肾炎的体温稍升高，按压肾区敏感疼痛，如尿血，尿的全程有血，沉渣中有肾上皮细胞。

2. 尿石症与膀胱炎的鉴别

[相似点] 尿石症与膀胱炎均有尿频而量少，有时尿中有血。

[不同点] 膀胱炎用双手按压，后腹膀胱敏感、疼痛，尿沉渣中可见膀胱上皮细胞。

3. 尿石症与尿道炎的鉴别

[相似点] 尿石症与尿道炎均有尿少而频，常做排尿姿势。

[不同点] 尿道炎的阴茎常勃起，排尿时踩脚，摸阴茎、尿道炎症部位敏感。

【防制】

1. 预防措施

查清病因，如果是地方性尿石高发区，应查明尿石形成的原因；科学调配饲料，钙磷比例保持在（1.5～2）：1，供给足够的维生素A，不饮用过硬的水；早期治疗泌尿器官疾病，减少尿石症的发生；酸化尿液。可以内服氯化铵，每日 10～15 克，连用 7 日。

2. 发病后措施

治疗原则是排石消炎和对症治疗。

处方 1：金沙散。海金沙 30 克，金钱草 120 克，金花菜（南苜蓿）30 克，萹蓄 30 克，瞿麦 24 克，滑石 30 克，当归 30 克，柴胡 21 克，黄芩 120 克，酒知母 21 克，茯苓 24 克，泽泻 24 克，木通 21 克，共研末，分成 6 份，每日 1 份，开水冲服。

处方 2：八正散。关木通 30 克，瞿麦 30 克，萹蓄 30 克，车前子 30 克，滑石 60 克，甘草 25 克，栀子（炒）30 克，大黄（酒制）15 克，灯心草 15 克，共研末，每次 30～60 克，开水冲服，每日 1 次，连用 3～5 日。

处方 3：

① 青霉素 2 万～3 万单位/千克体重，地塞米松注射液 4～12 毫克，注射用水 5 毫升，肌内注射，每日 2 次，连用 3 日。

② 呋塞米注射液（速尿针）0.5～1 毫克/千克体重，肌内注射，每日 1～2 次，连用 3 日。

③ 盐酸氯丙嗪注射液 1～3 毫克/千克体重，肌内注射。

处方 4：手术疗法。首先判定尿石部位，进行手术，如膀胱尿石可选用膀胱切开术，尿道结石可选尿道切开术、尿道造口术或膀胱造瘘术。

二十一、脑膜脑炎

脑膜脑炎是脑膜和脑实质炎症的统称，脑膜炎与脑炎可先后或同时发生，临床以一般脑症状、灶性症状和脑膜刺激症状为特征。

【病因】

1. 感染性因素

继发于李氏杆菌病、脑多头蚴病、脑脊髓丝虫病、化脓性眼球炎、中耳炎、鼻炎等感染性疾病的病程中。

2. 中毒性因素

如有机氟中毒、食盐中毒、黄曲霉毒素中毒、铅中毒，汞中毒等。

3. 诱发性因素

如受寒、感冒、日光曝晒、长途运输、脑部外伤等。

【临床症状】脑膜脑炎早期，如果轻微刺激颈部及背部皮肤时，即可引起该部肌肉发生强直性收缩，出现头向后仰，不断后退的症状；脑膜和脑实质发生病理变化时，主要表现为兴奋和抑制。如意识障碍，垂头闭目，呆立不动，运步不稳，共济失调，或兴奋不安，不顾障碍向前冲，转圈运动，四肢泳动，临床上兴奋和沉郁常交替出现；脑的特定部位受损害引起的各种特异性病症（灶性症状）。因侵害部位不同，临床症状也不一样，基本表现为某些器官和肌肉的痉挛或麻痹。如牙关紧闭、眼球震颤、瞳孔大小不等，舌体垂脱，口唇歪斜，吞咽障碍，视力丧失，甚至发生单瘫和偏瘫。脑膜脑炎后期常继发脑室积水，病羊出现采食、饮水姿势异常，结膜充血，头部静脉怒张等。

【鉴别诊断】

1. 脑膜脑炎与山羊病毒性关节炎-脑炎的鉴别

［相似点］脑膜脑炎与山羊病毒性关节炎-脑炎均有体温一般不太高，转圈，垂头，头向后仰，眼球震颤，吞咽困难。

［不同点］山羊病毒性关节炎-脑炎的病原为山羊关节炎-脑炎病毒，一肢或数肢运动失调后麻痹，琼脂扩散可确定。

2. 脑膜脑炎与脑多头蚴病的鉴别

［相似点］脑膜脑炎与脑多头蚴病均有兴奋时前冲后退，转圈，

头向后仰。

［不同点］脑多头蚴病的病原为多头蚴，体温不高，转圈不停。用多头蚴囊壁或原头蚴制成乳剂注于眼睑皮内发生肿胀，剖检可见多头蚴。

3. 脑膜脑炎与跳跃病的鉴别

［相似点］脑膜脑炎与跳跃病均有体温升高，随后下降，鼻唇痉挛，无目的地前冲。

［不同点］跳跃病的病原为黄病毒。由蜱传播，唇、耳、头、颈震颤，转圈，摇晃，体温先升高（40～41℃），下降后再升即出现跳跃。

4. 脑膜脑炎与食盐中毒的鉴别

［相似点］脑膜脑炎与食盐中毒均有肌肉发生震颤与痉挛，视力模糊或失明。

［不同点］食盐中毒有采食食盐过多或限制饮水的病史，一般体温反应（有时升高），口渴贪饮，黏膜潮红，有突出的神经症状，腹泻，少尿和脱水。脑膜和脑内充血与出血。

5. 脑膜脑炎与中暑的鉴别

［相似点］脑膜脑炎与中暑均有体温升高，步态不稳等表现。

［不同点］中暑是由于纯物理原因引起的体温调节机能障碍的一种急性病。临床特征为体温显著升高，循环障碍和一定的神经症状等。

【防制】治疗原则是除去病因，降低颅内压，抗菌消炎和对症治疗。

处方1：10%～25%葡萄糖注射液200～500毫升，10%磺胺嘧啶注射液70～100毫克/千克体重，40%乌洛托品注射液10～20毫升，静脉注射，每日2次，连用3日。

处方2：

①5%葡萄糖注射液500毫升，青霉素钠800万～1200万单位（或氨苄青霉素钠6～8克），静脉注射，每日2次，连用5～7日。或配合甲硝唑注射液10毫升/千克体重，静脉注射，每日1次，连用3～5日。

②20%甘露醇注射液100～200毫升，静脉注射，每日1次，连用3～5日。

③ 呋塞米注射液（速尿针）0.5～1毫克/千克体重，肌内注射，每日1～2次，连用3～5日。

④ 水合氯醛2～4克，配成1%～5%浓度加黏浆剂，兴奋不安时内服或灌肠。

处方3：

① 5%葡萄糖注射液500毫升，庆大霉素注射液5千单位/千克体重，1%三磷酸腺苷二钠注射液（ATP注射液）2～6毫升，注射用辅酶A 50～100单位，10%安钠咖注射液5～20毫升，静脉注射，每日1次，连用3～5日。

② 丙二醇或甘油20～30毫升，维生素 D_2 磷酸氢钙片30～60片，干酵母片30～60克，健胃散30～60克，加水灌服，每日2次，连用3～5日。

处方4：呆痴型用朱砂散加减。朱砂8克，胆南星、天麻、钩藤、全蝎各18克，石决明、石菖蒲、旋复花、菊花各30克，细辛、白芷、蒿本各15克，分成8份，每日1份，水煎服。

处方5：惊狂型用天竺黄散加减。天竺黄60克，生石膏90～120克（先入），生地30克，黄连18克，郁金、栀子、远志、茯神、桔梗、防风各24克，朱砂12克，甘草9克，分成8份，水煎，加蜂蜜15克，鸡蛋清半个，调和投服，每日1份。抽搐者加琥珀、丹皮、石决明、钩藤；粪便干燥，尿黄赤者，加大黄、芒硝、木通。

二十二、日射病及热射病

日射病及热射病又称中暑。是由于纯物理原因引起的体温调节机能障碍的一种急性病。其临床特征为体温显著升高，循环障碍和一定的神经症状。主要发生于炎热季节。

【病因】

1. 日射病

在炎热季节，因日光直射动物头部，再加上动物肥胖，体质虚弱，致使脑及脑膜充血、出血，引起中枢神经机能严重障碍。

2. 热射病

由于动物长期处于高温、高湿、无风的环境，或过度肥胖，体质虚弱，被毛较厚，过度拥挤，缺乏饮水时，吸热增多，散热减少，以及剧烈运动，长途运输时，产热增多，体内积热，导致中枢神经机能严重紊乱。

【临床症状】

(1) 日射病　发病突然，病初精神沉郁，四肢变软，步态不稳，共济失调，突然倒地，四肢泳动，眼球突出，之后出现心力衰竭，呼吸急促，体温升高，发汗减少，皮肤干燥，常在剧烈抽搐或痉挛中死亡。

(2) 热射病　发病突然，病初沉郁，大汗喘气，体温过高，可达42～43℃，之后可引发短时的兴奋乱冲，但马上转为抑制，此时无汗，呼吸高度困难，脉搏疾速，后期出现昏睡、昏迷，卧地不起，呼吸浅表疾速，节律不齐，血压下降，结膜发绀，口吐白沫，体温下降，常在痉挛发作期死亡。

【病理变化】脑膜及脑部血管高度瘀血，有出血点，脑组织水肿，脑脊液增多，肺充血，肺水肿，气管内有泡沫状液体，心包积液，心腔积血。

根据天气炎热、日光直射、过度拥挤、长途运输等病史资料，以及体温过高、心肺功能障碍等可做出诊断。

【类症鉴别】

热射病与山羊癫痫的鉴别

[相似点] 热射病与山羊癫痫均有突然倒地，口吐白沫。

[不同点] 山羊癫痫发病几分钟后即可恢复正常。

【防制】治疗原则为加强护理，促进降温，维持心肺功能，补液解毒。

处方1：

① 物理降温。把羊群赶到阴凉通风处，或给予遮阴，提供充足的饮水或口服补液盐水，病羊全身用冷水浇、酒精擦、冰袋镇，或冷水灌肠等。

② 5%葡萄糖氯化钠注射液500毫升，10%安钠咖注射液10～20毫升，地塞米松注射液4～12毫克，盐酸山莨菪碱注射液（654-2注射液）5～10毫克；10%葡萄糖注射液500毫升，1%三磷酸腺苷二钠注射液（ATP注射液）2～6毫升，注射用辅酶A 50～100单位，葡萄糖酸钙注射液10～20毫升，10%氯化钾注射液10毫升，依次静脉注射。

③ 30％安乃近注射液 3～10 毫升，或氯丙嗪注射液 1～3 毫克/千克体重，肌内注射。

④ 5％碳酸氢钠注射液 50～100 毫升，酸中毒时静脉注射。

⑤ 呼吸加快困难时，有条件的可以吸氧。

处方 2：止渴人参散加减。党参、芦根、葛根各 30 克，生石膏 60 克，茯苓、黄连、知母、玄参各 25 克，甘草 18 克，共研末，分成 6 份，每次 1 份，开水冲服。无汗加香薷，神昏加石菖蒲、远志，狂躁不安加茯神、朱砂，热急生风，四肢抽搐加钩藤、菊花。热痉挛和热衰竭要结合补液和补充电解质。

二十三、山羊癫痫

山羊癫痫（羊角风）是因大脑机能障碍引起的一种慢性疾病。以突发运动、感觉、意识障碍，能迅速恢复，并反复发生为特征。

【原因】有遗传性。脑病、消化机能障碍可继发。

【临床症状】平时健康，突受外界刺激即显症状，站立不稳，转圈倒地，头颈躯干强直性痉挛，口流泡沫黏液，磨牙，眼球抽动，瞳孔散大，几分钟后即恢复正常，间隔一些时间反复发生，间隔时间逐渐缩短。

【类症鉴别】

1. 山羊癫痫与博尔纳病 (传染性脑脊髓炎) 的鉴别

[相似点] 山羊癫痫与博尔纳病均有磨牙流涎，头颈肌肉痉挛，反复发生惊厥。

[不同点] 博尔纳病的病原为博尔纳病毒，有传染性，整个毒血症期间体温升高，经蜱传播，眼潮红，数日内死亡；剖检可见皮下或肌肉水肿，心包积水，脑膜充血、出血；海马的神经元有包涵体。山羊癫痫无传染性，突然倒地，口吐白沫，几分钟后即恢复正常，反复发生。

2. 山羊癫痫与脑脊髓丝虫病的鉴别

[相似点] 山羊癫痫与脑脊髓丝虫病均有突然倒地，眼球上转，颈部肌肉强直或痉挛。

[不同点] 脑脊髓丝虫病的病原为腹腔丝虫的微丝蚴。腰无力，体躯行走倾斜。剖检脑脊髓可见丝虫。山羊癫痫有口吐白沫，几分钟

后即恢复正常，反复发生。

3. 山羊癫痫与热射病的鉴别

［**相似点**］山羊癫痫与热射病均有突然倒地，口吐白沫。

［**不同点**］热射病在天气湿热，日光直射时发病。体温 40～42℃，黏膜发绀，惊厥死亡。

4. 山羊癫痫与低钴血症的鉴别

［**相似点**］山羊癫痫与低钴血症均有突发卧地抽搐，磨牙，口吐白沫。

［**不同点**］低钴血症多因雨后放牧而发病，如不治疗昏迷而死。

5. 山羊癫痫与食盐中毒的鉴别

［**相似点**］山羊癫痫与食盐中毒均有转圈卧地，磨牙，口吐白沫。

［**不同点**］食盐中毒因多吃食盐而发病，口渴，黏膜发绀，腹泻，逐渐加重昏迷而死。

【**防制**】尚无良好治疗方法，病羊不能留作种用，为了预防复发，在预计下次将发病前几日服用溴化钾 8～10 克，分 3 次服用，1 日服完；或鲁米那 0.3～0.5 克，分 3 次服用，1 日服完；或普里米酮（扑癫酮），每千克体重 10～20 毫克，每日 3 次。

二十四、风湿病

风湿病是一种以全身结缔组织内胶原纤维发生纤维样变性为特征的常反复发作的急性或慢性非化脓性炎症。风湿病的常见发病部位是骨骼肌、心肌、关节囊和蹄部，其中骨骼肌和关节囊发病时常有对称性和游走性，且疼痛和机能障碍随运动量增大而逐渐减轻。根据发病的组织和器官不同，风湿病分为肌肉风湿病、关节风湿病和心脏风湿病，根据病程经过可分为急性风湿病和慢性风湿病。本病多见于我国北方和寒冷的冬春季节。

【**病因**】风湿病的病因和发病机理迄今尚未完全明了，该病是一种变态反应性疾病，一般认为溶血性链球菌的感染和自身免疫调节紊乱有关。遭受感染，久卧湿地，遭风侵袭，汗后受风，暴饮冷水，夜受风寒，突遭雨淋、过度疲劳等因素，均可诱发本病。

【**临床症状**】

（1）急性风湿病　病羊往往突然发病，体温升高，食欲减退，患部肌肉或关节似有痛感，背腰强拘，跛行，并随适当运动而暂时减轻，病羊喜卧，不愿走动。一般经过数日（10日左右）即可好转或痊愈，但容易复发。

（2）慢性风湿病　病程拖延较长，可达数周或数月。患病的组织或器官缺乏急性经过的典型症状，热痛不明显或根本见不到。但患羊运动强拘不灵活，容易疲劳，重者肌肉萎缩，感觉迟钝。

（3）肌肉风湿病（风湿性肌炎）　发病部位主要是一些活动性较大的肌群。风湿性肌炎的特征是症状随运动量的增加和时间的延长而有减轻或消失的趋势，并且常有游走性，时而一个肌群好转而另一个肌群又发病。急性肌肉风湿病时，患病部位发生浆液性或纤维素性渗出，并积聚于肌肉结缔组织中。病羊表现为精神沉郁，食欲减退，体温升高 $1\sim1.5\,℃$，结膜和口腔黏膜潮红，脉搏和呼吸加快，重者出现心内膜炎症状，可听到心内杂音。病程一般较短，多在数日或 $1\sim2$ 周好转或痊愈，但易复发。病羊血沉加快，白细胞增多。慢性肌肉风湿病时，全身症状不明显，但肌肉和腱的弹性降低，肌肉中常有硬结节，表面凹凸不平，重者肌肉僵硬、萎缩，易疲劳，运步强拘。

（4）关节风湿病（风湿性关节炎）　最常发生于活动性较大的关节，如肩关节、肘关节、髋关节和膝关节等。常对称关节同时发病，有游走性。本病的特征是急性期呈现风湿性关节滑膜炎的症状。关节囊及周围组织水肿，滑液中有的混有纤维蛋白及颗粒细胞。患病关节外形粗大，触诊温热、疼痛、肿胀。运步时出现跛行，跛行可随运动量的增加而减轻或消失。患羊精神沉郁，食欲减退，体温升高，脉搏和呼吸加快，有的可听到明显的心内杂音。慢性时呈慢性关节炎的症状。关节滑膜及周围组织增生、肥厚，因而关节肿大且轮廓不清，活动范围变小，运动时关节强拘，能听到噼啪音。

（5）心脏风湿病（风湿性心肌炎）　主要表现为心内膜的症状。听诊时第一心音及第二心音增强，有时出现外缩期性杂音。

【实验室检查】血常规（如血沉加快，白细胞增多）和X线检查（观察关节结构异常和损伤情况）有助于本病的诊断。另外，有条件的地方可以测定溶血性链球菌的抗体和与风湿病相关的自身抗体等辅助诊断。

【类症鉴别】

1. 风湿症与羊传染性浆膜炎的鉴别

[**相似点**] 风湿症与羊传染性浆膜炎均有关节僵硬、跛行，强迫运动时走路跛行减轻或消失。

[**不同点**] 羊传染性浆膜炎的病原为鹦鹉衣原体，有传染性，体温高（40～41℃），关节肿胀有大量混浊液。

2. 风湿症与成年羊骨软症的鉴别

[**相似点**] 风湿症与成年羊骨软症均有运动强拘，跛行，按压背腰敏感。

[**不同点**] 成年羊骨软症因缺钙磷或钙磷不平衡而发病，有异嗜，运动中强拘更明显，后期面骨变形。

【防制】

1. 预防措施

加强饲养管理，备足草料，饲料中要含有足够的蛋白质、矿物质、微量元素和维生素，改善养羊的环境条件，在早春、晚秋或冬天等气温变化较大的季节注意防寒、防淋、防潮湿、防贼风，对溶血性链球菌感染引起的上呼吸道疾病，如急性咽喉炎、扁桃体炎、鼻卡他等疾病，早期应用大剂量青霉素等抗生素彻底治疗，可对风湿病的发生和复发起到一定的预防作用。

2. 发病后措施

治疗原则为消除病因，加强护理，祛风除湿，解热镇痛，消除炎症。

处方 1：急性肌肉风湿病。水杨酸钠片 2～5 克，内服；或 10% 水杨酸钠注射液 20～50 毫升，静脉注射，每日 1 次，连用 5～7 日。

处方 2：急性肌肉风湿病。10% 水杨酸钠注射液 20～50 毫升，复方氨基比林注射液 10 毫升，40% 乌洛托品注射液 10 毫升，10% 安钠咖注射液 10 毫升，5% 葡萄糖酸钙注射液 50～100 毫升，静脉注射，每日 1 次，连用 5～7 日。

处方 3：

① 青霉素 2 万～3 万单位/千克体重，注射用水 5 毫升，肌内注射，每日 2～3 次，连用 10～14 日。

② 青霉素配伍地塞米松注射液 4～12 毫克，30% 安乃近注射液 1～3 克，肌内注射，可以明显改善症状，但剂量不宜过大，疗程不宜过长。

处方 4：

① 保泰松片 33 毫克/千克体重，内服，每日 2 次，3 日后用量减半，连用 7 日。

② 水杨酸甲酯软膏（水杨酸甲酯 15 克，松节油 5 毫升，薄荷脑 7 克，白色凡士林 15 克），或水杨酸甲酯莨菪油擦剂（水杨酸甲酯 25 克，樟脑油 25 毫升，莨菪油 25 毫升），樟脑酒精，氨擦剂（含浓氨溶液 25%、豆油或其他植物油 75%，用时振摇），适量，局部涂抹，每日 3～4 次。

处方 5：慢性风湿病。40℃热酒精，或麸皮、醋以 4∶3 混合炒，装袋热敷；或红外线照射 20～30 分钟/次，1～2 次/日，直至明显好转为止。

处方 6：独活寄生散。独活 25 克，桑寄生 45 克，秦艽 25 克，防风 25 克，细辛 10 克，当归 25 克，白芍 15 克，川芎 15 克，熟地黄 45 克，杜仲 30 克，牛膝 30 克，党参 30 克，茯苓 30 克，肉桂 20 克，甘草 20 克，共为细末，每次 60～90 克，开水冲调，待温，加黄酒 60 毫升为引，灌服，每日 1 次，连用 3 日。

二十五、湿疹

湿疹是动物皮肤表层和真皮浅层，由致敏物质刺激所引起的一种过敏性炎症反应。其临床特征为皮肤呈多形性变化，患部皮肤发生红斑、丘疹、水疱、脓疱、糜烂、结痂及鳞屑等皮肤损害，并伴有热、痛、痒症状，常反复发作。

【病因】

1. 外源性因素

如皮肤遭受摩擦，蚊虫叮咬，长期处于阴暗潮湿的环境，皮肤遭受排泄物、分泌物浸渍，或日光曝晒等。

2. 内源性因素

机体受消化道炎症、肝炎、肾炎等产生的各种病理性产物，细菌、病毒、寄生虫及其产生的毒物和毒素，以及饲料、药物中致敏物的作用，或由营养失调，代谢紊乱，内分泌机能障碍等引起。

【临床症状】

（1）急性湿疹　多在天热出汗和挨淋之后突然发病，在背部、肩部和臀部出现皮肤发红，之后可出现水疱、脓疱和糜烂，浆液渗出增多，产生结痂，病羊瘙痒，不断摩擦，被毛脱落。湿疹病程较长，常反复发作。随病程延长，转成慢性，可见皮肤渗出物减少，皮肤肥厚、粗糙和龟裂，甚至有色素沉着。

（2）绵羊日光疹　绵羊在剪毛后，由于日光长时间照射，可引起皮肤充血、肿胀、发热、疼痛，之后迅速消失，结痂痊愈。

【鉴别诊断】根据湿疹的多形性变化，反复发作，有热、痛、痒等症状不难做出诊断。但应与荨麻疹进行区别，荨麻疹又称风疹块，是家畜受体内、外因素刺激所引起的一种过敏性疾病，其临床特征为体表发生许多圆形或扁平的局限性疹块，发生和消退都较快，并伴发皮肤瘙痒。

1. 湿疹与锌缺乏症的鉴别

[相似点] 湿疹与锌缺乏症均有皮肤增厚，脱毛，瘙痒。

[不同点] 锌缺乏症的病因是锌缺乏，病变多发于蹄部和眼睛周围，皮肤有皱襞，发育障碍，血清锌低于正常。

2. 湿疹与伪狂犬病的鉴别

[相似点] 湿疹与伪狂犬病均有瘙痒，脱毛。

[不同点] 伪狂犬病病原为犬病毒，频舔伤处，全身震颤，阵发痉挛，口鼻流泡沫液体期，四肢麻痹而死。脑组织混悬液注于兔皮下，发奇痒，啃咬而死。

【防制】治疗原则为消除病因，收敛防腐，脱敏止痒。

处方1：

① 0.1%高锰酸钾液（或1%～2%鞣酸、2%～3%明矾液、3%硼酸液）1000毫升，局部清洗。

② 炉甘石洗剂（炉甘石10克，氧化锌5克，石炭酸1克，甘油5毫升，石灰水100毫升），或1:1氧化锌滑石粉、1:9碘仿鞣酸粉、3%～5%龙胆紫液、美蓝硼砂液，适量，局部撒布或涂抹，每日2～3次，连用3～5日。

③ 扑尔敏注射液12～20毫克，或苯海拉明注射液40～60毫克，肌内注射，每日2次，连用3～5日。

④ 红霉素软膏，有化脓时局部涂抹。

⑤ 1%～2%石炭酸酒精，急性湿疹发生瘙痒时患病涂擦。

处方 2：

① 氧化锌水杨酸软膏（氧化锌软膏 100 克，水杨酸 4 克），或 10% 水杨酸软膏、碘仿鞣酸软膏（碘仿 10 克，鞣酸 5 克，凡士林 100 克），适量，局部涂抹（慢性湿疹）。

② 10% 葡萄糖注射液 500 毫升，10% 氯化钙注射液 20～50 毫升，隔日 1 次，静脉注射，连用 3～5 日。

处方 3：风热型用消风散加减。荆芥、防风、牛蒡子各 24 克，蝉蜕 20 克，苦参 20 克，生地 24 克，知母 24 克，生石膏 50 克，木通 15 克，共为细末，分成 6 份，每次 1 份，开水冲服，每日 2 次。同时外用青黛散。

处方 4：湿热型用清热渗湿汤加减。黄芩、黄柏、苦参各 24 克，生地 30 克，白鲜皮 24 克，滑石 24 克，车前子 24 克，板蓝根 30 克，共为细末，分成 6 份，开水冲服，每日 1 次。渗出较重者用生地榆水或甘草水洗后冷敷。

二十六、休克

休克不是一种独立的疾病，而是神经、内分泌、循环、代谢等发生严重障碍时表现出的症候群，以循环血液量锐减、微循环障碍、组织灌流不良、组织缺氧和器官损害为特征。临床上按病因将休克分为低血容量性休克、创伤性休克、中毒性休克、心源性休克及过敏性休克。

【病因】病因主要有失血与失液（失血见于外伤、消化道溃疡、内脏器官破裂引起的大出血，失血性休克的发生取决于失血量和出血的速度；失液见于剧烈腹泻、肠梗阻等引起的严重脱水，属于低血容量性休克，临床上以低渗性脱水多见）、创伤（主要是由于出血和剧烈的疼痛引起）、烧伤（早期发生的休克与创面大量渗出液导致血容量减少和疼痛有关，晚期因继发感染引起）、感染（主要由细菌感染引起，其中内毒素起重要作用，如大肠杆菌、金黄色葡萄球菌、铜绿假单胞菌等）、心泵功能障碍（常见于大面积急性心梗、急性心肌炎、严重心律失常）、过敏（如接种疫苗，注射免疫血清、青霉素等）、强烈的神经刺激损伤。

【临床症状】

（1）休克早期（休克代偿期）　病羊精神正常或稍有不安，脉搏快而充实，血压无变化或稍高，呼吸加快，皮温降低，黏膜苍白，排尿减少。由于此期短暂（短者几秒，长者不超过 1 小时），症状不典型，临床上极易被忽视。此时如处理及时、得当，休克可较快得到纠正。否则，病情继续发展，进入休克期。

（2）休克期（休克抑制期）　由于代偿反应消失，机体出现典型的综合征。临床表现为血压下降，皮温降低，四肢末端厥冷，肌肉软弱无力，齿龈及可视黏膜发绀。由于回心血量减少，静脉塌陷，心排血量减少，第一心音增强而第二心音微弱，甚至消失，脉搏细而快，脉率失常，尿量进一步减少，甚至无尿。此期脑干也发生缺血缺氧，表现精神沉郁，两眼凝视，瞳孔放大，反应迟钝，多卧地不起，人为驱赶，步态跟跄，严重者发生昏迷，脉搏细弱。器官机能障碍加重，可出现严重的出血倾向，如皮肤、黏膜呈现出血斑或广泛性出血，尤以消化道最为严重。

【休克的诊断指标】见表 3-1。

表 3-1　休克的诊断指标

指标	测定方法
血液循环状况	观察结膜和舌的颜色(苍白或发绀)，用手指压迫齿龈和舌边缘，血液充满时间延长(正常为 1～1.5 秒,发病时大于 3 秒)
测定血压	休克时血压降低,严重时测不出,一般应 10～30 分钟检测一次
测定体温、呼吸次数和心率	休克时体温下降,呼吸次数和心率增加
观察尿量	休克时肾脏灌流量减少,尿量下降,当大量投给液体时,尿量能达到正常的 2 倍
心电图检查	心电图可诊断心律不齐,电解质失衡。如酸中毒和休克结合能出现大的 T 波,高血钾症时 T 波突然向上、基底变狭,P 波低平或消失,ST 段下降,QRS 波幅宽增加,PQ 延长
实验室检查	如血清钠降低,血清钾升高,血清乳酸升高,二氧化碳结合力下降和非蛋白氮含量升高等

【防制】

1. 预防措施

加强饲养管理，防止失血、脱水、创伤、过敏和感染等的发生，及时止血，发现有休克倾向积极治疗。

2. 发病后措施

治疗原则为消除病因，加强护理，补充血容量，改善循环功能，调节代谢障碍，抗感染，治疗 DIC（即弥散性血管内凝血，在休克后期发生不可逆转性休克，微循环内黏稠的血液在酸性环境中发生凝集，并在血管内形成血栓）。

处方 1：过敏性休克。

① 0.1%盐酸肾上腺素注射液 0.2～1 毫升，皮下或肌内注射，如症状不缓解，半小时后重复注射，直至脱离危险。

② 氢化可的松注射液 20～80 毫克，或地塞米松注射液 4～12 毫克，生理盐水 20～50 毫升，静脉推注。

③ 去甲肾上腺素注射液 2～4 毫克，5%葡萄糖注射液 500 毫升，静脉注射。

④ 多巴胺注射液 20～40 毫克，生理盐水 500 毫升，静脉注射。

⑤ 生理盐水 2～6 毫升，0.1%盐酸肾上腺素注射液 0.2～0.6 毫升，心内注射，用于心脏骤停，可结合胸外心脏按压。

⑥ 尼可刹米注射液 0.25～1 克，皮下或肌内注射，用于呼吸困难时，可进行氧气吸入，密切观察，对症处理，直至脱离危险。

处方 2：

① 生理盐水 2000 毫升，盐酸山莨菪碱注射液（654-2 注射液）10～20 毫克，氨苄青霉素钠 10～20 毫克/千克体重（有感染时加入），地塞米松注射液 4～12 毫克，乳酸林格氏液 500 毫升，6%中分子右旋糖酐注射液 250～500 毫升，静脉注射。补足的标准为病情开始好转，末梢皮温由冷变温，齿龈由紫变红，口腔湿润有光泽，血压恢复正常，心率减慢，排尿量逐渐增多等，此时说明体内电解质失衡得到改善。

② 5%葡萄糖注射液 500 毫升，多巴胺注射液 20～40 毫克，静脉注射。

③ 5%葡萄糖注射液 500 毫升，西地兰注射液 0.2～0.4 毫克，必要时缓慢静脉注射。

④ 5%碳酸氢钠注射液 50～100 毫升，静脉注射。

⑤ 10%葡萄糖注射液 500 毫升，10%氯化钾注射液 10 毫升，10%葡萄糖酸钙注射液 10～20 毫升，一般在羊排尿后静脉注射。

⑥ 20%甘露醇注射液 100～250 毫升，静脉注射，用于补足液体，

心功能好转，但尿量较少时。

⑦ 肝素注射液 100～150 单位/千克体重，5% 葡萄糖注射液 500 毫升，每分钟 30 滴，静脉注射，用于弥散性血管内凝血（DIC），但有伤口者慎用。

二十七、血肿

血肿是由于各种外力作用导致血管破裂，溢出的血液分离周围组织，形成充满血液的腔洞。

【病因】血肿常见于软组织非开放性损伤，但骨折、刺创、火器创也可形成血肿。血肿可发生于皮下、筋膜下、肌间、骨膜下及浆膜下。根据损伤的血管不同，血肿分为动脉性血肿、静脉性血肿和混合性血肿。

血肿形成的速度较快，其大小决定于受伤血管的种类、粗细和周围组织性状，一般均呈局限性肿胀，且能自然止血。较大的动脉断裂时，血液沿筋膜下或肌间浸润，形成散漫性血肿。较小的血肿由于血液凝固而缩小，其血清部分被组织吸收，凝血块在蛋白分解酶的作用下软化、溶解和被组织逐渐吸收。其后由于周围肉芽组织的新生，使血肿腔结缔组织化。较大的血肿周围可形成较厚的结缔组织囊壁，其中央仍储存未凝的血液，时间较久则变为褐色甚至无色。

【临床症状】受伤后迅速肿胀，有波动，但局部温度增高，4～5日后肿胀周围呈坚实感，并有捻发音，中央部有波动，局部增温。穿刺时，可排出血液。有时可见淋巴结肿大和体温升高等全身症状。血肿感染可形成脓肿（局部穿刺，排出脓汁），注意鉴别。

【防制】治疗原则为制止溢血、防止感染和排除积血。

处方 1：安络血注射液 10～20 毫克，或止血敏注射液 0.25～0.5克，肌内注射，每日 1～2 次，连用 1～3 日。青霉素 2 万～3 万单位/千克体重，链霉素 10～15 毫克/千克体重，注射用水 10 毫升，肌内注射，每日 1～2 次，连用 3 日。

处方 2：受伤初期有波动时，应局部剪毛消毒，患部消毒，抽出血液，装压迫绷带。

处方 3：如血肿较大，经 4～5 日后变硬，应严格消毒，切开血肿，取出凝血块和挫灭组织，如发现继续出血，可行结扎止血，0.1% 新洁尔灭溶液清理创腔后,撒布青霉素粉,再行缝合创口或开放疗法。

二十八、淋巴外渗

淋巴外渗是在钝性外力作用下,由于淋巴管断裂,致使淋巴液聚积于组织内的一种非开放性损伤。

【病因】淋巴外渗是钝性外力在动物体上强行滑擦,致使皮肤或筋膜与其下部组织发生分离,因而淋巴管发生断裂。淋巴外渗常发生于淋巴管较丰富的皮下结缔组织,而筋膜下或肌间则较少。

【临床症状】淋巴外渗在临床上发生缓慢,一般于伤后3~4日出现肿胀,并逐渐增大,有明显的界限,呈明显的波动感,皮肤不紧张,炎症反应轻微。穿刺液为橙黄色稍透明的液体,或其内混有少量血液。时间较久,析出纤维素块,如囊壁有结缔组织增生,则呈明显坚实感。

【防制】治疗原则为制止渗出、防止感染。

处方1:首先使羊安静,有利于淋巴管断端的闭塞。较小的淋巴外渗可不必切开,于波动明显部位用注射器抽出淋巴液,然后注入95%酒精或酒精福尔马林液(95%酒精100毫升,福尔马林1毫升,碘酊数滴,混合备用),停留片刻后将其抽出,以期淋巴液凝固堵塞淋巴管断端,而达到制止淋巴液流出的目的。应用一次无效时,可行第二次注入。

处方2:

① 较大的淋巴外渗可行切开,排出淋巴液及纤维素,用酒精福尔马林液冲洗,并将浸有上述药液的纱布填塞于腔内,做假缝合。当淋巴管完全闭塞后,取出纱布,可按创伤治疗。治疗时应当注意,冷敷能使皮肤发生坏死,温热、刺激剂和按摩疗法,均可破坏已形成的淋巴栓塞,都不宜应用。

② 青霉素2万~3万单位/千克体重,注射用水5毫升,肌内注射,每日2次,连用3日。

二十九、脓肿

脓肿是在任何组织和器官内形成的外有脓肿膜包裹,内有脓汁潴留的局限性脓腔,是致病菌感染后所引起的局限性炎症。如果在解剖腔内有脓汁潴留称为蓄脓,如关节蓄脓,上颌窦蓄脓、胸膜腔蓄脓等。

【病因】

1. 皮肤感染

常见于继发急性化脓性感染后期，主要致病菌是葡萄球菌，其次是化脓性链球菌、大肠杆菌、绿脓杆菌等。主要通过皮肤伤口感染，以及因注射给药时不消毒或消毒不彻底而引起。

2. 强烈刺激

静脉注射刺激性强的药物（如水合氯醛、氯化钙），药液漏于静脉外，或将其进行皮下注射和肌内注射。

3. 转移

血液、淋巴循环将原发化脓灶转移到新的组织或器官，形成转移性脓肿，主要见于机体抵抗力差，或病原微生物毒力较强时。

【临床症状】

1. 急性浅在性脓肿

常发生于皮下结缔组织、筋膜下及表层肌肉组织内。表现为局部发红，出现弥漫性肿胀，界限不清，触诊肿胀增温、坚实、敏感疼痛，以后逐渐界限清晰，中间软化出现波动。之后脓肿可自行破溃，排脓，但常因皮肤溃口过小，脓汁不易排尽。

2. 慢性浅在性脓肿

一般发生缓慢，有明显的波动感，局部无热、无痛或疼痛非常轻微，穿刺时有脓汁流出。

3. 深在性脓肿

常发生于深层肌肉、肌间、骨膜下、腹膜下及内脏器官。由于被覆较厚的组织，初期症状不明显。局部皮肤仅出现炎性水肿，触之敏感且有压痕，穿刺排出脓汁。有的脓肿可以逐渐浓缩，甚至钙化，个别较大的脓肿，未能及时切开，脓肿膜坏死，脓汁自皮肤破溃排出，或向深部周围组织蔓延，导致感染扩散，病羊渐进性消瘦，甚至引起败血症。

【防制】治疗原则为初期消炎止痛，促进炎性产物吸收，后期促进脓肿成熟，切开排脓。

处方1：脓肿初期。

① 樟脑软膏，或鱼石脂酒精、复方醋酸铅散（醋酸铅 100 克，明矾 50 克，樟脑 20 克，薄荷 10 克，白陶土 820 克，醋调备用）等适量，冷敷。

② 青霉素 5 万～10 万单位/千克体重，链霉素 10～15 毫克/千克体重，注射用水 10 毫升，肌内注射，每日 1～2 次，连用 3 日。

处方 2：脓肿中、后期。

① 采取温热疗法，或超短波疗法、短波透热疗法，促进炎性产物消散。

② 10% 鱼石脂软膏，或鱼石脂樟脑软膏，适量，外敷。

处方 3：脓汁抽出法。适用于关节部等脓肿膜形成良好的小脓肿。其方法是利用连接粗针头的注射器将脓肿腔内的脓汁抽出，然后用生理盐水反复冲洗脓腔，抽净腔中的液体，最后灌注 10%～20% 青霉素液。

处方 4：脓肿切开法。脓肿成熟出现波动后立即切开。切口应选择波动最明显、易排脓的部位。局部剪毛，常规消毒，浸润麻醉或全身麻醉，切开前先用粗针头将脓汁排出一部分，切开时一定要防止外科刀损伤对侧的脓肿膜。切口要有一定的长度并做纵向切口，以保证在治疗过程中脓汁能顺利排出。深在性脓肿切开时，除进行确实麻醉外，最好进行分层切开，并对出血的血管进行仔细结扎或钳压止血，以防引起转移性脓肿。脓肿切开后，脓汁要尽力排尽，但切忌用力压挤脓肿壁，也不可用棉纱等用力擦拭脓肿膜里面的肉芽组织，这样就有可能损伤脓肿腔内的肉芽防卫面而使感染扩散。如果一个切口不能彻底排出脓汁时，亦可根据情况做必要的辅助切口。对浅在性脓肿，可用防腐液或生理盐水反复清洗脓腔，最后用脱脂纱布轻轻吸出残留在腔内的液体，然后撒布青霉素粉或灌注 5% 碘酊，切开一般不缝合，必要时进行包扎。

处方 5：脓肿摘除法。常用以治疗脓肿膜完整的浅在性小脓肿。局部剪毛，常规消毒，浸润麻醉，切开皮肤，摘除脓肿，撒布青霉素粉，结节缝合皮肤。注意勿刺破脓肿膜，防止新鲜手术创被脓汁污染。

三十、结膜、角膜炎

结膜、角膜炎是指眼结膜、角膜受外界刺激和感染所引起，以结膜表面或实质发生炎性浸润为特征的一种急、慢性炎症，是最常见的一种眼病。

【病因】病因有机械性（主要见于各种异物对眼结膜的刺激，如眼睑或结膜、角膜外伤，结膜囊内异物，眼睑内翻、外翻或睫毛倒生等）、化学性（如硫酸、盐酸、刺激性化学试剂和农药误入眼内）、物理性（如热水、火焰灼烧、X线、紫外线的刺激）、感染性（见于衣原体病、传染性角膜结膜炎、吸吮线虫病等）以及免疫介导性（受过敏源如花粉、粉尘刺激）等因素。

【临床症状】

1. 结膜炎

结膜潮红，羞明，流泪，如化脓菌侵入脓性分泌物增多，眼睑肿胀粘连。

2. 角膜炎

角膜混浊，灰白，周缘有血晕并有小血管向角膜中央延伸，羞明，流泪，严重时角膜出现溃疡，甚至穿孔。

【类症鉴别】

1. 结膜、角膜炎与传染性角膜结膜炎的鉴别

［相似点］结膜、角膜炎与传染性角膜结膜炎的结膜潮红，角膜混浊，四周有血晕，羞明，流泪。

［不同点］传染性角膜结膜炎的病原为衣原体或立克次氏体等多种微生物，有传染性，能迅速形成地方性流行。

2. 结膜、角膜炎与羊吸吮线虫病的鉴别

［相似点］结膜、角膜炎与羊吸吮线虫病均有结膜充血，角膜灰白，羞明，流泪。

［不同点］羊吸吮线虫病可在眼内见到游动的虫体。

【防制】

1. 预防措施

遇有风沙天气将羊赶往避风处。搞好羊圈清洁卫生。避免污浊空气，必须在羊离圈时再打扫卫生。防止羊进入有刺的灌木丛，防羊眼受侵袭致病。

2. 发病后措施

及时隔离有结膜、角膜炎症状的病羊，并遮蔽阳光。积极治疗。治疗原则是消除病因，减少刺激，抗菌消炎，促使炎症消散。

处方：用生理盐水或 3% 硼酸液洗眼，每天 2～3 次。青霉素、病毒唑（参照传染性结膜角膜炎）点眼。

三十一、直肠脱

直肠末端的黏膜层脱出肛门称为脱肛或肛门脱垂；直肠的一部分甚至大部分向外翻转脱出肛门，称直肠脱。严重病例在发生直肠脱的同时并发肠套叠或直肠疝。

【病因】

1. 直肠韧带松弛

直肠黏膜下层组织和肛门括约肌松弛或机能不全是导致直肠脱的主要原因。

2. 直肠全层肠壁垂脱

见于直肠发育不全、萎缩或神经营养不良松弛无力，不能保持直肠正常位置。

3. 诱发因素

见于长时间腹泻、便秘，病后瘦弱、病理性分娩（如难产）、腹压增高、刺激性药物灌肠等引起的强烈努责。

【临床症状】

（1）主要症状。在病羊卧地或排粪后，肛门口处见到圆球形或圆筒状肿胀物，颜色淡红或暗红的肿胀，不能自行缩回。全身症状重剧，病羊精神沉郁，体温升高，食欲减退，频频努责，做排粪姿势。

（2）继发症状。随病程延长，脱出物发生水肿、糜烂、出血、坏死等，表面污秽不洁，沾有泥土、草屑等。甚至并发肠套叠、直肠疝。

【类症鉴别】单纯性直肠脱，圆筒状肿胀脱出向下弯曲下垂，手指不能沿着脱出的直肠和肛门之间向骨盆腔的方向插入；而伴有肠套叠的脱出时，脱出的肠管由于后肠系膜的牵引，使脱出的圆筒状肿胀向上弯曲，坚硬而厚，手指可沿直肠和肛门之间向骨盆腔方向插入，不遇障碍。

【防制】

1. 预防措施

加强营养，适当运动，提高机体健康水平，积极治疗腹泻、便秘、难产和腹压增高的疾病。

2. 发病后措施

处方1：

整复：0.1%温的高锰酸钾溶液或1%明矾溶液清洗。病羊站立保定，体躯保持前低后高，0.25%～5%盐酸普鲁卡因注射液后海穴封闭和局部浸润麻醉（进行荷包缝合时应用）。将脱出的直肠在羊不努责时用手指翻入、推送、展平，切忌粗暴操作。整复后可进行腹部触诊，不应触到粗硬的香肠状肠管。

固定：距肛门孔1～3厘米处做荷包缝合，保留1～2指大小的排粪口，打成活结。或采用药物固定，药物可使直肠周围结缔组织增生，借以固定直肠，距肛门孔2～3厘米处，肛门上方和左、右两侧直肠旁组织内分点注射70%酒精3～5毫升或10%明矾液5～10毫升（在其中加2%普鲁卡因溶液3～5毫升），刺入深度为3～10厘米。术后喂柔软多汁饲料，多饮温水，并注意抗菌消炎，镇静等。

处方2：直肠部分截除术。如直肠脱出过多，整复有困难，脱出的直肠发生坏死、穿孔或有套叠而不能复位时，可采用手术切除。进行局部浸润麻醉或荐尾间隙硬膜外腔麻醉。

（1）直肠部分除术 在充分清洗消毒脱出肠管的基础上，取两根灭菌的兽用麻醉针头或细编织针，紧贴肛门十字交叉刺穿脱出的肠管将其固定。在固定针后方约2厘米处，将直肠环形横切，充分止血（必要时结扎止血）后，撒布青霉素粉，用细丝线和圆针把肠管两层断段的浆膜和肌层分别做结节缝合，然后用单纯连续缝合法缝合内外两层黏膜层。缝合结束后再涂以青霉素粉。

（2）黏膜下层切除术 适用于单纯性直肠脱。在距肛门周缘约1厘米处，环形切开肠黏膜下层，向下剥离，并翻转黏膜层，将其剪除，最后顶端黏膜边缘与肛门周缘黏膜边缘用肠线作结节缝合。整复脱出部，肛门口做荷包缝合。

并发套叠性直肠脱时，采用温水灌肠，力求以手将套叠肠管挤回盆腔，若不成功，侧切开脱出直肠外壁，用手指将套叠的肠管推回肛门内，或开腹进行手术整复。为防止复发，应将肛门固定。术后注意抗菌消炎，喂给柔软多汁饲料，多饮温水。

三十二、关节扭伤

关行扭伤是指关节在突然受到间接的机械外力作用下，超越了生

257

理活动范围，瞬时间的过度伸展、屈曲或扭转而发生的关节损伤。羊常发生于系关节、肩关节和髋关节。

【病因】关节扭伤多为间接外力的作用，如急转、急停、跳跃障碍、跌倒、失足蹬空、不合理的保定、一肢钳夹于洞穴而急速拔出，使关节的伸、屈或扭转超越其生理活动范围，引起关节韧带和关节囊的纤维发生剧伸、断裂，以及软骨和骨骺的损伤。

【临床症状】

① 发病突然，病羊出现疼痛，关节发生肿胀、温热　一般而言，动物发病后立即有疼痛症状，表现为触诊敏感，特别是当触诊被损伤的关节侧韧带时，有明显压痛点，甚至拒绝检查；肿胀是因为病初关节滑膜出血、渗出而表现为炎性肿胀，转成慢性时，形成骨赘，表现为关节硬固肿胀，但四肢上部关节扭伤，常因肌肉丰满而肿胀不明显。一般伤后经过12～24小时，温热和炎性肿胀、疼痛、跛行并存，但在慢性过程中，在关节周围纤维性增殖和骨性增殖阶段仅有肿胀、跛行而无温热。

② 跛行　扭伤后立即出现跛行，上部关节扭伤时为悬跛，下部关节扭伤时为支跛，如骨组织受伤时，则表现为重度跛行，呈三肢跳跃前进或拖拉前进。

③ 骨质增生　当转为慢性经过时，可继发骨化性骨膜炎，常在韧带、关节囊与骨的结合部位形成骨赘，并长期跛行。

由于患病关节，损伤组织程度以及病理发展阶段不同，症状表现也不同。

【防制】

1. 预防措施

加强饲养管理，避免羊受各种间接外力作用。

2. 发病后措施

治疗原则为制止溢血和炎性渗出，促进吸收，镇痛消炎，防止组织增生，恢复关节机能。

处方1：初期（12小时内）。

① 用冷敷、冷水浴等冷却疗法或压迫绷带制止渗出。

② 安络血注射液10～20毫克，或止血敏注射液0.25～0.5克，肌内注射，每日1～2次，连用3日。

③ 青霉素 2 万～3 万单位/千克体重，安乃近注射液 0.3～1 克，注射用水 5 毫升，肌内注射，每日 2 次，连用 3 日。

④ 生理盐水 500 毫升，5%氯化钙注射液 50～150 毫升，维生素 C 注射液 0.5～1.5 克，静脉注射，每日 1～2 次，连用 3 日。

处方 2：雄黄 31 克，白芨 62 克，明矾 31 克，乳香 62 克，红花 31 克，栀子 31 克，共为细末，醋 500 毫升调敷患部（肿痛明显者）。

处方 3：中期。

① 急性炎性渗出减轻后，用温水浴、温敷等温热疗法或局部涂抹鱼石脂来促进吸收。

② 青霉素 80 万～160 万单位，0.25%盐酸普鲁卡因注射液 10～15 毫升，关节疼痛较重时，关节腔注入。

③ 当韧带、关节囊损伤严重或怀疑有软骨、骨损伤时，应根据情况装固定绷带。

处方 4：慢性。碘樟脑醚合剂（碘片 20 克，95%酒精 100 毫升，乙醚 60 毫升，精制樟脑 20 克，薄荷脑 3 克，蓖麻油 25 毫升），患部涂擦 5～10 分钟，每日 2 次，涂药同时进行按摩，连用 5～7 日。

三十三、蹄叶炎

蹄叶炎是羊蹄肉叶发生急性或慢性炎症，多发于奶山羊，以蹄壳发热痛、跛行、体温升高为特征。

【病因】分娩或突然变更饲料，尤其精料过多（春季蛋白量高）；伴发或继发于肠毒血症、肺炎、子宫炎、乳腺炎。

【临床症状】急性体温 41℃左右，站立时病负重时间短，时起时落（如踏足），表现痛苦，蹄壳热，叩之疼痛；慢性常一侧蹄底负重，蹄尖部延长上翘。如病在前蹄，常跪地吃草。

【类症鉴别】

1. 蹄叶炎与腐蹄病的鉴别

［相似点］蹄叶炎与腐蹄病均有患肢不负重，跛行，蹄部热痛。

［不同点］腐蹄病的病原为结节梭形杆菌，有传染性。蹄有溃烂、流恶臭液。

2. 蹄叶炎与坏死杆菌病的鉴别

［相似点］均有患肢不愿负重，跛行，蹄有痛，病程长时蹄变形。

[**不同点**] 坏死杆菌病的病原为坏死杆菌，蹄底有小洞流黑水，或蹄部有蜂窝织炎、脓肿坏死。

【防制】

1. 预防措施

不要突然变更饲料，精料不宜突然增多，平时注意修蹄，定期接种肠毒血症菌苗。发现病羊及早治疗。

2. 发病后措施

处方：20%氯化铵溶液浸泡羊蹄，每次1小时，每日2次。在蹄部上方用青霉素80万单位稀释后加2%普鲁卡因作环形封闭，每日1次。用生理盐水500～1000毫升、维生素C 10毫升、樟脑磺酸钠10毫升静注，以稀释血液排除毒素。

三十四、绵羊蹄间腺炎

绵羊蹄间腺炎是绵羊蹄间腺由于外伤或堵塞而引起的一种炎症。多发生于秋冬季节，个别羊群发病率达10%～15%，多侵害一肢。该病一般病程较长，影响绵羊采食和生长发育。

【病因】蹄间腺被草茬、种子或植物毛刺刺伤或泥土嵌入堵塞蹄间腺排泄孔发病。

【临床症状】患肢蹄间裂张开、张大，出现跛行，主要引起支跛。通常可见到植物毛刺侵入蹄间组织，蹄间组织有外伤、蹄间腺的排泄孔口有凸起、炎性反应、脓肿及分泌物溢出等症状，触之有痛感。病程较长时，在患处形成篓管或发生蹄冠蜂窝织炎、化脓性蹄真皮炎、蹄壁部分剥离等病变。

【防制】

1. 预防措施

加强管理，避免在含多刺的刈割植物干茬地带放牧羊群，避免造成损伤；建立检查制度，经常检查羊蹄部卫生情况，发现有异物要及时清理，做到早发现、早治疗。

2. 发病后措施

处方1：局部处理。轻度炎症反应，清洗蹄部，排除异物，在患处涂上碘酊或涂抹防腐软膏。

处方2：手术治疗。手术切开，摘除蹄间腺体，用松馏油与凡士林以 1∶1 比例混合油膏，涂抹患部，绷带包扎。术后放在清洁、干燥舍内，单栏饲养 3 日。青霉素 2 万～3 万单位/千克体重，注射用水 5 毫升，肌内注射，每日 1～2 次，连用 3 日。

三十五、流产

流产是指在妊娠期间，因胎儿与母体的正常关系受到破坏而使妊娠中断的病理现象。流产可发生在妊娠的各个阶段，但以妊娠早期较多见。山羊发生流产较多，绵羊少见。

【病因】

1. 侵袭性流产

多见于布鲁氏菌病、沙门氏菌病、支原体病、衣原体病、弯曲菌病、毛滴虫病、弓形虫病，以及某些病毒性传染病等。通常表现为群发性流产。

2. 普通流产

（1）生殖器官疾病　如先天性生殖器官畸形，子宫内膜炎在妊娠期间复发，迁徙性子宫炎症，卵巢及黄体的病变，子宫粘连，阴道脱出，阴道炎，胎膜炎，胎水过多。

（2）饲养管理不当　如牧草和精料严重不足，饲料发霉、腐败、酸败、冰冻、有毒，环境温度过高，湿度过大，剧烈运动，打斗，滑倒，惊吓，长途运输，过度拥挤，注射应激等。

（3）继发因素　见于内科病如急性瘤胃臌气、顽固性前胃弛缓、皱胃阻塞、肺炎、肾炎、日射病及热射病、重度贫血；营养代谢病如维生素 A 或维生素 E 缺乏症、矿物质缺乏症、微量元素不足或过剩等，中毒病如农药中毒、棉籽饼粕中毒、有毒植物中毒、食盐中毒等；外科病如外伤、蜂窝织炎、败血症。

（4）诊疗错误及用药不当　大量放血、采血，对孕羊催情、交配（或授精）、粗暴的保定和临床检查，应用地塞米松、氯前列烯醇、缩宫素、麦角制剂、比赛可灵、毛果芸香碱、全身性麻醉药，以及妊娠忌服的中草药如乌头、附子、桃仁、红花、冰片等，注射某些疫苗。

【临床表现】突发流产者，产前一般无特征表现。发病缓慢者，表现精神不振，食欲废绝，腹痛起卧，努责呻叫，阴户流出羊水，待胎儿排出后转为安静。由传染病、寄生虫病、营养代谢病和中毒病等引起者，常陆续出现流产。由外科病引起者，由于受外伤程度的不同，受伤的胎儿常因胎膜出血、剥离，于数小时或数日排出体外。临床上常见的流产有以下几种。

1. 隐性流产

因为发生在妊娠早期，主要在妊娠第一个月内，胚胎还没形成胎儿，故临床上难以看到母羊有什么症状表现。临床表现为配种后发情，发情周期延长，习惯性久配不孕。

2. 早产

排出不足月的活胎儿，这类流产的预兆和过程与正常分娩相似，胎儿是活的，因未足月即产出，故又称为早产。

3. 小产

排出死亡而未变化的胎儿，这是流产中最常见的一种，故通常称为小产。病羊表现精神不振，食欲减退或废绝，腹痛，起卧不安，努责咩叫，阴门流出羊水，胎儿排出后逐渐变安静。

4. 延期流产（死胎停滞）

指胎儿在母体内死亡后，由于子宫收缩无力，子宫颈不开张或开张不全，死亡的胎儿可长期留在子宫内，称为延期流产。根据子宫颈口是否开放，分为胎儿干尸化和胎儿浸溶。

胎儿干尸化是指胎儿死亡后未被排出，其组织中的水分及胎水被吸收，变为棕色，好像干尸一样。多是由于胎儿死亡后黄体不萎缩、子宫颈口不开放所致。

胎儿浸溶是指妊娠中断后，死亡胎儿的软组织被分解，变为液体流出，骨骼部分仍旧留在子宫内。其原因为胎儿死亡后，黄体萎缩，子宫颈口部分开放，腐败菌等微生物从阴道进入子宫及胎儿，胎儿的软组织分解液化而排出，骨骼则因子宫颈口开放不全而滞留于子宫。此时，病羊经常发生努责，并由阴道内排出红褐色或棕褐色有异味的黏稠液体，有时混有小的骨片，后期排出脓汁。严重时可诱发子宫内膜炎、腹膜炎、败血症等。

5. 习惯性流产

自然流产连续发生三次以上者称为习惯性流产。其特征往往是每次流产发生在同一阶段，也可能下次流产比上次流产稍长些。这类流产是普通流产中较典型的表现形式，其原因多见于幼稚病（身体发育不良）、子宫的瘢痕（多有难产或剖腹产病史）、变性，以及黄体发育不良、孕酮不足。

6. 先兆性流产

孕畜因某些原因出现流产的先兆，如采取有效的保胎措施，能够防止的一类流产。先兆性流产是普通流产的一种表现形式，其原因多见于外科手术、意外损伤事故、较重的其他疾病、特殊的环境应激等。表现为孕畜出现腹痛、阵缩、兴奋不安、呼吸、脉搏加快等现象，但阴道检查时，可见子宫颈口还是闭锁的，子宫颈黏液塞尚未溶解，有时可感触明显的胎动和子宫阵缩现象，B超检查胎儿尚存活。

根据病史和临床症状即可做出初步诊断，必要时需结合病原学检查等进行确诊。

【防制】

1. 预防措施

对妊娠母羊，应给予充足的优质饲料，严禁饲喂冰冻、霉败变质或有毒饲料，防止饥饿、过渴、过食、暴饮；妊娠母羊要适当运动，防止挤压碰撞、跌摔、踢跳、鞭打惊吓或追赶猛跑，做好防寒、防暑工作；合理选配，以防偷配、乱配，母羊的配种、预产都要记录；妊娠诊断和阴道检查时，要严格遵守操作规程，禁止粗暴操作；对羊群要定期检疫、预防接种、驱虫和消毒，及时诊治疾病，谨慎用药；当羊群发生流产时，首先进行隔离消毒，边查原因，边进行处理，以防侵袭性流产的发生。

2. 发病后措施

处方1：

① 0.1%高锰酸钾液20～100毫升，冲洗子宫，并排尽冲洗液。

② 促孕灌注液10～15毫升，隔日1次，3次为1个疗程，连用1～2个疗程。

③ 黄体酮注射液15～25毫克，配种后第3日起，每日1次，肌内注射，连用5～7日。受胎率可提高30%左右。

④ 适用于隐性流产。对多次配种不孕或有子宫疾病的母羊实行子宫灌注药物，子宫冲洗。必要时配合黄体酮。

处方 2：

① 黄体酮注射液 15～25 毫克，肌内注射，每日或隔日 1 次，连用 2～3 次；或绒毛膜促性腺激素 400～800 单位，每日 1 次，连用 2～3 次。

② 维生素 E 注射液 0.1～0.5 克，皮下或肌内注射。

③ 维生素 K₁ 注射液 0.5～2.5 毫克/千克体重，止血敏注射液 0.25～0.5 克或安络血注射液 10～20 毫克，肌内注射。

④ 1%硫酸阿托品注射液 0.5～1.5 毫克，皮下或肌内注射；或水合氯醛 2～4 克，配成 1%～5% 浓度，内服或灌肠；或安乃近注射液 1～3 克，肌内注射（适用于先兆性流产和习惯性流产）。

处方 3：白术安胎散。白术（炒）25 克，当归 30 克，川芎 20 克，白芍 30 克，熟地 30 克，阿胶（炮）20 克，党参 30 克，苏梗 25 克，黄芩 20 克，艾叶 20 克，甘草 20 克。每次 60～90 克，水煎候温灌服，隔日 1 次，连服 3 次（适用于先兆性流产和习惯性流产）。

处方 4：泰山盘石散。党参 30 克，黄芪 30 克，当归 30 克，续断 30 克，黄芩 30 克，川芎 15 克，白芍 30 克，熟地 45 克，白术 30 克，砂仁 15 克，甘草（炙）12 克。每次 60～90 克，水煎候温灌服，每日 1 次，连服 7 次为 1 个疗程，必要时再间断服用 3 个疗程（适用于先兆性流产和习惯性流产）。

处方 5：上述处理仍难保胎，胎膜破，胎水流者，保胎无效，应及时引产，必要时进行助产。对于排出的不足月胎儿或死亡胎儿，不需要进行特殊处理，仅对母羊进行护理。适用于小产和早产。

① 青霉素 2 万～3 万单位/千克体重，地塞米松注射液 4～12 毫克，注射用水 5～10 毫升，肌内注射。

② 缩宫素注射液 30～50 单位，子宫颈口开张后，皮下注射、肌内注射或静脉注射适用于小产和早产。

处方 6：氯前列烯醇注射液 0.2 毫克，肌内注射。

处方 7：

① 苯甲酸雌二醇注射液 1～3 毫克，肌内注射，隔日再注射 1 次。

② 缩宫素注射液 30～50 单位，子宫颈口开张后，皮下注射、肌内注射或静脉注射。

处方 8：

① 0.1% 利凡诺液 20～100 毫升，子宫冲洗，并排尽冲洗液。

② 1%~1.5%露它净（宫炎清）100 毫升，子宫灌注。

处方 9：益母生化散。益母草 120 克，当归 75 克，川芎 30 克，桃仁 30 克，干姜（炮）15 克，甘草（炙）15 克。每次 30~60 克，或每千克体重 1 克，水煎候温灌服，每日 1 次，连用 3~6 次。

处方 10：

① 青霉素 5 万~10 万单位/千克体重，链霉素 10~15 毫克/千克体重，地塞米松注射液 10 毫克，注射用水 5~10 毫升，肌内注射，每日 1~2 次，连用 3 日。

② 甲硝唑注射液 10 毫克/千克体重，静脉注射，每日 1 次，连用 3 次。

注：处方 5~10 适用于延期流产。对延期流产者应尽早引产。死胎滞留时，应采用引产或助产措施。先肌内注射雌激素，使子宫颈开张，然后灌入少量石蜡油，从产道拉出胎儿。必要时进行子宫灌注和子宫冲洗，并配合抗菌消炎。若上述方法不能取出干尸或胎骨，宜行截胎术或剖腹产术，没有价值的要及时淘汰。

对于侵袭性流产，应先查清病因，再选择高敏药物（如磺胺间甲氧嘧啶、甲硝唑）、疫苗（如布氏杆菌羊型 5 号冻干苗、羊流产衣原体灭活疫苗）等进行防治。

三十六、阴道脱出

阴道脱出是阴道壁的部分或全部外翻脱出于阴门之外。此时，阴道黏膜暴露在外面，因外界的刺激可引起黏膜充血、发炎，甚至形成糜烂或坏死。本病常发生于妊娠后期和产后。

【病因】

1. 体内雌激素过多

妊娠后期胎盘分泌雌激素增多，卵泡囊肿，使用雌激素时间过长或剂量过大等，均可导致体内雌激素过多，使骨盆内固定阴道的组织、阴道及外阴松弛，发生本病。

2. 腹压过大

妊娠后期母羊腹压增大，若遇到腹压增高的疾病，如瘤胃臌气、长期便秘、顽固下痢、胎儿过大、胎水过多，分娩或胎衣不下时努责过强等极易发生阴道脱出，或者患产前孕畜截瘫、严重骨软症母羊，

羊类症鉴别诊断与防治

长期卧地不起，使腹压增高，压迫阴道壁，使之脱出发病。

3. 饲养管理不良

多见于老龄妊娠母羊、营养不良、运动不足、产后过度疲劳、体质虚弱等，导致阴道周围的组织和韧带弛缓，另外粗暴助产、强行拉出胎儿、阴道黏膜水肿也可引发本病。

4. 遗传因素

阴道脱出有时与遗传有关。

【临床症状】

1. 典型症状

阴门处隆起如鹅卵大（为部分脱出，卧出立入，能自行缩回，反复脱出时则难以自行缩回），拳头大（为全部脱出，子宫颈口仍闭锁，阴道不能回缩）的红色或暗红色的半球状阴道壁。

2. 继发症状

脱出的阴道初呈粉红色，后因空气刺激和摩擦而发生瘀血、水肿，逐渐变为紫红色，表面常有污染的粪尿、泥土或草棍，严重者可使黏膜与肌层分离，阴道壁水肿、破裂、糜烂及坏死。个别羊可伴发膀胱脱出。

3. 全身症状

一般较轻，多见患病羊不安、回顾腹部、拱背努责、做排尿姿势。

【类症鉴别】

1. 阴道脱出与子宫脱出的鉴别

[相似点] 阴道脱出与子宫脱出均有球状物露于阴门外，常努责。

[不同点] 子宫脱出露出的体积大，可见子宫壁上的子叶。多在分娩后发生。

【防制】

（1）阴道部分脱出，增加运动，减少卧地时间，卧地时最好呈前低后高姿势；给予营养丰富易消化的草料，如青草、白菜、麸皮等，喂六成饱，防止发生便秘和腹压增高。一般在分娩后即可恢复。

处方：黄体酮注射液 15～25 毫克，肌内注射，每日或隔日 1 次，直到分娩前 10 日停药。

（2）阴道全部脱出或部分脱出不能回缩者，应及早整复固定，防止再脱。若脱出严重，患畜卧地不起，同时努责强烈，妊娠难以继续维持下去，应考虑及早进行人工引产或剖腹产，尤其是接近预产期时，以保证母子安全。

处方 1：整复。

① 盐酸普鲁卡因注射液 2 毫克/千克体重，配成 0.25%～0.5% 溶液，努责严重时后海穴封闭。

② 0.1% 高锰酸钾液或 0.01%～0.05% 新洁尔灭溶液 300～500 毫升，清洗消毒。

③ 2% 明矾水 50～100 毫升，纱布浸透后压迫水肿的阴道黏膜 15～30 分钟，或针刺水肿黏膜，挤压排液，或 0.3%～1% 双氧水冲洗，可使水肿减轻，黏膜发皱。

④ 保定时保持前低后高姿势，将脱出的阴道在动物不努责时翻入、推送、展平，切忌粗暴操作。

处方 2：固定。

① 0.25%～0.5% 盐酸普鲁卡因注射液 10～20 毫升，局部浸润麻醉。

② 整复阴道缝合，即用粗缝线在阴门上作纽扣状缝合、圆枕缝合或内翻缝合。

处方 3：补中益气汤。黄芪（炙）75 克，党参 60 克，白术（炒）60 克，甘草（炙）30 克，当归 30 克，陈皮 20 克，升麻 20 克，柴胡 20 克。每次 45～60 克，水煎候温灌服，每日 1 次，连用 3 次。

三十七、早期胚胎死亡

早期胚胎死亡专指妊娠的胚胎早期发生的死亡，在流产中占 30% 左右的比例，是隐性流产的主要原因。临床表现为屡配不孕（附植前死亡）或返情推迟（附植后死亡），以及妊娠率降低，产羔数减少，窝产羔数或年产羔数减少。各种动物均可发生，绵羊和山羊的胚胎死亡主要发生在妊娠第一个月内，大部分发生在附植以前。

【病因】

1. 内因

见于遗传因素如染色体畸变，基因与遗传标志的影响（绵羊的垂肉、山羊的无角等），均对多胎性有影响），精卵结合异常、双亲亲本亲和力低、母子双方免疫不相容均可导致胚胎死亡；分子信号及细胞信号的影响（绵羊的胚胎多时，会因孕酮不足而导致胚胎死亡，但孕酮必须与雌二醇成适当比例才能维持妊娠）；子宫环境不正常（胚胎的发育必须与子宫的发育同步，才能附植，以及子宫疾病）；公畜对胚胎死亡的影响（如精液品质不良）。

2. 外因

见于传染病（如弯曲菌病、布鲁氏菌病等）；营养过剩或不足（如钙、磷、钠、钼、氟等过多，可降低受精率或影响胚胎质量，营养不足可以抑制胚胎发育）；环境因素的影响，如长光照周期和环境高温可以降低公羊等精液质量，使胚胎死亡率增高。另外，精液的稀释、储存条件以及输精时间都能影响胚胎的存活。

【临床症状】胚胎死亡属于隐性流产，因为发生在妊娠初期，临床上难以发现外部症状。胚胎发育程度低，尚未形成胎儿，死亡后发生液化，被母体吸收，或者随母体尿液排出，难以发现。一般在超过一个发情周期后返情，并可能表现出屡配不孕。

必要时可通过测定母畜血清中的早孕因子（绵羊在配种或受精后不久出现，胚胎死亡或取出后不久即消失）和孕酮（怀孕早期，家畜血、奶中的孕酮水平一直持续高水平，一旦胚胎死亡，孕酮水平及急剧下降）进行判断。

【防制】加强种公、母羊的饲养管理，尽可能满足其对维生素及微量元素的需要，创造优良的环境条件，以提高配子质量，另外提高配种的技术水平。在妊娠早期视情况补充孕酮。

处方：

① 促孕灌注液10～15毫升，隔日1次，3次为1个疗程，连用1～2个疗程。

② 黄体酮注射液15～25毫克，配种后第3日起，每日1次，肌内注射，连用5～7日。受胎率可提高30%左右。

三十八、孕畜截瘫

孕畜截瘫是妊娠后期孕畜既无导致瘫痪的局部因素（如腰、臀、后肢损伤），又无明显的全身症状，但后肢不能站立的一种疾病。该病有地区性，多见于冬、春季节，以及体弱和衰老的孕畜。通常发生于分娩前一个月之内。

【病因】

1. 饲养管理不当

草料单一，质地不良，缺乏营养可能是发病的主要原因。如饲料中严重缺乏糖、脂肪、蛋白质、矿物质（主要是钙、磷或钙、磷比例失调）、维生素（维生素 D、维生素 A）、微量元素（铜、钴、铁）等。

2. 继发因素

孕畜截瘫可能是怀孕后期许多疾病的一种症状。可以继发于胎水过多、妊娠毒血症、酮病、捻转血矛线虫病、严重子宫捻转、风湿病等。

【临床表现】病初病羊后驱摇摆，步态不稳，起立困难；后期，后肢不能站立，卧地不起；个别母羊突然倒地，后肢不能直立。后躯局部及后肢无明显病理变化，无疼痛现象，但痛感反应正常，也无明显全身症状，食欲正常。病程较长可引发阴道脱出或褥疮，甚至败血症。如果本病发生后不久即分娩，则产后大多能很快自愈。

【鉴别诊断】注意与胎水过多、妊娠毒血症、酮病、捻转血矛线虫病、严重子宫捻转、风湿病、骨盆骨折、后肢韧带及肌腱断裂等进行鉴别。

【防制】

1. 预防措施

母羊怀孕后期，应加强饲养管理，保证机体对糖、蛋白质、矿物质、维生素及微量元素的需要，补充精料，供给优质干草和青绿饲料，有条件的可以饲喂全价配合饲料，多晒太阳，多运动。

2. 发病后措施

治疗原则为除去病因，加强护理（勤换垫草，定期翻身，排除粪便，防止褥疮发生），尽早治疗，重点补充钙、磷和维生素 D。

处方 1：

① 10% 葡萄糖酸钙注射液 50～150 毫升或 5% 氯化钙注射液 20～100 毫升，10% 葡萄糖注射液 100～500 毫升，10% 安钠咖注射液 5～20 毫升，静脉注射，每日 1～2 次，连用 3～5 日。

② 维丁胶性钙注射液 2～3 毫升，皮下或肌内注射，每日 1 次，连

用 3~5 次，或维生素 D_3 注射液 0.15 万~0.3 万单位/千克体重，肌内注射，每日 1 次，连用 3~5 次。

处方 2：

① 20%磷酸二氢钠注射液 40~50 毫升，5%葡萄糖氯化钠注射液 500 毫升，10%氯化钾注射液 5~10 毫升，静脉注射，每日 1 次，连用 3~5 次。

② 5%碳酸氢钠注射液 50~100 毫升，静脉注射，每日 1 次，连用 3~5 次。

处方 3：维生素 B_1 注射液 25~50 毫克，硝酸士的宁注射液 2~4 毫克，臀部皮下或肌内注射，每日 1 次，连用 5~7 日。

处方 4：当归散加减。当归 50 克，白芍 35 克，熟地 50 克，续断 35 克，补骨脂 35 克，川芎 30 克，杜仲 30 克，枳实 20 克，青皮 20 克，红花 15 克，每次 40~60 克，水煎候温灌服，每日 1 次，连用 3 次。

三十九、难产

难产即分娩受阻，是指母畜在分娩过程中，超过能正常分娩的时间，不能将胎儿顺利产出，需要人工辅助或全靠人工将胎儿取出者。难产是产科疾病的常见病、多发病，它严重威胁着动物母仔的生命安全，如处理得当，母仔存活，处理失误，母仔双亡。正常分娩所需要的时间绵羊为 1.5 小时，山羊为 3 小时，难产的发病率绵羊为 5%，山羊为 3‰。

【病因】难产的病因相当复杂，但归纳起来不外于产力、产道和胎儿三大要素。

1. 产力不足（或产力性难产）

妊娠期间饲养管理不当，缺乏运动，母羊过肥、过瘦，患腹壁疝或子宫疝（因腹肌破裂而妊娠子宫直接位于皮下，致使腹壁突出的疾病）等，使子宫阵缩无力，腹肌收缩乏力，影响胎儿娩出。

2. 产道异常（或产道性难产）

见于产道狭窄（如早孕、盆腔狭窄和骨盆骨骨折等导致的硬产道狭窄，以及发育不良、配种过早、子宫颈狭窄、阴门及阴道狭窄、软产道水肿等引起的软产道狭窄），产道变形（如子宫捻转、阴道黏膜水肿），影响胎儿产出。

3. 胎儿异常（或胎儿性难产）

胎儿正确的产出姿势为胎儿身体与母体平行，背部朝向母体背腰，分娩时两前肢抱着头部伸直先进入产道，称为"纵向上位正生"；或胎儿身体与母体平行，背部朝向母体背腰，两后肢先进入产道称为"纵向上位倒生"。胎儿异常导致的难产最常见，如胎儿过大或畸形（如全身气肿、腹腔积水、裂腹畸形、先天性假佝偻、先天性歪颈），双胎难产，以及胎势、胎位和胎向异常。

（1）胎势异常　胎势是指胎儿本身各部分之间的相互关系。胎势异常如头颈侧弯、头颈下弯、头颈后仰、头颈捻转、腕部前置（或腕关节屈曲）、肩部前置（或肩关节屈曲）、肘关节屈曲、跗部前置（或跗关节屈曲）和坐骨前置（或髋关节屈曲）。

（2）胎位异常　胎位是指胎儿在子宫里的姿势和位置。是指胎儿背部与母体背腹部的相对位置关系。胎位异常，如正生侧位、正生下位、倒生侧位、倒生下位。

（3）胎向异常　胎向是指胎儿纵轴与母体纵轴的关系。胎向异常如横向（背横向、腹横向）、竖向（背竖向、腹竖向）。

【临床检查】难产多发于超过预产期，妊娠母羊表现不安，不时徘徊，阵缩或努责，阴唇松弛湿润，阴道流出胎水、污血或黏液，时而回顾腹部和阴部，但经 1～2 天不见产羔。有的外阴部夹着胎儿的头或腿，长时间不能产出。随着难产时间延长，妊娠母羊精神变差，痛苦加重，表现精神沉郁、呻吟、卧地、心率增加，呼吸加快、阵缩减弱。病至后期阵缩消失，卧地不起，甚至昏迷。检查时要注意努责和宫缩情况，有无腹壁疝和子宫疝，了解机体的机能状态和产力，初步诊断是否发生难产，判断预后，为拟定正确的治疗方案打下基础。

【产道检查】胎儿未进入阴道或未露出阴门外，进行产道检查，判断产道是否狭窄和变形。如外阴有无异常，阴道的情况（松软程度、湿润度、是否狭窄、有无损伤和疤痕、有无螺旋状皱襞），子宫颈的情况（子宫颈开张还是闭锁，子宫颈黏液塞情况，子宫颈阴道部方向，子宫颈开张度大小，胎囊凸出及破水情况，是否可以触摸到胎儿），硬产道检查（骨盆是否狭窄、变形、发育异常，有无骨瘤和肿瘤）。进行检查时应注意术者手和手臂、器械及母羊阴门进行充分消毒。

【胎儿检查】胎囊（胞）或胎儿的某部已进入产道，应进行胎儿检查。如胎囊凸出及破水情况，头和四肢的认识（鉴别前、后肢及蹄底朝向），胎势、胎位、胎向是否异常；胎儿是否存活，如拉舌头、掐肢体、按眼球、感吸吮、拔被毛、摸心跳、摸脉搏（颈动脉和脐动脉）、触肛门，若胎儿有反应证明为活胎，没有反应或被毛脱落、皮下气肿则为死胎；有无胎儿过大和畸形。以判定胎儿死活和是否发生胎儿性难产，从而确定助产方法。

【B超检查】B超检查可以进行妊娠诊断、产道检查、胎儿检查（检查胎心与胎动，胎儿的性别与数量，胎盘与脐带，胎儿的骨骼和内脏，以及胎势、胎位、胎向）等，给妊娠检查、难产诊断和助产等提供精确的依据，有条件的羊场可以应用。

【防制】

1. 预防措施

预防难产的关键是加强对母羊的饲养管理。满足青年母羊的营养需要，促进其生长发育，加强运动，防止过肥；种公、母羊分群饲养，防止早配和偷配，青年母羊配种不应早于 $1\sim1.5$ 岁，也不易与体型差别过大的种公羊配种，防止骨盆狭窄和胎儿过大造成难产；妊娠母羊注意补充干草和精料，并少量多次饲喂，适当运动。妊娠母羊临近预产期，应在产前 1 周至半月送入产房，并提供良好的环境条件。对有乳房胀大、可挤出奶汁、阴门肿大、流浓稠黏液、肷窝下陷、臀部肌肉塌陷、孤独站立或起卧不安、排尿次数增多、不断回顾腹部、不时鸣叫等临产表现的母羊，要专人护理和接产，留心观察分娩中的异常表现，及时进行临产检查。

2. 发病后措施

治疗措施主要是助产。助产原则是诊断准确，处置果断，首选药物助产、牵引助产和矫正后助产，无效时选用截胎术或剖腹产术。做好助产准备，术者手和手臂、器械及动物阴门，要用 0.1% 新洁尔灭清洗消毒；侧卧或站立保定母羊，取前低后高姿势；产道灌注灭菌石蜡油或植物油或必要时灌服 1% 温盐水，以润滑产道。助产方法如下。

（1）药物助产　分娩时子宫阵缩和腹肌收缩乏力，不能将胎儿排出，阴道检查子宫颈口已经充分开张，产道无异常，胎势、胎位和胎向正常时采用。

处方：

① 缩宫素注射液或垂体后叶素注射液 10～20 单位，皮下或肌内注射，半小时 1 次；如分娩开始后 1～2 日，可先皮下或肌内注射苯甲酸雌二醇注射液 1～3 毫克。

② 10％葡萄糖注射液 100～500 毫升，10％葡萄糖酸钙注射液 50～100 毫升，静脉注射。

（2）扩张产道　子宫颈扩张不全，如果努责不强，胎囊未破，胎儿还活，宜稍等待，同时注射药物扩张宫颈。也可采用子宫颈切开术，但会导致子宫颈更狭窄，甚至完全封闭。

处方：

① 苯甲酸雌二醇注射液 1～3 毫克，皮下或肌内注射。

② 地塞米松注射液 4～12 毫克，青霉素 2 万～3 万单位/千克体重，注射用水 5～10 毫升，肌内注射。

③ 缩宫素注射液 30～50 单位，子宫颈口开张后，皮下或肌内注射。

（3）矫正胎儿　胎儿的胎势、胎位和胎向发生异常，可把母羊采用前低后高姿势，将胎儿暴露的部分送回，将手伸入产道进行纠正，必要时可以反复拉出和送回。

（4）矫正子宫　如病羊努责、呻吟，产道检查见阴道壁紧张，子宫颈管完全闭合，并呈螺旋皱襞，不能接触到胎儿，可能是发生子宫捻转导致的难产。采用翻转母体法纠正，捻转缓解后，如能拽出胎儿的前肢或后肢，可转动胎儿辅助纠正捻转，无效时进行剖腹产术。

（5）牵引助产　对于胎儿过大，子宫阵缩及努责微弱，轻度的产道狭窄，胎势、胎位轻度异常的，可实施牵引助产。将母羊前高后低站立保定，进行消毒和润滑后，用右手握住胎儿的两前肢或两后肢，左手向前推送母羊外阴，防止撕裂，随着母羊的努责，慢慢向下方拉出胎儿，助手如能向上托起或压迫母羊腹部，更有利于胎儿产出。

（6）截胎术　胎儿过大，已经死亡，牵引助产无效，可施行截胎术，术中防止损伤子宫和阴道。

（7）剖腹产术　当胎儿过大或畸形严重，胎势、胎位、胎向异常，难以矫正，严重的硬和软产道狭窄，不能矫正的子宫捻转，子宫破裂等，可进行剖腹产术。羊横卧保定，左侧（或右侧）肷部中下切口，进行全麻（速眠新Ⅱ注射液，每千克体重0.1～0.15毫升，肌内注射，或40%酒精，每千克体重3.5～4毫升，经口），或局麻（0.5%的普鲁卡因注射液），局部剃毛，用0.1%新洁尔灭溶液消毒术部、器械、敷料、手及手臂，依次切开皮肤、肌肉和腹膜，找到子宫，在靠近子宫体沿孕角大弯处，避开子宫阜切开子宫（摸着切），子宫上的大血管最好避开或先行结扎，子宫壁周围垫纱布，防止胎水流入腹腔，缓慢拉出胎儿，擦干净胎儿口鼻黏液，将子宫切口边缘的胎衣剥离，子宫内放置青、链霉素，第一层用肠线或丝线进行全层连续缝合，第2层用丝线进行连续内翻缝合，局部涂布青霉素，逐层闭合腹壁及皮肤，并用碘酊消毒，加强术后护理。

四十、胎衣不下

胎衣不下又称胎膜滞留，是指母畜在分娩后，胎衣在正常时限内不排出体外。产后胎衣正常排出的时间山羊为2.5小时，绵羊为4小时，奶山羊为6小时。

【病因】

1. 产后子宫收缩无力

草料单一，营养不良，缺乏钙、磷、硒以及维生素A和维生素E，母羊消瘦、过肥、老龄、体弱、运动不足，胎儿过大等都能使羊发生子宫弛缓，胎儿过多或过大、胎水过多，难产时间过长，流产，早产，生产瘫痪，子宫捻转，难产后子宫肌疲劳，产后未能及时给羔羊哺乳等，致使催产素释放不足，影响子宫肌的收缩。

2. 胎盘未成熟或老化

未成熟的胎盘，母体子叶胶原纤维呈波浪形，轮廓清晰，不能完成分离过程，因此，早产时间越早，胎衣不下的发生率越高。胎盘老化时，母体胎盘结缔组织增生，母体子叶表层组织增厚，使绒毛钳闭在腺窝中，不易分离，胎盘老化后，内分泌功能减弱，使胎盘分离过程复杂化。

3. 胎盘充血或水肿

在分娩过程中，子宫异常强烈收缩或脐带血管关闭太快会引起胎盘充血，是绒毛钳闭在腺窝中。同时还会使腺窝和绒毛发生水肿，不利于绒毛中的血液排出。水肿可延伸到绒毛末端，结果腺窝内压力不能降低，胎盘组织之间持续紧密连接，不易分离。

4. 胎盘炎症

妊娠期间子宫受到感染（如李氏杆菌、胎儿弧菌、沙门氏菌、支原体、霉菌、毛滴虫、弓形虫等），发生子宫内膜炎及胎盘炎，使结缔组织增生，胎儿胎盘与母体胎盘发生粘连。

5. 胎盘组织构造

羊胎盘属于上皮绒毛膜与结缔组织绒毛膜混合型胎盘，胎儿胎盘与母体胎盘联系紧密，是羊发生胎衣不下的主要原因。

【临床症状】病羊背部拱起，时常努责，有时努责强烈，引起子宫脱出。胎衣不下超过一天，胎衣腐败，腐败产物可被吸收，使病羊全身症状加重，如精神沉郁，体温升高，呼吸加快，食欲减退或废绝，产乳量减少或泌乳停止，从阴道中排出恶臭的分泌物。一般5～10天胎衣发生腐烂脱落。此病往往并发或继发败血症、破伤风、气肿疽、子宫和阴道的慢性炎症，甚至导致病羊死亡。山羊对胎衣不下的敏感性比绵羊高。

（1）全部胎衣不下　分娩后未见胎衣排出，胎衣全部滞留在子宫内，少量胎衣呈带状悬垂于阴门之外，呈土红色，表面有大小不等的子叶，之后胎衣腐败，恶露较多，有时继发败血症。

（2）部分胎衣不下　排出的胎衣不完整，大部分垂于阴门外（可达跗关处）或胎衣排出时发生断离，从外部不易发现，恶露排出量较少，但排出的时间延长，有臭味，其中含有腐烂的胎衣碎片。

【类症鉴别】

胎衣不下与子宫脱的鉴别

［相似点］胎衣不下与子宫脱均有分娩后有囊状物悬于阴门外，母羊拱腰努责。

［不同点］子宫脱子宫黏膜上有子叶，阴道也连同脱出，循阴唇无空隙伸进。

【防制】

1. 预防措施

饲喂含钙及维生素丰富的饲料，加强运动，尽可能母畜自己添干仔畜身上的黏液，必要时应用药物，促进子宫复旧和排出胎衣，预防子宫内膜炎。如益母草 10～30 克，水煎服，每日 1～2 次，连用 3 日。或缩宫素注射液 5～10 单位，皮下或肌内注射。

2. 发病后措施

治疗原则为控制子宫感染，促进子宫收缩和胎盘分离，手术剥离，以及全身治疗。

处方 1：促进子宫收缩。

① 苯甲酸雌二醇注射液 1～3 毫克，皮下或肌内注射。

② 缩宫素注射液 30～50 单位，用雌二醇 1 小时后，皮下或肌内注射，2 小时后重复注射 1 次。

处方 2：促进子宫收缩。

垂体后叶素注射液 10～50 单位，皮下或肌内注射。或马来酸麦角注射液 0.5～1 毫克，肌内或静脉注射。

处方 3：促进母子胎盘分离。

5%～10% 食盐水 500～1000 毫升，子宫灌入，注入后并使其完全排出。或 3% 双氧水 10～20 毫升，子宫灌注。

处方 4：控制子宫感染。

① 1%～1.5% 露它净（宫炎清）100 毫升，子宫灌注。

② 或 0.5% 碘液（碘片 0.5 克，碘化钾 1 克，蒸馏水加至 100 毫升）100 毫升，灌注到子宫与胎膜间隙之中，必要时隔日再灌 1 次。

③ 或青霉素 160 万单位，链霉素 100 万单位，蒸馏水 20 毫升，子宫灌注，每日 2 次，连用 3 日。

处方 5：控制子宫感染。

0.1%利凡诺液（或 0.1%高锰酸钾液、0.5%来苏尔液、0.02%新洁尔灭溶液）20～100 毫升，子宫冲洗，并排尽冲洗液。

处方 6：手术剥离法。

用药物治疗已达 48 小时仍不奏效，应立即进行手术疗法。病羊站立保定，按常规准备及消毒后，进行人工剥离，努责严重进行后海穴麻醉。术者应佩戴手套，一手握住阴门外的胎衣并稍拉，另一只手沿胎衣表面伸入子宫黏膜和胎衣之间，用食指与中指夹住胎盘周围绒毛呈一束，以拇指剥离开（推开）母子胎盘相结合的周围边缘，剥离半周后，手向手背侧翻转以扭转绒毛膜，使其从小窝中拔出，与母体胎盘分离。剥后冲洗，并灌注抗生素或防腐消毒药液。

也可采用自然剥离方法，即不借助手术剥离，而辅以防腐消毒药或抗生素，让胎衣自溶排出，从而达到自行剥离的目的。在子宫内投放土霉素 0.5 克，效果较好。

处方 7：全身治疗。

① 5%葡萄糖氯化钠注射液 500 毫升，庆大霉素 20 万单位，地塞米松注射液 4～12 毫克，10%安钠咖注射液 10 毫升；10%葡萄糖注射液500 毫升，10%葡萄糖酸钙注射液 50～150 毫升，维生素 C 注射液 0.5～1.5 克，依次静脉注射，每日 1～2 次，连用 2～3 日。

② 5%碳酸氢钠注射液 100 毫升，静脉注射，每日 1 次，连用 2～3 次。

处方 8：益母生化散。

益母草 120 克，当归 75 克，川芎 30 克，桃仁 30 克，干姜（炮）15克，甘草（炙）15 克，每次 30～60 克，或每千克体重 1 克，水煎候温灌服，每日 1 次，连用 3～6 次。

四十一、子宫内翻及脱出

子宫角前端翻入子宫腔或阴道内，称为子宫内翻；子宫全部翻出于阴门之外，称为子宫脱出。二者为程度不同的同一个病理过程。子宫脱出多在产后数小时之内发生，产后超过 1 天发病的患畜极为少见。

【病因】营养不良，体质虚弱，运动不足，老龄妊娠，胎水过多，胎儿过大或多次妊娠，导致子宫肌收缩力减退，子宫及子宫韧带过度扩张、弛缓，是子宫内翻及脱出主要原因；难产时，产道干燥，子宫黏膜紧裹胎儿，强拉胎儿造成宫内负压，产后腹压增高如分娩和胎衣不下的强烈努责，床栏坡度过大时母羊长期取前高后低姿势，以及长期便秘、顽固腹泻和疝痛等也可引起。

【临床症状】

1. 子宫内翻

即子宫部分脱出。轻度内翻常无明显症状，多能在子宫复旧中自愈。子宫角尖端通过子宫颈进入阴道内时，病畜不安、努责、举尾。阴道检查，则见翻入阴道的子宫角尖端，呈柔软圆形。母羊卧地后可看到阴道内翻的子宫角，持续努责时可发展成子宫脱出。

2. 子宫脱出

有长圆形物体突出阴门之外，有时可达跗关节，脱出的子宫黏膜表面常附着有未脱落的胎膜，剥去胎膜或自行脱落呈粉红色或红色，子宫黏膜光滑，表面有多量圆形隆起的暗红色子叶（母体胎盘），若两个子宫角都脱出，可见大小不同的两个脱出物，其末端均有一凹陷。之后子宫黏膜可发生瘀血（呈紫红色或深灰色）、水肿、出血、结痂、干裂、糜烂和坏死，甚至被粪土污染或冻伤。有的伴有阴道脱出。

3. 继发症状

轻度子宫内翻及脱出，一般无明显全身症状。严重者可能继发子宫黏膜出血、坏死，甚至感染，引起腹膜炎、败血症；肠管进入脱出的子宫腔内，出现疝痛症状，外部触诊可摸到宫腔内的肠管；扯破肠管系膜、卵巢系膜及子宫阔韧带，扯断血管，引起大出血，很快出现结膜苍白、战栗、脉搏变快微弱，刺破子宫末端有血液流出。

【类症鉴别】

1. 子宫内翻及脱出与阴道脱出的鉴别

[相似点] 子宫内翻及脱出与阴道脱出均有阴门外露出一个球状物，拱腰努责。

[不同点] 阴道脱出仅拳头大小，黏膜上无子叶。

2. 子宫内翻及脱出与胎衣不下的鉴别

[相似点] 子宫内翻及脱出与胎衣不下均有分娩后有囊状物垂于

阴门外，拱腰努责。

[不同点] 胎衣不下的体积较小，下端有较大的破口。

【防制】

1. 预防措施

加强妊娠母羊的饲养管理，补充精料、优质干草、钙、磷和维生素，适当运动，增强体质，积极治疗使母羊腹压升高的疾病，禁止粗暴助产及强拉胎衣。对体质虚弱、老龄、多胎、子宫弛缓的母羊在产后细心观察，促进子宫复旧。益母草 10～30 克，水煎服，每日 1～2 次，连用 3 日。缩宫素注射液 5～10 单位，皮下或肌内注射。

2. 发病后措施

治疗原则是及早整复固定，加强冲洗消毒和术后护理，子宫严重损伤、穿孔及坏死，不宜整复时，实施子宫切除术。

（1）整复　病羊站立或侧卧保定，取前低后高姿势。努责严重时进行后海穴封闭（0.25％～0.5％盐酸普鲁卡因注射液 2 毫克/千克体重），用生理盐水或 0.01％～0.05％新洁尔灭溶液冲洗子宫黏膜，将脱出的子宫由助手托起，术者一手用拳头顶住子宫角尖端的凹陷处，小心而缓慢地将子宫角推入阴道，另一手和助手从两侧辅助配合，防止送入的部分再度脱出，同法处理另一子宫角，逐渐将脱出的子宫全部送回骨盆腔内，并使子宫展平。也可以从子宫基部两侧压挤并推送靠近阴门的子宫部分，一部分一部分的推送，直至脱出的子宫全部被送回骨盆腔内。待子宫被全部还纳后，将手臂尽量伸入其中，以便使子宫恢复正常位置并防止再脱出。整复后，为防止感染，子宫内可注入防腐消毒药或抗生素类药物。

（2）固定　子宫整复后，可用粗缝线在阴门上做纽扣状缝合、圆枕缝合或内翻缝合。

（3）子宫切除术　若子宫脱出后无法进行整复者，必须进行子宫切除术。子宫切除术的适应证为无法还纳者，子宫有严重的损伤与坏死，还纳后有可能引起全身感染者都应进行子宫切除术。病羊站立或侧卧保定，保持前低后高姿势。用 0.1％新洁尔灭溶液冲洗消毒，速眠新Ⅱ注射液，每千克体重 0.1～0.15 毫升，肌内注射，进行全身浅麻醉，0.25％～0.5％盐酸普鲁卡因注射液进行后海穴封闭和子宫切除线上局部浸润麻醉。在子宫角基部做一纵向切口，检查其中有无肠管及膀胱，有则先将它们推回。仔细触诊，找到两侧子宫阔韧带上的动脉，在其前部进行结扎，粗大的动脉须结扎两道。在纵向切口的近子宫角基部横向切透子宫壁，断端如有出血应结扎止血，断端做全层连续缝合，再进行内翻缝合，撒布青霉素粉或溶液，最后将缝好的断端送回阴道内。

处方 1：

① 5％葡萄糖氯化钠注射液 500 毫升，氨苄青霉素 50～100 毫克/千克体重，地塞米松注射液 4～12 毫克，10％葡萄糖注射液 500 毫升，10％葡萄糖酸钙注射液 50～150 毫升，静脉注射，每日 1～2 次，连用 2～3 日。

② 甲硝唑注射液 10～20 毫克/千克体重，静脉注射，每日 1 次，连用 2～3 日。

③ 12.5％止血敏注射液 0.25～0.5 克，肌内或静脉注射，每日 2～3 次，连用 1～3 日。

处方 2：青霉素 160 万单位，链霉素 100 万单位，蒸馏水 20 毫升，子宫灌注，每日 1 次，连用 3 日。

处方 3：补中益气汤。

黄芪（炙）75 克，党参 60 克，白术（炒）60 克，甘草（炙）30 克，当归 30 克，陈皮 20 克，升麻 20 克，柴胡 20 克。每次 45～60 克，水煎候温灌服，每日 1 次，连用 3 次。

四十二、子宫内膜炎

子宫内膜炎是子宫内膜的炎症，是常见的生殖器官疾病，常于分娩后发生，一般为急性子宫内膜炎，如治疗不当，炎症扩散，可引起子宫肌炎、子宫浆膜炎、子宫周围炎，常转为慢性炎症，是导致母羊不孕的主要原因之一。

【病因】 主要由于分娩、助产、子宫脱出、阴道脱出、胎衣不下、腹膜炎、子宫复旧不全、流产、死胎滞留在子宫内或由于配种、人工授精和接产过程中消毒不严，或造成子宫和软产道的损伤等因素，导致细菌感染而引起的子宫黏膜炎症；继发于传染病或寄生虫病，如布鲁氏菌病、沙门氏菌病、弓形虫病等。

【临床症状】病羊有时拱背、努责，从阴门内排出黏性或黏液脓性分泌物，严重时分泌物呈污红色或棕色，且有臭味，卧下时排出较多，在尾根和阴门常附着炎性分泌物。严重时，精神沉郁，体温升高，食欲减退或废绝，反刍减弱或停止，轻度臌气。若治疗不当，可转变为慢性。常继发子宫积脓、积液、子宫与周围组织粘连、输卵管炎等，表现为发情期紊乱，屡配不孕，或受孕后又流产。

阴道检查，子宫颈充血、肿胀、稍张开，有时见到其中有分泌物流出。

【类症鉴别】

子宫内膜炎与阴道炎的鉴别

[**相似点**] 子宫内膜炎与阴道炎均有阴户排黏性脓性，有传染性，体温高。

[**不同点**] 阴道炎的阴道检查，黏膜肿胀发炎，重时有损伤或溃疡。

【防制】

1. 预防措施

（1）加强饲养管理，保持圈舍和产房的清洁卫生，临产前后，对母羊阴门及周围部位进行消毒，在配种、人工授精和助产时，应注意器械、术者手臂和母羊外生殖器的消毒。

（2）治疗流产、难产、胎衣不下、子宫内翻及脱出、阴道炎等生殖器官疾病，以防造成子宫损伤和感染。积极防治布鲁氏菌病、沙门氏菌病、弓形虫病等侵袭性疾病。

（3）产后药物预防

处方 1：

① 缩宫素注射液 5～10 单位，皮下或肌内注射。

② 促孕灌注液 10～15 毫升，隔日 1 次，连用 2～3 次。

③ 青霉素 2 万～3 万单位/千克体重，链霉素 10～15 毫克/千克体重，注射用水 5～10 毫升，肌内注射，每日 2 次，连用 3 日。

处方 2：益母生化散。

益母草 120 克，当归 75 克，川芎 30 克，桃仁 30 克，干姜（炮）15 克，甘草（炙）15 克。每次 30～60 克，或每千克体重 1 克，水煎候温灌服，每日 1 次，连用 3～6 次。

2. 发病后措施

治疗原则为抗菌消炎，防止感染扩散，促进分泌物排出。

处方 1：

① 苯甲酸雌二醇注射液 1～3 毫克，肌内注射。

② 0.1% 利凡诺液（或 0.1% 高锰酸钾液）100～300 毫升，子宫冲洗，并用虹吸方法排尽冲洗液。

③ 1%～1.5% 露它净（宫炎清）100 毫升，子宫灌注，每日 1 次，连用 3 次。

④ 缩宫素注射液 30～50 单位，皮下注射、肌内注射或静脉注射。

处方 2：氧氟沙星注射液 2.5～5 毫克/千克体重，肌内注射，每日 2 次，连用 2～3 日。

处方 3：

① 5% 葡萄糖氯化钠注射液 500 毫升，氨苄青霉素钠 10～20 毫克/千克体重，地塞米松注射液 4～12 毫克，10% 安钠咖注射液 10 毫升；10% 葡萄糖注射液 500 毫升，10% 葡萄糖酸钙注射液 50～150 毫升，维生素 C 注射液 0.2～0.5 克，依次静脉注射，每日 1～2 次，连用 2～3 日。

② 甲硝唑注射液 10～20 毫克/千克体重，静脉注射，每日 1 次，连用 2～3 日。

处方 4：益母生化散。

益母草 120 克，当归 75 克，川芎 30 克，桃仁 30 克，干姜（炮）15 克，甘草（炙）15 克。每次 30～60 克，或每千克体重 1 克，水煎候温灌服，每日 1 次，连用 3～6 次。

四十三、生产瘫痪

生产瘫痪又叫乳热症，中兽医称为产后风，是母畜分娩前 24 小时至产后 72 小时内突然发生以轻瘫、昏迷和低钙血症为主要特征的一种代谢性疾病。主要发生于第 2～5 胎的高产奶山羊，特别是产后 1～3 天，成年绵羊也可发病。

【病因】确切原因还不清楚，一般认为与以下因素有关。

1. 病羊的血钙、血磷、血糖浓度显著降低

主要原因是由于母羊分娩之后，将大量的血液物质作为原料合成初乳，其中钙、磷、糖是合成初乳的主要物质，从而导致血钙、血磷、血糖的下降。其中，血钙降低是各种反刍兽生产瘫痪的共同特征。如营养良好的舍饲母羊产乳量过高，钙、磷不平衡等都可以诱发本病。

2. 肾上腺皮质激素含量下降和大脑皮层抑制

在血钙、血磷、血糖下降的同时，常常伴随肾上腺皮质激素的下降。分娩过程中，大脑皮层常常处于高度兴奋紧张状态，产后由高度兴奋即转为深度抑制，同时由于分娩后腹内压突然下降，血液重新分布（即腹腔器官发生被动性充血和大量血液进入乳房），造成大脑皮层缺氧，引起暂时性的脑贫血，加深大脑皮层的抑制程度，从而产生昏睡。

【临床症状】分娩前后数日内母羊突然出现精神沉郁，食欲减退，反刍停止，后肢发软，行走不稳，喜卧恶立。病羊倒地后起立困难，个别不能站立，头颈伸直，不排粪便和尿液，皮肤对针刺的反应很弱，体温一般正常。严重时，四肢伸直，头弯于胸部，体温逐渐下降，有时降至 36℃，心跳微弱，呼吸深而慢，皮肤、耳朵和角根冰冷，少数病羊完全丧失知觉，最后昏迷死亡。

【实验室检查】血钙（正常血钙含量为 2.48 毫摩尔/升，发病时血钙含量为 0.94 毫摩尔/升）、血磷、血糖浓度显著降低。用钙剂治疗效果迅速而确实。

【鉴别诊断】本病应与孕畜截瘫、产后截瘫（产后截瘫神志清楚，病变一般在腰部，多由外伤引起）和产褥热（产褥热多由产后感染引起，常有体温升高等全身症状，甚至出现败血症）进行区别。

【类症鉴别】

1. 生产瘫痪与羊土拉杆菌病的鉴别

［相似点］生产瘫痪与羊土拉杆菌病均有步态摇晃，后肢软弱、瘫痪，反射机能减低。

［不同点］羊土拉杆菌病的病原为土拉杆菌，有传染性，一般在洪水后流行，体温高（40.5～41℃），体表淋巴结肿大，用土拉杆菌素 0.2 毫升于尾根皮内注射，24 小时后发红、肿痛。

2. 生产瘫痪与绵羊妊娠毒血症的鉴别

［相似点］生产瘫痪与绵羊妊娠毒血症多发于双羔、三羔母羊。

沉郁，步态不稳，卧地头弯于一侧，食欲、反刍停止，呼吸、心跳增数。

[**不同点**] 绵羊妊娠毒血症多发于妊娠后期，有意识障碍，转圈，昏睡，四肢痉挛，血检可见血总蛋白血糖减少，血酮增加，尿丙酮呈阳性。

【**防制**】

1. 预防措施

妊娠母羊加强饲养管理，科学补充各种矿物质，如添加磷酸氢钙、骨粉等，保持钙、磷比例在（1.5∶1）～（1∶1），注意运动，多晒太阳。高产奶羊产后不立即哺乳或挤奶，或产后 3 天内不挤净初乳。

2. 发病后措施

治疗原则为补充血钙、血磷、血糖，也可采用乳房送风疗法。

处方 1：10%～25%葡萄糖注射液 200～500 毫升，10%葡萄糖酸钙注射液 50～150 毫升（或 10%硼葡萄糖酸钙注射液 0.21～0.43 毫升/千克体重，或 5%氯化钙注射液 1～5 克），地塞米松注射液 4～12 毫克，10%安钠咖注射液 10 毫升，静脉注射，每日 1～2 次，连用 2～3 日。

处方 2：

① 5%葡萄糖氯化钠注射液 500 毫升，20%磷酸二氢钠注射液 40～50 毫升，10%氯化钾注射液 5～10 毫升，静脉注射，每日 1 次，连用 3～5 次。

② 维丁胶性钙注射液 2～3 毫升，皮下或肌内注射，每日 1 次，连用 3～5 次。

处方 3：乳房送风疗法。

乳房消毒后，用通乳针依次向每个乳头管内注入青霉素 40 万单位，链霉素 50 万单位（用生理盐水溶解）。然后再用乳房送风器或 100 毫升注射器依次向每个乳头管注入空气，注入空气的适宜量以乳房皮肤紧张、乳腺基部的边缘清楚并且变厚，轻叩呈现鼓音为标准。送完气后，用纱布将乳头轻轻束住，防止空气逸出。待病羊站起后，经过 1 小时，将纱布解除。

四十四、乳房炎

乳房炎是由各种病因引起的乳房炎症，其主要特点是乳汁发生理化性质及细菌学变化，乳腺组织发生病理学变化。多见于泌乳期的山羊、绵羊。

【病因】

1. 病原微生物感染

多由非特异性微生物从乳头管侵入乳腺组织而引起，绵羊乳房炎常见的病原有金黄色葡萄球菌、溶血性巴氏杆菌、大肠杆菌、乳房链球菌、无乳链球菌等，山羊乳房炎的病原菌主要有金黄色葡萄球菌、无乳链球菌、停乳链球菌、化脓链球菌和伪结核菌等。

2. 饲养管理不当

如营养不足，圈舍卫生不良，挤奶消毒不严，乳头咬伤、擦伤，停乳不当，乳头管给药时操作不当或污染。

3. 继发性因素

继发于胃肠炎、腹膜炎、产褥热、子宫内膜炎、产后脓毒血症、胎衣不下、结核病等。

【临床症状】乳房炎的主要症状为乳汁异常（色泽、色泽、凝块、絮片和染血），乳房的大小、质地、温度异常及全身反应。急性乳房炎临床炎症明显，局部红、肿、热、痛，局部坚实，产奶量减少，乳汁呈淡棕色或黄褐色，含有血液或凝乳块，全身症状明显，精神沉郁，食欲减退，反刍停止，体温高达 41～42℃，呼吸和心跳加快，眼结膜潮红等；乳汁镜检内有多量细菌和白细胞。慢性乳房炎病程较长，临床症状不太明显，乳房无热无痛，但泌乳减少，乳房内大小不等的结节或硬肿，严重的出现化脓。

【类症鉴别】

乳房炎（出血性）与血乳的鉴别

[相似点] 乳房炎（出血性）与血乳的乳中均有血液，皮肤发红。

[不同点] 血乳的乳房不发炎，乳中有血液和凝血块，无絮片。

【防制】

1. 预防措施

（1）加强饲养管理 枯草季节要适当补喂草料，避免严寒和烈日曝晒，杀灭蚊虫，乳用羊要定时挤奶，一般每天挤奶 3 次为宜，产奶特别多而羔羊吃不完时，可人工将剩奶挤出和减少精料，分娩前如乳房过度肿胀，应减少精料及多汁饲料。

（2）搞好卫生　定期清扫消毒羊圈，保持圈舍干燥卫生，挤奶时用温水洗净乳房及乳头，再用干毛巾擦干，挤完奶后，用 0.05％新洁尔灭液浸泡或擦拭乳头，对病羊要隔离饲养，单独挤乳，防止病原扩散。

（3）保护乳房　放牧时防止母羊乳房受伤，做好分群和断奶工作，怀孕后期停奶要逐渐进行，停奶后将抗生素注入每个乳头管内。

（4）定期化验乳汁，检出病羊，积极治疗。

2. 发病后措施

治疗原则为抗菌消炎，增免消肿。局部形成脓肿时，按照化脓创处理。

处方 1：公英散。

蒲公英 60 克，金银花 60 克，连翘 60 克，丝瓜络 30 克，通草 25 克，芙蓉叶 25 克，浙贝母 30 克，每次 30～60 克，水煎候温灌服，每日 1 次，连用 3 日。

处方 2：

① 庆大霉素 8 万单位（或青霉素 40 万单位，链霉素 50 万单位），蒸馏水 20 毫升，酒精棉球消毒乳头，挤净病侧乳汁，用通乳针通过乳头管注入，注后按摩乳房，每日 2 次，连用 3～5 日。

② 或林可霉素-新霉素乳房注入剂 7 克，乳头管注入，注后按摩乳房，每日 1 次，连用 3 日。

处方 3：青霉素 80 万单位，0.5％盐酸普鲁卡因注射液 40 毫升，在乳房基底部或腹壁之间，用封闭针头进针 4～5 厘米，分 3～4 次注入，每 2 日封闭 1 次。

处方 4：

① 20％硫酸镁 500 毫升，乳房炎初期可用冷敷，中后期用热敷（40～50℃），每次 10～20 分钟，每日 2 次。

② 10％鱼石酯酒精或 10％鱼石脂软膏 100 克，外敷。

处方 5：碘樟脑酒（2％碘酊加入 10％樟脑）100 毫升，慢性乳房炎时涂擦乳房皮肤，必要时隔 1～2 日再用 1 次。

处方 6：盐酸左旋咪唑片 5 毫克/千克体重，内服，每日 1 次，连用 5～7 次。

处方 7：

① 5% 葡萄糖氯化钠注射液 500 毫升，氨苄青霉素钠 10～20 毫克/千克体重（或硫酸庆大霉素注射液 20 万单位，或氧氟沙星 2.5～5 毫克/千克体重）；10% 葡萄糖注射液 500 毫升，维生素 C 注射液 0.5～1.5 克，依次静脉注射，每日 1～2 次，连用 3 日。

② 5% 碳酸氢钠注射液 50～100 毫升，静脉注射，每日 1 次，连用 3～5 次。

四十五、泌乳不足及无乳

母畜产后及泌乳期，乳腺机能异常，乳汁量显著减少，甚至完全无乳，乳房局部及全身没有临床症状，称为泌乳不足及无乳。临床特征为泌乳量减少或无乳。

【病因】

1. 饲养管理不当

母羊怀孕期过瘦或过肥，草料单一、质地不良、甚至霉变，饲料营养不全，突然换料；母羊配种过早，乳腺发育不全，或年龄过大导致泌乳机能衰退，挤奶不净或不及时哺乳，抑制乳腺分泌，奶山羊停乳过迟；哺乳母羊遭受应激因素，如气候突变、圈舍阴冷潮湿、环境过热，长途运输，受惊，突然换饲养人员，突然改变挤奶时间、地点及挤奶员等。

2. 用药不当

泌乳母羊使用碘酊、泻剂和雌激素，均可影响泌乳，降低泌乳量。

3. 继发因素

可继发于前胃疾病，妊娠毒血症，热性传染病，寄生虫病，难产，乳腺炎，胎衣不下，以及产后感染如产后阴道炎、子宫内膜炎、败血症、脓毒血症。

【临床症状】乳房及乳头缩小，乳房皮肤松弛，乳腺松软，母羊拒绝哺乳，常腹卧或站立，甚至攻击羔羊，泌乳量减少，挤出的乳汁正常，羔羊经常用头碰撞母羊乳房，吮乳次数增加，或跟在母羊后鸣叫待哺，常因饥饿很快消瘦，甚至死亡。

母羊乳房常无炎症反应，不红不肿不痛，羔羊消瘦，死亡剖检胃内无乳汁或乳凝块。

【防制】

1. 预防措施

加强饲养管理，母羊给予优质干草，适当补充蛋白质、谷物和青绿多汁饲料，有条件的羊场可饲喂全价配合饲料，加强羊舍建设，创造良好环境条件，定时挤奶，挤奶前对乳房进行热敷和仔细充分按摩。积极防治原发病。

2. 发病后措施

治疗原则为加强饲养管理，促进泌乳。

处方1：垂体后叶素注射液或缩宫素注射液10～20单位，皮下或肌内注射，每日1次，连用3～4次。

处方2：催乳片（复方王不留行片）5～10片，维生素D_2磷酸氢钙片5～10片，干酵母片30～60克，胃复安片5～10毫克，甘油20～30毫升，炒黄豆50克，内服，每日2次，连用3～5日。

处方3：通乳散。

当归30克，王不留行30克，黄芪60克，路路通30克，红花25克，通草20克，漏芦20克，瓜蒌25克，泽兰20克，丹参20克。每次60～90克，水煎候温灌服，每日1次，连用3～5日。

处方4：催奶灵散。

王不留行20克，黄芪10克，皂角刺10克，当归20克，党参10克，川芎20克，漏芦5克，路路通5克。每次40～60克，水煎候温灌服，每日1次，连用3～5日。

四十六、母羊的不育症

母羊不育症通常称为不孕症，是指已达到配种年龄的母羊暂时性或永久性的不能繁殖。临床特征为发情异常，受精障碍和胎儿生前死亡。屡配不孕。母羊超过始配年龄或产后经过3个发情周期的配种仍不能受孕，就可视为该母羊患有不育症。

临床上导致母羊不育的生殖器官疾病主要有卵巢机能减退、不全或萎缩〔卵巢机能减退是指卵巢机能暂时受到扰乱，处于静止状态，不出现周期性活动；卵巢机能不全是指有发情的外表症状，但不排卵或排卵延迟，或者是有排卵，但无发情的外表症状（即安静发情）；卵巢萎缩是指卵巢变小，质地稍硬，没有卵泡发育；卵巢机能减退、不全或萎缩在各类不孕症中所占比例最高〕和卵巢囊肿（是指卵巢中形成了顽固的球形腔体，外面盖着上皮包膜，内容为水状或黏液状液体，同时卵巢上无正常黄体结构的一种病理状态。主要见于高产奶山羊）。

【病因】

1. 先天性不育

主要见于生殖器官发育异常，如幼稚病、生殖器官畸形、两性畸形、异性孪生不孕母羊、近亲繁殖等，这种器质性不育的羊要及时淘汰。

2. 饲养不当

饲料长期不足、单一，饲料中缺乏蛋白质，碳水化合物，矿物质（如钙、磷），维生素（如维生素A、维生素B、维生素D、维生素E）和微量元素（如硒、锰、钴、碘）。饲料品质不良，饲料腐败变质、发霉，及长期饲喂未脱毒的有毒饲料，如棉籽饼、菜籽饼、酒糟、淀粉渣等。营养过剩，母羊过肥。

3. 管理不良

母羊泌乳过多，断奶过迟，长期处在寒冷潮湿的圈舍，缺乏运动，外界气温突变，光照不足，突然改变母羊生活环境条件。

4. 配种技术差

如母羊漏配，配种时间不当，精液品质不良，人工授精技术不当，精子受损，输精不当，妊娠检查不准。

5. 卵巢机能减退、不全或萎缩

是由于长期饲喂不足或饲料质量不好，哺乳过多及长期患病（如子宫疾病或严重的全身性疾病），使母羊营养过度消耗，身体瘦弱导致。卵巢炎可引起卵巢萎缩及硬化。天气过冷、过热或变化无常，也可引起卵巢机能暂时减退。羊安静发情常见于初情期及发情季节的第一次发情，也发生于营养缺乏时。

6. 卵巢囊肿

饲料缺乏维生素A、磷或含有较多的植物雌激素（主要见于三叶草、苜蓿草、青贮料、大豆、豌豆等草料中），饲喂精料过多而又缺乏运动；内分泌机能紊乱，如促黄体素分泌不足或促肾上腺皮质激素分泌过多，或雌激素用量过多。由于子宫内膜炎、胎衣不下及其他卵巢疾病而引起卵巢炎可导致排卵受阻。此外，也与气候突变、遗传有关。

7. 继发因素

继发于其他生殖器官疾病（如流产、早期胚胎死亡、围产期胎儿死亡、难产、胎衣不下、子宫脱出、慢性子宫内膜炎、子宫积水、阴道炎、慢性子宫颈炎等），内科病，传染病（布鲁氏菌病、沙门氏菌病、衣原体病）和寄生虫病等。

【临床症状】母羊表现为长期繁殖障碍，如长期不发情（或乏情）、发情不明显、发情周期延长、发情但屡配不孕、频繁发情、怀孕后发生流产和胎儿死亡等。

卵巢机能减退和不全的特征是发情周期延长或长期不发情，发情的外表症状不明显，或出现发情症状但不排卵；卵巢萎缩时母羊不发情；母羊安静发情，可以利用公羊检查。

卵泡囊肿的临床特征是无规律的频繁发情和持续发情，甚至出现羡慕雄性（慕雄狂）。黄体囊肿的特征为长期不发情（或乏情）。

【阴道检查】可以发现子宫颈外口闭锁、畸形、不正、肿瘤，或充血、水肿、附有黏液或脓液。

【B超检查】对生殖器官的发育异常和形态学变化（如子宫积水、卵巢囊肿），延期流产等引起的不育有重要的诊断价值。

【防制】

1. 预防措施

（1）改善饲养管理　饲料要多样化，补喂富含蛋白质、矿物质、维生素和微量元素的饲料，满足种羊的营养需要。注意防止母羊过肥，过肥母羊要减少精料喂量，增加青绿多汁饲料喂量。加强草场养护，提高牧草质量，严禁牧地超载，增加母羊放牧和日照时间，冬天注意防寒保暖，夏季注意防暑降温。

（2）做好母羊配种和分娩工作　做好发情鉴定，提高本交和人工授精技术，防止漏配和配种不适时，减少配种过程中的污染，进行妊娠检查，及时发现未孕母羊。必要时用输精管结扎的公羊混于母羊群中催情。公母羊分群饲养，防止偷配、乱配和近亲交配。接产时注意卫生消毒，助产动作轻柔，促进子宫复旧，做好产后保健，防止生殖器官疾病的发生。

（3）积极淘汰和治疗原发病。及早淘汰或治疗有生殖器官发育异常和有生殖器官疾病（如子宫内膜炎等）的母羊，对羊群定期进行预防接种和驱虫。

2. 发病后措施

（1）卵巢机能减退和不全

处方1：

① 促卵泡素（FSH）5～2.5毫克，皮下、肌内或静脉注射，每日1次，连续2～3次。

② 促黄体激素（LH）2.5毫克，发情后皮下或静脉注射，可在1～4周内重复注射。

处方2：

① 马促性腺激素（孕马血清，PMS）200～1000单位，皮下或静脉注射，1日或隔日1次。

② 绒毛膜促性腺激素（HCG）400～800单位，肌内注射，可在发情后或与马促性腺激素同时注射。

处方3：维生素AD注射液0.5～1毫升，肌内注射，每10日1次，连用3次。

处方4：氯前列烯醇注射液0.2毫克，肌内注射。

或黄体酮注射液15～25毫克，肌内注射。

或苯甲酸雌二醇注射液1～3毫克，肌内注射，隔日再注射1次。注意本品只能引起发情，不能引起卵泡发育及排卵，故第一次发情不必配种。配种前最好配合促排卵药物。

处方5：催情散。

淫羊藿6克，阳起石（酒淬）6克，当归4克，香附5克，益母草6克，菟丝子5克。每次50克，拌料或水煎候温灌服，每日1次，连用5日。配种前最好配合促排卵药物。

（2）卵巢囊肿

处方1：促黄体激素（LH）2.5毫克，皮下或静脉注射。或绒毛膜促性腺激素（HCG）400～800单位，肌内注射。或促排卵3号（促黄体素释放激素 A₃，LRH～A₃）5～10 微克，肌内注射。

处方 2：黄体酮注射液 5～10 毫克，肌内注射，每日或隔日 1 次，连用 2～7 次。或氯前列烯醇注射液 0.2 毫克，肌内注射，用于黄体囊肿。

四十七、精液品质不良

精液品质不良是指公羊的精子达不到使母羊受精所需要的标准，主要表现是无精子、少精子、死精子、精子畸形、精子活力不强，或含有红细胞、白细胞。是公羊不育最常见的原因。

【病因】饲料的喂量不足或质量低劣，营养成分不全，运动不足，配种过度，长期不配种，人工授精时精液处理不当等；隐睾、睾丸发育不全、睾丸炎及附睾炎、精索静脉曲张等；继发于高热性疾病、传染病（布鲁氏菌病、衣原体病）。

【精液检查】肉眼观察，精液带血时呈粉红色至深红色，带尿液时呈黄色，常有尿臭味；显微镜检查，精液可能是无精子、少精子、精子的活力降低或死亡，或者出现各种不同的畸形。如畸形精子数不超过 10%～20%，公畜基本具有正常生育力，畸形精子数达到 30%～50%时，明显影响生育力。生殖器官疾病时，可发现大量白细胞和脓细胞。

【病史】公羊有饲养管理不当，性欲减退，以及所配母羊发生返情或不孕的病史。

【防制】

1. 预防措施

加强饲养管理，如改善饲料品质（补充蛋白质、碳水化合物、维生素和矿物质），增加饲料的数量，加强运动，暂停配种。积极治疗引起精液品质不良的原发病。对先天性不育的公羊，不能留作种用。

2. 发病后措施

处方 1：

① 马促性腺激素（孕马血清，PMS）200～1000 单位，皮下或静脉注射，1 日或隔日 1 次。

② 绒毛膜促性腺激素（HCG）400～800 单位，肌内注射，间隔 1～

2日1次，连用2～3次。

③ 促黄体激素（LH）2.5毫克，皮下或静脉注射，可在1～4周内重复注射。

处方2：丙酸睾丸酮注射液30～60毫克，皮下或肌内注射，隔日1次，连用2～3次。

四十八、睾丸炎

睾丸炎是睾丸发生炎症。

【病因】羊互抵角伤及睾丸或配种过度；发生自淫和阴茎尿鞘有病；因传染病（布氏杆菌病、沙门氏菌病、结核病）继发。

【临床症状】睾丸肿胀，阴茎皮肤发亮，有热痛，摸时羊易踢人，后肢叉开，走路强拘。诊断要点为睾丸肿胀、热痛，后肢叉开，走路强拘。

【类症鉴别】

1. 睾丸炎与布鲁氏菌病的鉴别

［相似点］睾丸炎与布鲁氏菌病均有睾丸肿痛。

［不同点］布鲁氏菌病的病原为布鲁氏菌，有传染性，用布鲁氏菌水解素尾根皮内注射呈阳性反应。

2. 睾丸炎与附睾炎的鉴别

［相似点］睾丸炎与附睾炎均有睾丸肿胀。

［不同点］附睾炎睾丸上方附睾发炎、肿胀、热痛，睾丸不显热痛。

【防制】

1. 预防措施

加强管理，不要配种过度，防止抵角造成损伤，保证足够运动。

2. 发病后措施

已化脓、坏死，摘除睾丸；如系传染病引起，抓紧治疗原发病。

处方1：青霉素、链霉素或磺胺类药肌注，12小时1次。在阴囊基部用青霉素、普鲁卡因做环行封闭，隔日1次。

处方2：急性初发时用20%硫酸钠冷敷，一次30分钟（每5～10分钟浇一次冷水）。发病48小时后用25%硫酸镁热水温敷，每次30分钟，早晚各1次。青霉素、链霉素或磺胺类药肌注，12小时1次。

处方 3：慢性时，用 30％鱼石脂软膏加 10％樟脑粉发炎部用纱布包裹，每日 1 次。或用碘片 1 克、碘化钾 5 克、甘油 20 毫升混合后涂布局部，早晚各一次。青霉素、链霉素或磺胺类药肌注，12 小时 1 次。

四十九、包皮炎

包皮炎为公羊常见病。山羊、绵羊均可发生。

【病因】饲料中蛋白质量多时，尿中尿素多，包皮储尿刺激；包皮口（尿鞘口）毛多而长，尿残渣腐败刺激。

【临床症状】包皮红肿，触诊热痛，包皮口缩小，周围毛污染，尿鞘内有黏液或脓液、有恶臭，排尿努责、有痛感，卧时小心，走路强拘，不安踢腹。

【类症鉴别】

包皮炎与绵羊传染性包皮炎的鉴别

［相似点］包皮炎与绵羊传染性包皮均有包皮肿胀，内有黏性、脓性、恶臭分泌物。

［不同点］绵羊传染性包皮炎的病原为链球菌，有传染性。阴茎和包皮有溃疡，体温 41.5～42℃。

【防制】

1. 预防措施

饲喂饲料中不宜多给蛋白质饲料，包皮口周围不留长毛。对病羊停喂豆科牧草，改用禾本科饲草。

2. 发病后措施

处方：0.1％雷佛奴耳液或 0.1％新洁尔灭液冲洗，并夹棉球拭擦包皮腔以清除污物，再涂碘仿鱼肝油（1：10），包皮外部涂碘酒。在冲洗后，注入 2％硫酸铜 2～3 毫升，隔 3～5 日再用 1 次。

五十、新生羔羊疾病

（一）新生羔羊窒息

新生羔羊窒息又称为假死，是指胎儿在刚出生时无呼吸动作而仅有微弱的心跳。如抢救不及时，可致死亡。

【病因】主要是胎盘血液循环障碍，胎儿体内二氧化碳含量过高所致。可见于分娩时间过长（如老龄、体弱母羊，产力不足，产道干燥、狭窄），胎儿排出受阻（如胎儿过大，难产），胎盘分离过早，胎囊破裂过晚，脐带受到挤压，脐带缠绕，催产素使用过量，子宫痉挛收缩，胎盘血液循环障碍，母畜严重贫血或伴有热性病，血液循环不良，血液质量差，胎儿过早发生呼吸反射，使羊水吸入胎儿的呼吸道等，均可导致新生羔羊窒息。

【临床症状】新生羔羊出现全身松软，黏膜发绀或苍白，呼吸微弱或停止，反射减弱或消失，心跳加快或微弱，舌伸于口外，口鼻充满黏液，肺部听诊有湿性啰音。

【防制】

1. 预防措施

母羊临产专人看护，正确助产，合理用药，治疗原发病。

2. 发病后措施

治疗原则为及时清理呼吸道，兴奋呼吸。用布擦净羔羊口鼻羊水，倒提羔羊，不断抖动、拍打颈部及臀部，让鼻腔和气管内的羊水流出，进行人工呼吸（如有规律的按压胸部或腹部，拉动四肢，一般每分钟 60 次），用氨水等刺激鼻黏膜，诱导呼吸，或氧气吸入。

处方 1：25% 尼可刹米注射液 0.5 毫升，皮下、肌内或静脉注射，也可选脐血管注射。

或山梗菜碱注射液 1～3 毫克，皮下或静脉注射。

处方 2：氨苄青霉素 10～20 毫克/千克体重，地塞米松注射液 1～2 毫克，盐酸山莨菪碱注射液（654-2 注射液）1～2 毫克，注射用水 2 毫升，肌内注射，每日 2 次，连用 2～3 日。

（二）新生羔羊孱弱

新生羔羊孱弱是指羔羊生理功能不全，衰弱无力，生命力不强的一种先天性发育不良综合征。表现为出生后如果不及时处理可能在数小时或几天内死亡，或因生活能力低下而长久卧地不起。多见于冬季和早春季节，母羊舍饲，以及多胎羔羊。

【病因】

1. 母羊妊娠期间饲料营养不良

如饲料不足，或缺乏蛋白质、碳水化合物、维生素、矿物质。

2. 母羊患病

如妊娠毒血症、产前截瘫、生产瘫痪、产后感染、布鲁氏杆菌病。

3. 羔羊生活力降低

如母羊老龄体弱，早产，近交，护理不当，羔羊受冻，过度饥饿。

【临床诊断】临床特征为新生羔羊全身生理功能低下，活力降低。表现为羔羊出生后体质衰弱，肌肉松弛，站立困难或卧地不起，心跳快而弱，呼吸浅表而不规则，体温降低，末端发凉，不会吮吸，闭眼，皮肤震颤，对外界反应迟钝。

【防制】

1. 预防措施

加强妊娠母羊的饲养管理，提供营养丰富的饲料，产房注意保暖，寒冷季节，母羊产后进行取暖。辅助羔羊吃足初乳，必要时进行寄养或人工哺乳。积极治疗母羊疾病。

2. 发病后措施

治疗原则为强心补液，补充营养。

处方：10%葡萄糖注射液20～30毫升，10%葡萄糖酸钙注射液1～2毫升，1%三磷酸腺苷二钠注射液（ATP注射液）0.5～1毫升，注射用辅酶A10～20单位，维生素C注射液0.1～0.2克，10%安钠咖注射液1～2毫升，静脉注射，每日1～2次，连用3日。

（三）胎粪停滞

胎粪停滞又称为新生羔羊便秘，是指由胎儿胃肠道黏液、脱落上皮、胆汁及吞咽的羊水等消化残物所形成的胎粪，在羔羊出生后久不排除，一般是在产后1天不排胎粪，并伴有腹痛现象。多发生于体弱的绵羊羔，胎粪常密结于直肠或小肠等部位。

【病因】怀孕后期，饲养管理不当，母羊缺乳或无乳，初乳品质不良，缺乏镁离子等轻泻元素，羔羊羸弱，未及时哺喂初乳，引起肠道弛缓，胎粪滞留。

【临床症状】羔羊出生后1～2天未见胎粪排出，病初不安，吮乳次数减少，肠音减弱或消失，常做排粪姿势，如拱背、努责、收腹，但无胎粪排出，之后出现腹痛表现，如回头顾腹，后肢踢腹，频频起卧，甚至打滚咩叫。手指伸入直肠检查，可发现肛门端积有浓稠或硬性黄褐色胎粪。常继发肠臌气。

【防制】

1. 预防措施

加强母羊怀孕后期的饲养管理，供给全价日粮，羔羊出生后，及时哺喂初乳。

2. 发病后措施

处方1：手指掏粪，带上医用手套，石蜡油润滑，用手指取出直肠内结粪。或配合腹部按摩。

处方2：温肥皂水200毫升，或5%芒硝液（5%硫酸镁液）20～40毫升，灌肠。

处方3：石蜡油5～15毫升，一次灌服。

（四）新生羔羊先天性肛门及直肠闭锁

新生羔羊先天性肛门及直肠闭锁是肛门被皮肤封闭而无肛门孔（即肛门闭锁或锁肛），或直肠末端为一盲囊，并且直肠盲端与肛门之间有一段距离（即直肠闭锁），或是指直肠末端开口于阴道前庭或阴道的上壁（即膣肛或直肠阴道瘘）的先天性畸形。此病发生于各种羔羊。

【病因】 属于先天性畸形，为隐性遗传病，多为近亲繁殖的结果。

【临床症状】

1. 肛门闭锁和直肠闭锁

新生羔羊排不出胎粪，表现不安，咩叫，时常努责，1～2日后，精神沉郁，食欲减退，腹围逐渐增大，常表现起卧打滚，以后逐渐出现自体中毒症状，很快死亡。临床检查发现羔羊没有肛门口，会阴部往往发育不良，呈平坦状，肛区为完整皮肤覆盖，努责时肛门处皮肤明显突出，隔着皮肤用手指可摸到胎粪。

2. 膣肛

母羔排粪不畅，轻微腹胀，疼痛不安，不停咩叫，努责时从阴道口排出少量粪便。临床检查发现羔羊只有阴门而无肛门，直肠末端开口于阴道前庭或阴道上壁，但开口通常较小，用导管或体温计进行探诊时病羔极度痛苦。膣肛羔羊症状常比较缓和，往往发现较晚，存活时间较长。

【防制】

1. 预防措施

加强妊娠母羊的饲养管理，公母羊分群饲养，防止近亲繁殖，淘汰隐性基因，病羊不作种用。

2. 发病后措施

治疗原则为及早手术，恢复肛门和肠道畅通，加强术后护理。

处方1：肛门成形术。

用于肛门闭锁和直肠闭锁的治疗。羔羊侧卧或倒立保定，肛门周围用0.01%～0.05%新洁尔灭溶液清洗，2%碘酊消毒，70%～75%酒精脱碘，0.25%～0.5%盐酸普鲁卡因注射液局部浸润麻醉。助手轻压腹部，在肛门部最突出处，用手术刀做"X"形切口，长0.8～1.2厘米，切开皮肤，翻开4个皮瓣，其下方可见环形外括约肌纤维，经括约肌中间向深层钝性分离软组织，寻找直肠盲端，在盲端肌层穿2根丝线做牵引，直肠盲端做"十"字形切口切开，用吸引器吸尽胎粪，或让其自然流出拭净，之后在直肠中放置棉球，避免创面污染。将直肠盲端与周围软组织固定数针，用细丝线或肠线结节缝合肠壁与肛周皮肤，注意肠壁与皮肤瓣应交叉对合，使愈合后瘢痕不在一个平面上。术部撒布青霉素粉。术后10天左右开始扩肛，防止肛门狭窄。

处方2：锁肛造孔术。

（1）用于治疗肛门闭锁和直肠闭锁　羔羊侧卧或倒立保定，术部常规消毒，局部浸润麻醉。在肛门突出部或相当于正常肛门的位置，按正常羔羊肛门的大小切出一圆形皮瓣，分离暴露直肠盲段。充分剥离直肠壁与周围结缔组织，尽可能向外牵引直肠盲段，用灭菌纱布严密隔离盲段周围，环形切开盲段，排出肠内聚集的粪便，用消毒液清理直肠及其切口周围，将其末端肠壁于对应的肛门部皮肤结节缝合一周，也可以先将直肠与皮肤缝合固定，再切断直肠盲端。

（2）用于治疗锁肛并发直肠阴道瘘　羔羊站立或倒立保定，术部及阴道常规消毒，局部浸润麻醉。在会阴正中线切开皮肤，将瘘管与周围组织分离，然后牵引直肠到肛门部，并将直肠断端与肛门部皮肤创缘对接缝合，最后闭合会阴切口。

处方 3：直肠移动瓣修补术。

　　用于治疗锁肛并发直肠阴道瘘，并且瘘口较大。羔羊站立保定，后驱抬高，肛门周围及阴道常规消毒，局部浸润麻醉。瘘道内插入探针或体温计，探清内外口，并辅助寻找直肠，直肠黏膜瓣采用"U"形切口，瓣长宽比不能大于 2：1，并保证足够的血液供应。黏膜下注射 1：20000肾上腺素以减少出血。分离内括约肌，并在中线缝合。瘘口周边切除宽约 0.3 厘米黏膜组织形成创面，然后将移动瓣下拉覆盖瘘管内口创面，用肠线或细丝线间断缝合，恢复黏膜与皮肤连接的正常解剖学关系，阴道伤口不缝合，作引流用。

　　处方 4：轻症病例术后给药。

　　20％长效土霉素注射液 10～20 毫克/千克体重，肌内注射，每日 1次，连用 3 日。

　　处方 5：重症病例术后给药。

　　① 5％葡萄糖氯化钠注射液 60～100 毫升，氨苄青霉素 50～100 毫克/千克体重，地塞米松注射液 2 毫克，10％安钠咖注射液 1～2 毫升，维生素 C 注射液 0.1～0.2 克（液体剩三分之一时加入），静脉注射，每日 1～2 次，连用 3 日。

　　② 甲硝唑注射液 10 毫克/千克体重，静脉注射，每日 1 次，连用3 次。

附录　羊的几种生理和繁殖指标

附表 1-1　羊的几种生理指标

类别	体温/℃	脉数/(次/分钟)	呼吸/(次/分钟)	血红蛋白/(克/升)	红细胞数/(百万个/每立方毫米)	白细胞数/(百万个/每立方毫米)	白细胞分类平均值/%				
							淋巴细胞	单核细胞	嗜碱	嗜酸	中性
山羊	38～39.5	60～80	12～30	83.3±7.5	17.2±3.03	13.20±1.88	54.5	2.30	0.70	0.70	41.8
绵羊	38～39.5	60～80	12～30	72.0±12.7	8.42±1.20	8.45±1.90	68.1	1.90	0.20	2.90	26.9

附表 1-2　羊的几种繁殖指标

性成熟	多为 5～7 月龄，早的 4～5 月龄(个别早熟山羊品种 3 个多月即发情)
体成熟	母羊 1.5 岁左右，公羊 2 岁左右。早熟品种提前
发情周期	绵羊多为 16～17 天(大范围 14～22 天)，山羊多为 19～21 天(大范围 18～24 天)
发情持续期	绵羊 30～36 小时(大范围 27～50 小时)，山羊 39～40 小时
排卵时间	发情开始后 12～30 小时
卵子排出后保持受精能力时间	15～24 小时

精子到达母羊输卵管时间	5～6 小时
精子在母羊生殖道存活时间	多为 24～48 小时,最长 72 小时
最适宜配种时间	排卵前 5 小时左右(即发情开始半天内)
妊娠(怀孕)期	平均 150 天(范围 145～154 天)
哺乳期	一般 3.5～4 个月,可依生产需要和羔羊生长快慢而定
产羔季节	以产冬羔(12 月～翌年元月)最好,次为春羔(2～5 月,2～3 月为早春羔,4～5 月为晚春羔)和秋羔(8～10 月)
产后第一次发情时间	绵羊多在产后第 25～46 天,最早在第 12 天左右;山羊多在产后 10～14 天,而奶山羊较迟(第 30～45 天)

参 考 文 献

[1]　赵兴绪等.畜禽疾病处方指南[M].第 2 版.北京:金盾出版社,2011.
[2]　董彝.实用羊病临床类症鉴别[M].北京:中国农业出版社,2008.
[3]　金笑梅.兽医手册(修订版)[M].上海:上海科技出版社,2010.
[4]　刘俊伟.羊病诊疗与处方手册[M].北京:化学工业出版社,2011.
[5]　魏刚才.规模化羊场兽医手册[M].北京:化学工业出版社,2014.